U0059390

光電工程概論

孫慶成　編著

全華圖書股份有限公司

序

光電科技涵蓋層面寬廣而深厚，在二十一世紀科技與工業的發展上扮演極爲重要的角色。一般人要能夠有效的學習光電科技，一個重要的入門課程便是光學，若無法在光學的學習上有效的掌握光波的特質與分析的方法，在光電科技的學習成效上必然事倍功半。因此，本書在光學上的著力較一般的書略多，不過，由於光電科技的涵蓋極廣，一本書往往難以面面俱到，本書在章節的安排上也較爲特別。書中的九個章節可分成二大部分，其一是基礎光學，包括第一章至三章與第七章及第八章，其他的四章則爲幾項重要的光電科技的簡介。

本書的第一章，有別於一般的光電書籍，我們嘗試以較爲寬廣的角度說明幾項光科學上最基本的重要觀念。第二章的幾何光學，解釋以光線直進的方法來處理成像的問題，同時說明像差的原理及特性。第三章的干涉光學，以光波的波動性出發，講述光波疊加的基本原理，讀者在本章的學習成效必需謹愼檢視。第四章爲雷射的簡介，第五章則講述光電半導體的特性與其應用，第六章爲光纖的介紹，與在光通訊及光檢測上的應用。第七章則又回到基礎光學的範疇，介紹的是一般人在學習上較爲困難的繞射光學，而且引入傅氏轉換來系統化地講解光波在傳播時，其波前變化的解析，最後以全像光學的介紹作爲結束。第八章是建立在電磁波的基礎上，介紹光波在非均向介質的傳播，最後簡單地介紹電光與聲光晶體的原理。第九章則是因應 LED 固態照明的發展，以光度輻射學出發，輔以簡單的色彩理論，簡單地介紹發光二極體應用於白光光源與照明上的四階光學設計。

本書的內容設定，是作爲一個有志於光電科技學習者的入門書籍，內容較爲基礎，也避免較爲艱深的數學計算，所觸及的學理與應用皆在當前光電科技中扮演極爲重要的角色，其中的第一章至第三章，第七章至第八章更是涵蓋光學的基礎，是本書的一項重點與特色，也是讀者應該多熟讀之處。

本書適合大學三、四年級或碩士班的相關教材，不足之處，請參考書中所列的推薦參考書籍，應可滿足讀者進階的學習需求。

本書的完成奠基於過去師長的教導，特別是張明文教授、許根玉教授與游漢輝教授在光學知識的傳授、過去就讀於中央大學光電所時的各項精實課程與光電系同仁楊宗勳教授在色彩學上的協助。另外中央大學動態全實驗室與固態照明光學歷年來同學的幫忙使得本書在準備過程中能事半功倍，其中特別是張育譽博士候選人在編校稿與繪圖上的協助、高子斌同學與李宣皓博士候選人在本書準備階段的努力，在此致謝。

最後，則以本書向過去一直默默支持的家人，致上無比的感謝。

孫慶成 謹識

中壢市國立中央大學光電系

2011/11/11

作者簡介

本書作者孫慶成畢業於台南一中、國立交通大學電子物理系，研究所時期就讀於國立中央大學光電所，爲該所第一位直攻博士之研究生，博士論文師承於張明文教授與許根玉教授。

孫慶成於 1993 年取得博士學位後，曾服務於健行工專電子工程科，並於 1996 年回到國立中央大學光電所任教，期間曾於 2001 年至美國賓州大學在 Prof. Francis T. S. Yu 研究團隊中進行資訊光學研究，並於 2002 年時升等爲教授。

孫教授於 1989 年起進行光折變晶體之光資訊研究，在體積全像與相位共軛鏡方面有傑出的貢獻，並在 1999 年發表「相位疊加法」，領先全球解決光波經過毛玻璃於體積全像之亂相多工之 3D 位移靈敏度的計算，此後在體積全像光學儲存上不斷地有新的貢獻。孫教授於 2002 年起受台灣 LED 產業之邀進行 LED 固態照明在光學方面的研究，在 2006 年發表『中場擬合法』，定義出一個新的中場範圍並闡述中場在光源模型上的重要性，同時建立可對任一光源建立中場精確模型的技術，使我國在 LED 光學設計上的能力達到世界領先地位；同時孫教授的 LED 研究團隊也在 2008 年發表精確的螢光粉模型與在 2010 年發表光子循環技術，對於 LED 照明之貢獻良多。目前孫教授在立中央大學領導 LED 固態照明研究團隊與全像光資訊團隊繼續從事尖端科技研究。

孫教授在 2005 年榮膺國際光學工程學會士(SPIE Fellow)、在 2010 年榮膺美國光學學會會士(OSA Fellow)，歷年獲獎包括中央大學理學院傑出教學獎、中華民國光學工程學會技術貢獻獎、中央大學傑出研究獎、中央大學傑出技術移轉貢獻獎、中央大學特聘教授、經濟部大學產業貢獻獎、國科會傑出研究獎、國科會傑出技術移轉貢獻獎與台南市大成國中傑出校友等榮譽。

編輯部序

「系統編輯」是我們的編輯方針，我們所提供給您的，絕不只是一本書，而是關於這門學問的所有知識，它們由淺入深，循序漸進。

本書內容避免較艱深的數學計算，所觸及的學理與應用皆在當前光電科技中扮演極為重要的角色。本書在光學上的著力較一般的書略多，內容涵蓋光學基礎，包括光學重要觀念、幾何光學及干涉光學，並詳細講解繞射光學與全像光學等。書中的九個章節可分成二大部分，其一是基礎光學，包括第一至三章與第七及第八章，其他的四章則為重要的光電科技簡介。本書適用於大學、科大光電、電子、電機、機械系「光電工程」、「光電工程概論」課程使用。

同時，為了使您能有系統且循序漸進研習相關方面的叢書，我們以流程圖方式，列出各有關圖書的閱讀順序，以減少您研習此門學問的摸索時間，並能對這門學問有完整的知識。若您在這方面有任何問題，歡迎來函連繫，我們將竭誠為您服務。

相關叢書介紹

書號：0630001
書名：電子學(基礎理論)(第十版)
英譯：楊棧雲.洪國永.張耀鴻
16K/592 頁/700 元

書號：0630101
書名：電子學(進階應用)(第十版)
英譯：楊棧雲.洪國永.張耀鴻
16K/360 頁/500 元

書號：0568201
書名：半導體發光二極體及固體照明(第二版)
編著：史光國
20K/496 頁/550 元

書號：0587702
書名：發光二極體之原理與製程(第三版)
編著：陳隆建
20K/288 頁/350 元

書號：0605301
書名：白光發光二極體製作技術－由晶粒金屬化至封裝(第二版)
編著：劉如熹
20K/344 頁/450 元

書號：06201
書名：薄膜光學概論
編著：葉倍宏
16K/360 頁/480 元

書號：0809601
書名：顯示色彩工程學(第二版)
編著：胡國瑞.孫沛立.徐道義
陳鴻興.黃日鋒.詹文鑫
羅梅君
20K/312 頁/400 元

◎上列書價若有變動，請以最新定價為準。

流程圖

書號：0809601
書名：顯示色彩工程學(第二版)
編著：胡國瑞.孫沛立.徐道義
陳鴻興.黃日鋒.詹文鑫
羅梅君

書號：0507204
書名：幾何光學(第五版)
編著：耿繼業.何建娃
林志郎

書號：0587702
書名：發光二極體之原理與製程(第三版)
編著：陳隆建

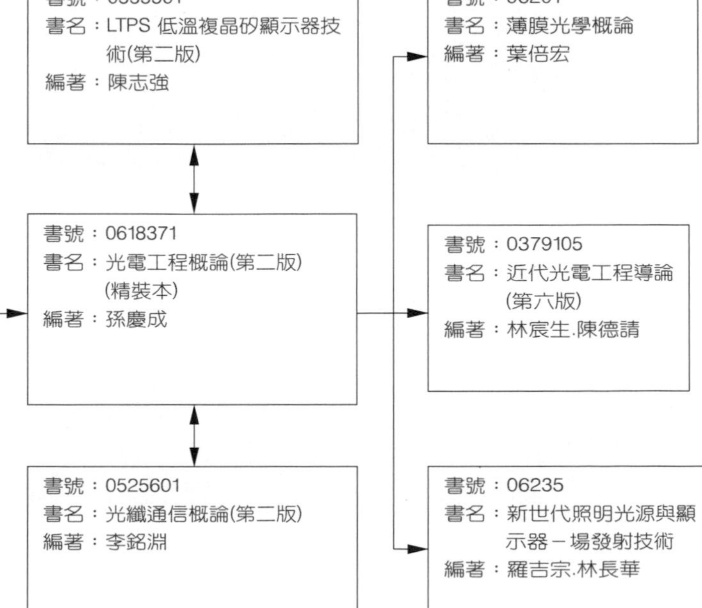

書號：0555501
書名：LTPS 低溫複晶矽顯示器技術(第二版)
編著：陳志強
書號：0618371
書名：光電工程概論(第二版)(精裝本)
編著：孫慶成
書號：0525601
書名：光纖通信概論(第二版)
編著：李銘淵
書號：06201
書名：薄膜光學概論
編著：葉倍宏
書號：0379105
書名：近代光電工程導論(第六版)
編著：林宸生.陳德請
書號：06235
書名：新世代照明光源與顯示器－場發射技術
編著：羅吉宗.林長華

目次

1 光電基礎概論

2 幾何光學

CONTENT

3 波動光學

4 雷射光學與其應用

5 光電半導體元件

CONTENT.....

7 繞射光學與全像術

8 晶體光學及其應用

CONTENT....

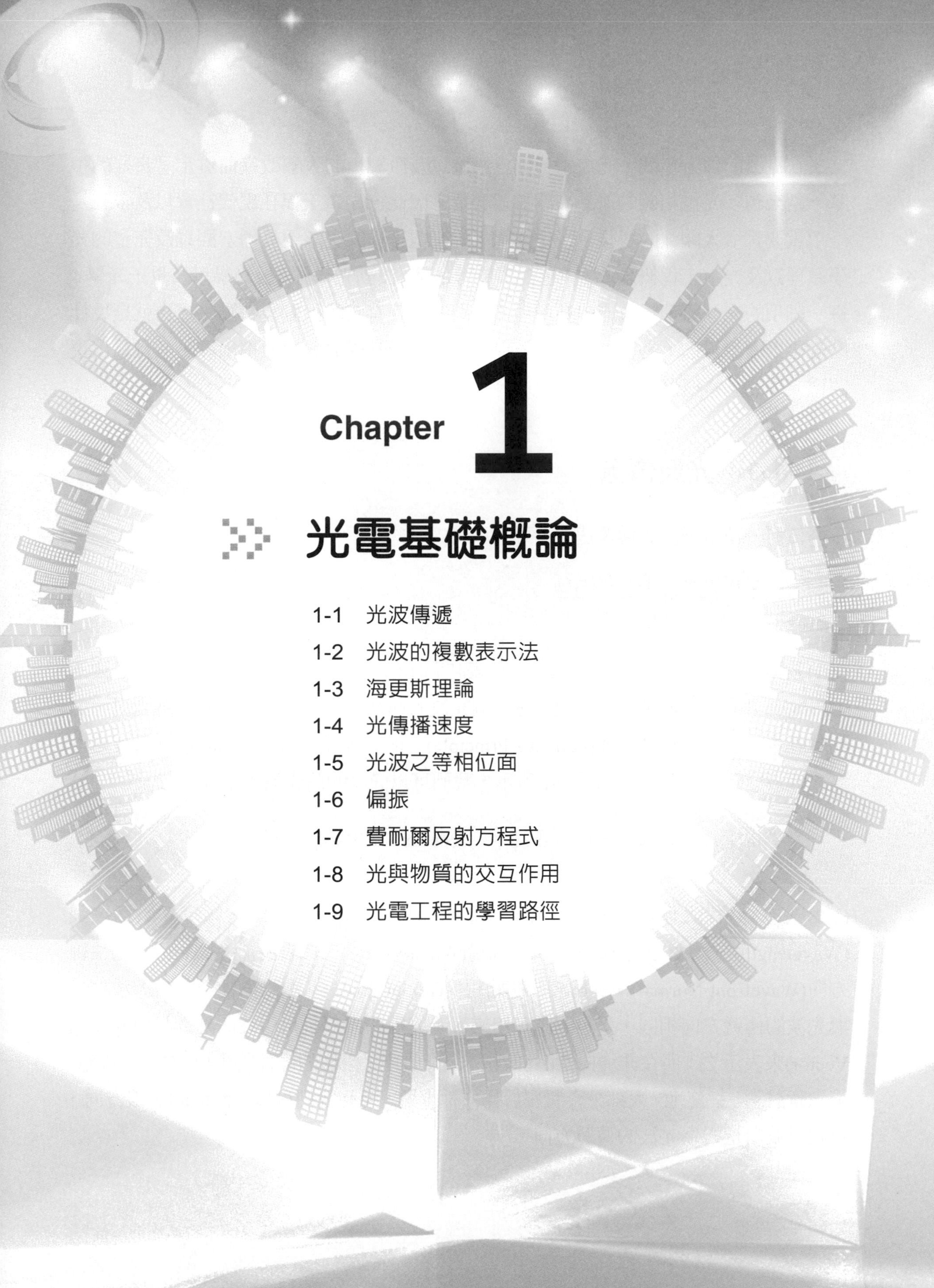

Chapter 1

光電基礎概論

在過去的數十年間，光電工程因爲電腦以及微製程的大幅改進而奠定了良好的根基，越來越多光電相關的產品被開發並普及。因此，光電工程在現代社會以及未來是一項重要且令人關注的科技。一位高水準的光電工程師應該要具備宏觀以及完整的光學原理以及光電工程概念，當中包含了幾何光學、波動光學、電磁光學以及量子光學。每一細項的光學原理以及方法在處理光學問題時都有它的限制及特點，這也就是爲什麼光電工程不難卻不易精通。在此章節，我們將從基礎的光學原理出發，並且給出這四種光學的基本概念及想法。

1-1 光波傳遞

任何一種傳遞波的傳遞速度 v 可表示成(1-1)式

$$\frac{\partial^2 W(r,t)}{\partial r^2}=\frac{1}{v^2}\frac{\partial^2 W(r,t)}{\partial t^2} \tag{1-1}$$

(1-1)波動方程式內 r 代表空間函數、t 代表時間函數。而(1-1)式的其中一個解爲弦波函數(Sinusoidal Function)。當我們考慮一個光波的傳遞時，光波從一個點傳遞到另一個點時基本上是遵循費碼原理(Fermat's Principle)。根據費碼理論，光波的前進是行走兩點之間最短時間的路徑，如圖 1-1 所示，我們可以簡易的將光波表示成一弦波

$$W(r,t)=A\cos\{2\pi(ft-\frac{r}{\lambda})+\phi_i\}=A\cos\{\omega t-\vec{k}\cdot\vec{r}+\phi_i\} \tag{1-2}$$

(1-2)式中 A 代表振幅(Amplitude)、f 爲頻率(Frequency)、ω 爲角頻率、λ 爲波長(Wavelength)、$\vec{r}$ 爲位置向量、$\vec{k}$ 爲波向量(Wave Vector)，代表波前(Wavefront)的法線方向(Wavefront Normal)、ϕ_i 爲波的初始相位(Initial Phase)。在均向性介質中，波向量與光波的傳遞方向相同，這也同時可用來表示光線的方向且可用波印廷向量(Poynting Vector)來表示之；而在非均向性(Anisotropic)介質中，這樣的條件將不再成立，並將於第六章討論。幸運地，大部分介質屬於均向性介質，因此我們可以將波前的法線方向，也就是波向量視爲光波的傳遞方向。

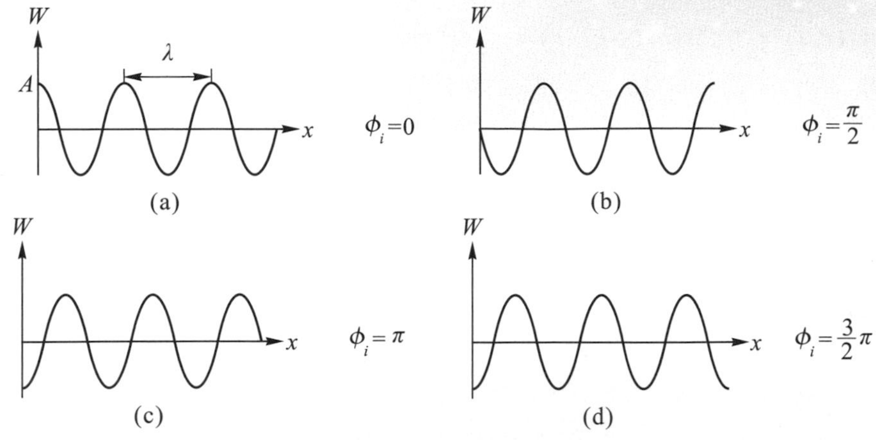

圖 1-1　弦波的振幅、週期與初始相位的示意圖

當一道光的波前法線方向不是唯一的，如圖 1-2 所示，則會出現各種各樣的波向量。利用這一項簡單的方法，我們可以找出成像的原理以及定出光波在不同的均向性介質當中的傳遞方向，而這項利用波前法向量來形容光波分佈的技術稱之爲幾何光學 (Geometry Optics)。

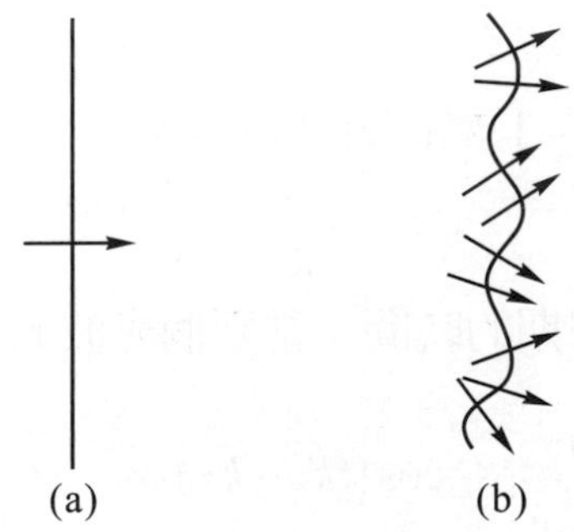

圖 1-2　光波波前與波向量之間的關係示意圖

1-2　光波的複數表示法

爲了計算上的方便，我們對於描述光波通常使用複數的表示方式來取代弦波的表示方法，因此，(1-2)式可以改寫爲

$$W(r,t)=\mathrm{Re}\{Ae^{i(\omega t-\vec{k}\cdot\vec{r})}\}=\mathrm{Re}\{E(r,t)\} \tag{1-3}$$

假設有兩個光波 $W_1(r,t)$與 $W_2(r,t)$，並可表示如下：

$$W_1(r,t) = A_1\cos(\omega_1 t - \vec{k}_1\cdot\vec{r}) = \mathrm{Re}\{E_1(r,t)\} \tag{1-4}$$

$$W_2(r,t) = A_2\cos(\omega_2 t - \vec{k}_2\cdot\vec{r}) = \mathrm{Re}\{E_2(r,t)\} \tag{1-5}$$

其中

$$E_1(r,t) = A_1 e^{i(\omega_1 t - \vec{k}_1\cdot\vec{r})} \tag{1-6}$$

$$E_2(r,t) = A_2 e^{i(\omega_2 t - \vec{k}_2\cdot\vec{r})} \tag{1-7}$$

並可以輕易地發現

$$W_1(r,t)W_2(r,t) \neq \mathrm{Re}\{E_1(r,t)E_2(r,t)\} \tag{1-8}$$

因此若以複數型態表示時，須格外謹慎。

在一個光波中，電場的振盪頻率高達約 600 THz，其波長則約爲 0.5μm。當考慮光波的能量強度時，應是以時間的平均值，而非瞬時值來表示人或儀器的觀察。光波的時間平均值可表示爲

$$<W_1(r,t)W_2(r,t)> = \frac{1}{T}\int_0^T W_1(r,t)W_2(r,t)dt \tag{1-9}$$

其中 T 代表遠大於光波震盪週期的時間。當兩個光波的頻率相等時，可得到(1-10)式

$$<W_1(r,t)W_2(r,t)> = \frac{1}{2}A_1A_2\cos\{(\vec{k}_1-\vec{k}_2)\cdot\vec{r}\} \tag{1-10}$$

使用複數表示式來改寫(1-4)式至(1-7)式，可以發現(1-10)式可表示爲

$$<W_1(r,t)W_2(r,t)> = \frac{1}{2}\mathrm{Re}\{E_1(r,t)E_2^*(r,t)\} \tag{1-11}$$

其中星號代表共軛複數(即相位符號相反)，基於電磁場理論，當 $A_1 = A_2$ 可得到光波的時間平均功率爲

$$\langle I(r,t)\rangle = \varepsilon\left\langle E^2(r,t)\right\rangle = \frac{\varepsilon}{2}|E|^2 = \frac{\varepsilon}{2}A^2 \tag{1-12}$$

$$\varepsilon v\left\langle E^2\right\rangle_T \text{ or } \varepsilon_0 c\left\langle E^2\right\rangle_T$$

其中ε代表電介質的介電常數(Dielectric Constant)。在此書中，因爲光功率密度爲時間均分，因此我們將時間均分的符號省略掉後，因爲在光波分布的計算中大多只考慮相對值，因此我們並進一步簡化爲

$$I = \left|E\right|^2 \tag{1-13}$$

同時(1-13)式是以複數型態表示法，用於計算相對光功率密度的重要公式，(1-13)式的表示式正好告訴我們一個常見的事實，即我們無法看到一道光波的相位。而事實上，相位代表的是光波電場的變化，以可見光爲例，其頻率達 10^{14} Hz 以上，無論是人眼或儀器皆無法跟得上，因此相位無法出現在(1-13)式是正確的。若要在光強度的表示式出現相位，至少需要二道光波疊加產生穩定的相位差訊號，這時候相位的資訊才有可能被解讀出來，這樣的現象就是所謂的同調干涉(Coherent Interference)，會在本書後面詳細解說。

1-3　海更斯理論

海更斯理論(Huygens' Principle)在波動光學(Wave Optics)中是最基礎的理論之一，可根據前一個波前的相位而計算出傳輸一定距離後的新波前。在海更斯理論中，波前上的每一個點光源都可視爲次級點光源，以球面波方式向傳輸方向傳遞。因此，一個新的波前都是由前一個次級光源所發射出的波前所組合而成。

以圖 1-3 來說明海更斯理論，其中新的波前爲Σ，稱爲主要波前，而波的傳遞方向爲小箭頭所示，波前之間的相隔時間爲Δt，波速爲v，而波前Σ上一系列的球面波半徑爲$r = v\Delta t$，這些球面波的疊加組成了新的波前，而波前上的每一個點自光源出發至此，其累積相位是一致的，不管其路徑上的光學介質是否皆爲相同，其傳輸時間也是一致的。海更斯理論在繞射現象中是一個非常實用的技術，將在第七章加以討論。

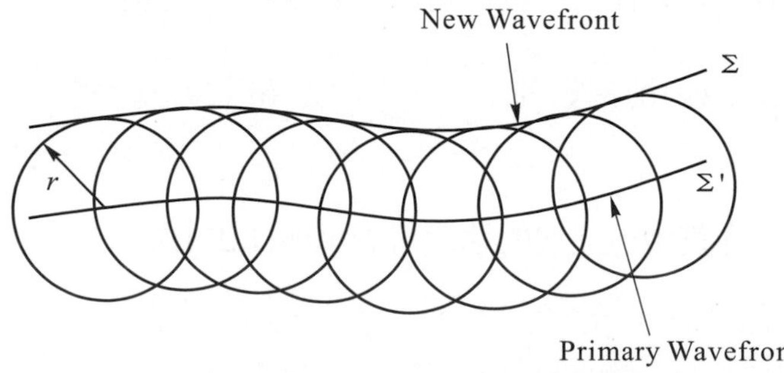

圖 1-3　海更斯理論中，波前上的每個點都可視為一個次光源，向前輻射而形成下一個波前

1-4 光傳播速度

光是一個電磁波場,可由麥斯威爾方程式(Maxwell Equations)形容之,可表示如下:

$$\nabla \times E + \frac{\partial B}{\partial t} = 0 \tag{1-14}$$

$$\nabla \times H - \frac{\partial D}{\partial t} = J \tag{1-15}$$

$$\nabla \cdot D = \rho \tag{1-16}$$

$$\nabla \cdot B = 0 \tag{1-17}$$

其中,E 和 H 稱爲電場與磁場,D 和 B 稱爲電位移與磁感應,J 爲電流密度,ρ 爲電荷密度。電流密度與電荷密度可視爲電磁輻射的來源,當光波遠離源頭處時,此兩者皆爲零。當考慮光場的響應時,電位移與磁感應強度可表示爲

$$D = \varepsilon E = \varepsilon_0 E + P \tag{1-18}$$

$$B = \mu H = \mu_0 H + M \tag{1-19}$$

其中 ε 與 μ 爲介電張量與磁導張量;ε_0 與 μ_0 分別在眞空中爲介電常數與磁導率;而 P 與 M 則是極化的電場與磁場。

當光波在自由空間傳播並遠離光源時,電位移與磁感應強度分別與電場與磁場光波成正比。根據麥斯威爾方程式,我們可容易地得到波動方程式爲

$$\frac{\partial^2 E(r,t)}{\partial r^2} = \varepsilon_0 \mu_0 \frac{\partial^2 E(r,t)}{\partial t^2} \tag{1-20}$$

對照於(1-1)式之一般波動方程式,我們可得到眞空中的光速爲

$$v_0 = \frac{1}{\sqrt{\varepsilon_0 \mu_0}} \approx 3 \times 10^8 \text{ m/s} \tag{1-21}$$

相同地,光速在光學介質中,光波的速度可表示如(1-22)式

$$v = \frac{1}{\sqrt{\varepsilon \mu}} \tag{1-22}$$

相對於光速在眞空中，在介質中的速度將會變慢，此現象可以推導出光學中最重要的一個參數，即介質的折射率(Refractive Index)，定義如下：

$$n=\frac{v_0}{v}=\sqrt{\frac{\varepsilon\mu}{\varepsilon_0\mu_0}} \tag{1-23}$$

由於光在眞空中的速度要高於一般光學介質，因此介質折射率大於 1。當光行進於光學介質中，頻率保持不變，但光速變慢，其原因是波長變短了，其倍率與光速變慢的倍率相同。

當光波傳遞一段距離後，會累積一段相位如下：

$$\phi=\frac{2\pi nd}{\lambda_0}=k_0nd=k_0(\text{OPL}) \tag{1-24}$$

其中 d 代表光在介質中傳遞的幾何路徑長度，λ_0 代表眞空中的波長，k_0 代表眞空中的波數(Wave Number)，OPL(Optical Path Length，光程)代表光傳遞所在之折射率與幾何距離的乘積，當 OPL 相同時，所累積的相位也必然相同。

1-5　光波之等相位面

我們會將光波自光源開始所傳輸的等相位面稱爲光波的波前，由(1-24)式可發現波前上的每一點必然具有相等之光程與傳輸時間(見習題)。當光波傳播到不同介質時，波前的結構將依據所在之介質折射率的不同而有所改變，在本節中，我們將介紹二種最經典的波前，即平面波與球面波。

1-5.1　平面波

平面波是最簡單也是最基礎的波前結構，其特色爲等相位表面是一個平面，如圖 1-4 所示。平面波波前只有一個波向量，與波前正交

$$\vec{k}\cdot(\vec{r}-\vec{r}_0)=0 \tag{1-25}$$

其中$\bar{r}$是位置向量，$\bar{r}_0$為給定的位置向量，為平面上的一個已知點。因此(1-25)式可改寫為

$$\bar{k}\cdot\bar{r}=\text{constant} \tag{1-26}$$

所以我們可以將一個平面波的方程式寫成

$$W(r,t)=A\cos\{\omega t-\bar{k}\cdot\bar{r}\} \tag{1-27}$$

或

$$W(r,t)=Ae^{i(\omega t-\bar{k}\cdot\bar{r})} \tag{1-28}$$

(1-27)式與(1-28)式是最簡單且最基本表達光波頻率與波傳遞方式的方式，因為其頻率單一，波向量也單一，這種光波稱之為單色平面波(Monochromatic Plane Wave)，在大自然間幾乎找不到理想的上述光波，但因為是最理想的光波，在理論計算上是非常有效與可以利用的波前。

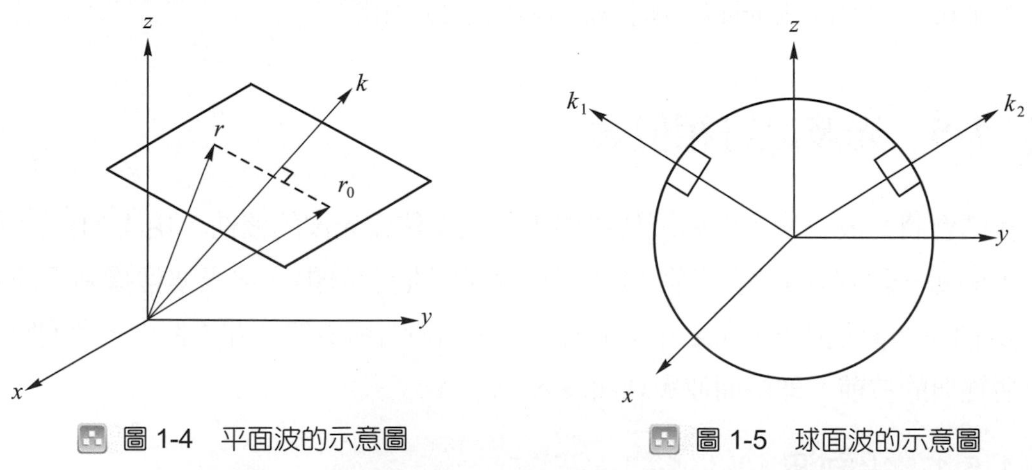

圖 1-4　平面波的示意圖

圖 1-5　球面波的示意圖

1-5.2　球面波

一個完美的球面波是由一個點光源開始，從點光源出發的球面波上，每一個波前的 OPL 都是常數，如圖 1-5 所示。其中，波向量總是平行於位置向量，所以常數的 OPL 可表示為

$$kr=\text{constant} \tag{1-29}$$

其中，$r=\sqrt{x^2+y^2+z^2}$，因此球面波可以表示爲

$$W(r,t)=\frac{A}{r}\cos(\omega t-kr) \tag{1-30}$$

或

$$W(r,t)=\frac{A}{r}e^{i(\omega t-kr)} \tag{1-31}$$

1-5.3　拋物面波

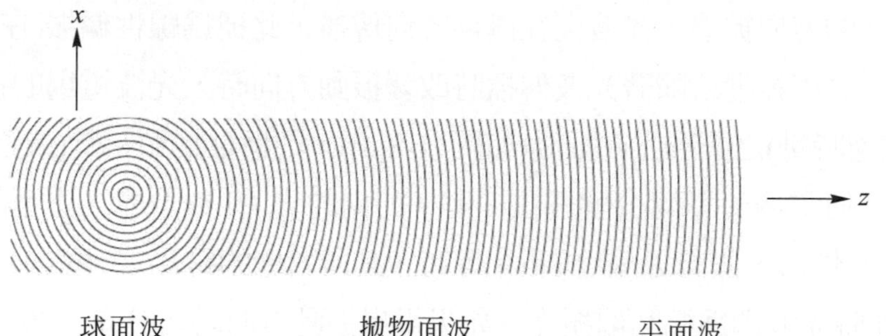

圖 1-6　球面波隨傳播距離的增加，在近軸方向可視為拋物面波，在更遠處則具有平面波的形式

如圖 1-6 所示，當光波向 z 軸傳遞時，我們可表示爲

$$r=z\sqrt{1+\frac{x^2+y^2}{z^2}}=z(1+\frac{\theta^2}{2}-\frac{\theta^4}{8}+\cdots) \tag{1-32}$$

其中，$\theta=(\frac{x^2+y^2}{z^2})^{1/2}$，當 $\theta<<1$，在(1-32)式的近似條件將改寫爲

$$r=z(1+\frac{\theta^2}{2}) \tag{1-33}$$

此時，球面波可表示爲

$$W(r,t)=\frac{A}{z}e^{i(\omega t-kz-k\frac{x^2+y^2}{2z})} \tag{1-34}$$

在觀察點位於 $z=z_0$ 的近軸區域時，近似球面波可改寫爲

$$W(r,t) = A'e^{i(\omega t - k\frac{x^2+y^2}{2z_0})} \tag{1-35}$$

其中 A' 爲常數振幅，由(1-35)式可發現，該相位項已使得球面波前近似爲一個拋物面波的波前。

1-6 偏振

關於電場與磁場的振盪，一個完整的光波在這兩個場內的振盪稱之爲偏振(Polarization)。我們假設一個單色平面波往 z 軸傳遞，如圖 1-7 所示，其中電場和磁場沿著互相垂直的方向振盪，光波則在直線方向傳播，此稱爲線性偏振(在 x 方向)。如果電場不沿著直線振盪或隨著光波傳播時改變振動方向時，光波電場的振動方向沿著如順時針(或逆時針)之圓形方向振動(如圖 1-8(a))，則稱之爲順時針(或逆時針)圓偏振光。此外，任何電場 E 都可分解爲在 x 與 y 方向的 E_x 和 E_y 分量，上述的圓偏振即爲 E_x 和 E_y 相等的情形，假若 E_x 和 E_y 不相等時，其所對應的電場 E 便爲一個橢圓，如圖 1-9 所示，此時光波即爲橢圓偏振光。如果電場振動方向均勻分布於各方向，而其 E_x 和 E_y 的分量又相等時，這時光波即爲非偏極光，一般的自然光或人造照明的光大多爲非偏極光，幾個常見的例外包括雲層在特殊角度對陽光的散射光，或某些鏡面雨水的表面的特殊的反射光，是有偏振的特性；此外，液晶顯示器是以控制光波偏振的方向來產生畫面，因此光線必須處於偏振狀態。

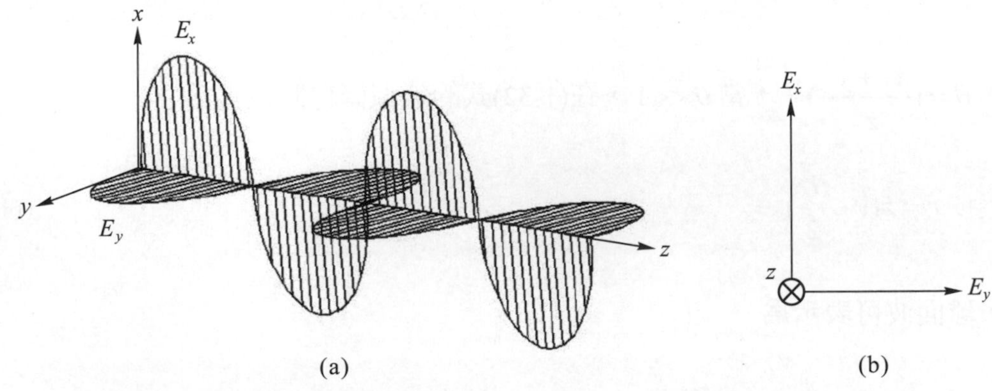

圖 1-7 單色平面波往 z 軸傳遞，此時電場、磁場與傳波方向互相垂直

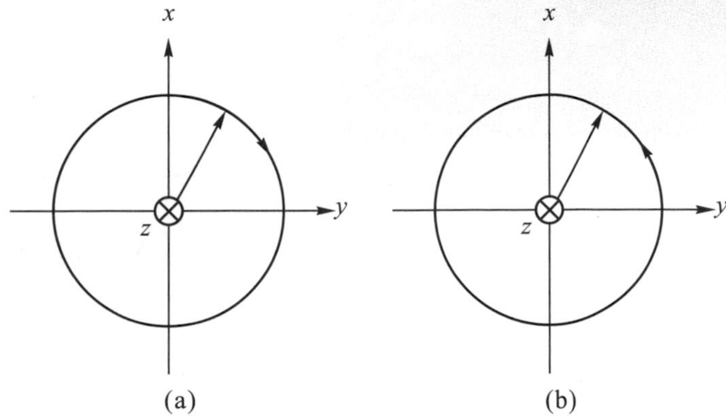

圖 1-8　圓形偏振光：(a)順時針，(b)逆時針

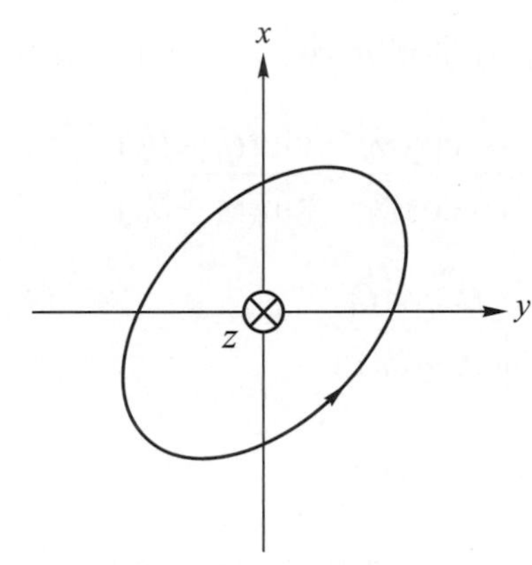

圖 1-9　橢圓偏振光

1-7　費耐爾反射方程式

在麥克斯威爾方程組在決定光波的能量分佈上非常有用。我們可以藉由電磁理論來研究光波從一介質進入另一個介質，即經過一個光學界面時，光波能量的分布，此時光波的偏振態會扮演一個極為重要的角色，因此我們將其分為 TE 與 TM 偏振態來討論。首先要先定義入射面(Incident Plane，或 Plane of Incidence)，其為包括入射光波向量、反射光波向量與折射光波向量之共平面。

第一種為光波之電場與入射面垂直，稱之為 TE 偏振或是 s 偏振；另一種則是光波之電場與入射面平行，稱之為 TM 偏振或是 p 偏振。TE 與 TM 偏振的說明如圖 1-10 所示。

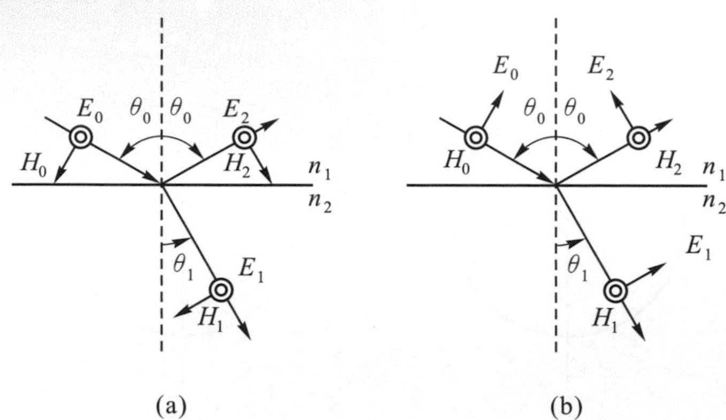

圖 1-10　入射時，在入射面之折射與反射光的分布：(a)TE 或 s 偏振，(b)TM 或 p 偏振

假設這兩種介質的折射率分別是 n_1 與 n_2，在 TE 情況下其反射與折射係數分別爲

$$r_s = \frac{E_{2s}}{E_{0s}} = \frac{n_1 \cos\theta_0 - n_2 \cos\theta_1}{n_1 \cos\theta_0 + n_2 \cos\theta_1} = \frac{\sin(\theta_1 - \theta_0)}{\sin(\theta_1 + \theta_0)} \tag{1-36}$$

$$t_s = \frac{E_{1s}}{E_{0s}} = 1 + r_s = \frac{2\sin\theta_1 \cos\theta_0}{\sin(\theta_1 + \theta_0)} \tag{1-37}$$

在 TM 情況下其反射與折射係數分別爲

$$r_p = \frac{E_{2p}}{E_{0p}} = \frac{n_2 \cos\theta_0 - n_1 \cos\theta_1}{n_2 \cos\theta_0 + n_1 \cos\theta_1} = \frac{\tan(\theta_1 - \theta_0)}{\tan(\theta_1 + \theta_0)} \tag{1-38}$$

$$t_p = \frac{E_{1p}}{E_{0p}} = \frac{n_1}{n_2}(1 + r_p) = \frac{2\sin\theta_1 \cos\theta_0}{\sin(\theta_1 + \theta_0)\cos(\theta_0 - \theta_1)} \tag{1-39}$$

其中 E_{0s}、E_{1s}、E_{2s}、E_{0p}、E_{1p} 與 E_{2p} 代表分別折射與反射的電場，上述方程式稱之爲費耐爾方程式(Fresnel Equations)。

由於能量與振幅的絕對值平方成正比，邊界的反射可表示爲

$$R_s = |r_s|^2$$
$$R_p = |r_p|^2 \tag{1-40}$$

在垂直入射時($\theta_0 = 0$)，我們可以發現 R_s 與 R_p 相同，如(1-41)式

$$R_s = R_p = \left[\frac{n_1 - n_2}{n_1 + n_2}\right]^2 \tag{1-41}$$

此時可以發現當界面兩端的介質之折射率差距越大時，其界面的反射率越大，此現象稱爲費耐爾反射或費耐爾損失(Fresnel Reflection or Fresnel Loss)。舉例而言，在空氣(n_1=1)中垂直入射玻璃(n_2 = 1.5)時，反射率是 4%；若玻璃換成砷化鉀晶體(n_2 = 3.6)時，反射增加至 32%。

我們可將(1-36)至(1-39)式繪圖於圖 1-11 與圖 1-12。圖 1-11 爲不同的入射角在內部反射(Internal Reflection)($n_1 > n_2$)時之$|r_s|$與$|r_p|$分布；圖 1-12 爲在與外部反射(External Reflection)($n_1 < n_2$)時之$|r_s|$與$|r_p|$分布。在內部反射時，不論是 TE 或 TM，我們皆可找一個臨界角(Critical Angle)，對應於內部全反射(Total Internal Reflection)，而在 TM 時，我們又可找到一個布魯斯特角(Brewster Angle)，對應於全穿透。

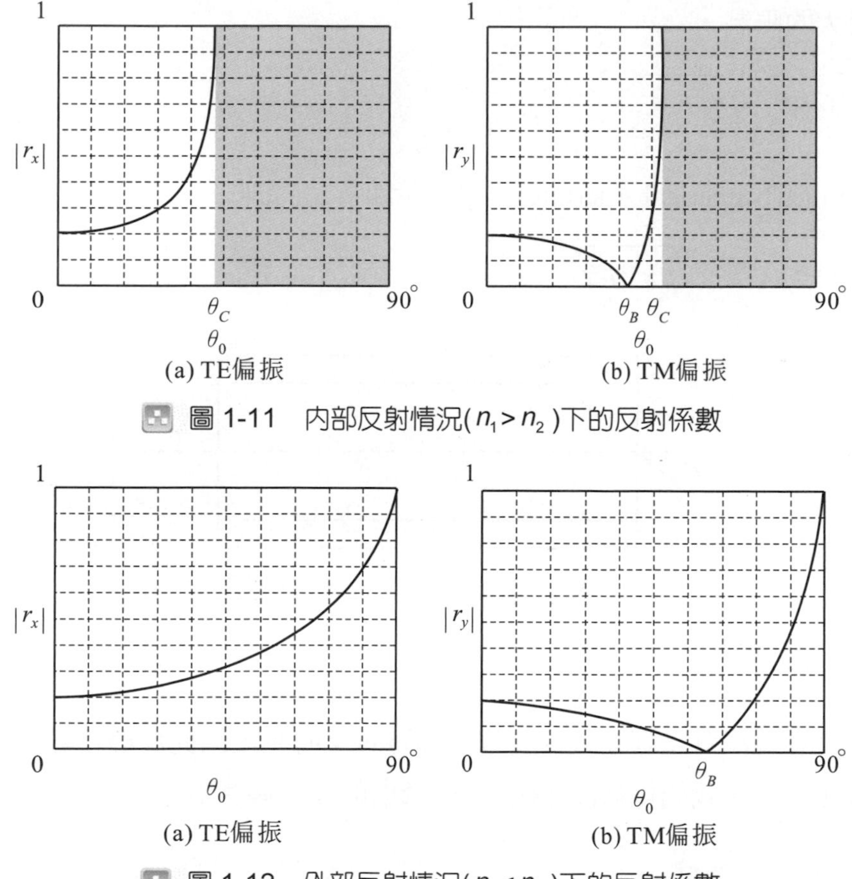

圖 1-11　內部反射情況($n_1 > n_2$)下的反射係數

圖 1-12　外部反射情況($n_1 < n_2$)下的反射係數

1-7.1 全反射

全反射只發生在入射角滿足下面條件

$$\theta_0 \geq \sin^{-1}\left(\frac{n_2}{n_1}\right) \equiv \theta_C \tag{1-42}$$

其中，θ_C 即為為臨界角。在現在的光學工程中全反射是一個重要的作用，尤其在光纖(Optical Fiber)的應用上，如圖 1-13 所示，光纖是一個圓柱體且折射率高於周邊的纖維，使得光線在傳播中達到內部全反射。假設光纖纖核之折射率為 n_A，而纖覆之較小的折射率為 n_B，為達到進入光纖的光線能在光纖內不斷地全反射，進入光纖的入射角會有一個最大的限制，

$$\theta_0 \leq \sin^{-1}\sqrt{n_A^2 - n_B^2} \equiv \theta_f \tag{1-43}$$

光纖的數值孔徑(Numerical Aperture)可以定義如下

$$NA = \sin\theta_f = \sqrt{n_A^2 - n_B^2} \tag{1-44}$$

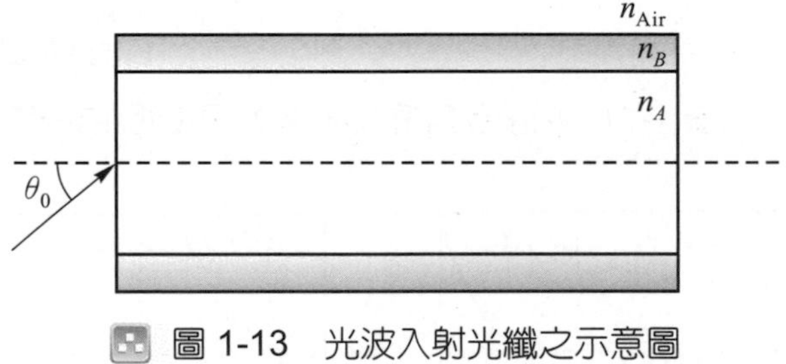

圖 1-13 光波入射光纖之示意圖

1-7.2 全透射

全透射之意為沒有光線在入射光學界面時有反射光，因此反射係數為零，這種情形只發生在 TM 中。我們根據(1-38)式，全透射的條件發生於

$$\theta_0 = \tan^{-1}\left(\frac{n_2}{n_1}\right) \equiv \theta_B \tag{1-45}$$

其中，θ_B 稱爲布魯斯特角。布魯斯特角的存在只發生於 TM 的情形中，與內部反射或外部反射無關。在圖 1-11 中爲內部反射，又當入射光的偏振爲 TM 時，會發生全反射與全透射，因此其反射光強度隨入射角度的改變有激烈的變化。

Example

邊界存在於空氣與玻璃($n = 1.5$)之中，內部臨界角爲

$$\theta_C = \sin^{-1}\left(\frac{1}{1.5}\right) \approx 41.8^\circ$$

TM 波內部反射之布魯斯特角爲

$$\theta_B = \tan^{-1}\left(\frac{1}{1.5}\right) \approx 33.7^\circ$$

在外部反射時爲

$$\theta_B = \tan^{-1}\left(\frac{1.5}{1}\right) \approx 56.3^\circ$$

邊界存在於空氣與砷化鎵(n=3.6)之中，內部臨界角反射爲

$$\theta_C = \sin^{-1}\left(\frac{1}{3.6}\right) \approx 16.1^\circ$$

TM 波內部反射之布魯斯特角爲

$$\theta_B = \tan^{-1}\left(\frac{1}{3.6}\right) \approx 15.5^\circ$$

在外部反射時爲

$$\theta_B = \tan^{-1}\left(\frac{3.6}{1}\right) \approx 74.5^\circ$$

1-8　光與物質的交互作用

早期物理科學家長期以來一直探討光的性質中，對於光到底是粒子性或是波動性一直存有疑惑，最初牛頓認爲光是微小的顆粒，但海更斯卻認爲，光是上下垂直振盪的傳播波動。由於海更斯的波動理論提出了極佳的實驗解釋現象，例如折射、繞射與干涉，最後這個理論在十八世紀被大多數的數物理學家所接受。由於繞射和干涉現象

是基於光的波動性，光波的傳遞方式則可經由麥克斯威爾方程式來精確地計算。與其他波動一樣，其波速可以表示爲

$$c = \lambda f \tag{1-46}$$

其中，λ 是指光波的波長(Wavelength)，f 指光波的頻率(Frequency)。

在上個世紀結束時，光的波動理論受到了光電效應的挑戰，光電效應指出當光束撞擊到金屬時，電子脫離金屬表面的現象。根據觀察，當低於一個截止頻率時，無論多麼強烈的光波照射，都沒有光電效應的發生。爲了解釋此現象，愛因斯坦認爲光帶有特殊能量，可以光子(Photon)的能量來解釋，一個光子可以被視爲帶有一個特殊量子態的能量，當光子在眞空中移動時，其移動速度爲不變的 c，但是光子的能量卻由頻率來決定，可表示如下：

$$E = hf \tag{1-47}$$

其中 h 代表普朗克常數(Plank’s Constant)；(1-47)式說明當光子的頻率越高時，將具有較高的能量。愛因斯坦認爲在光電效應中，每一個游離的電子是因爲一個高能光子的入射所造成的，電子因高能光子的轟擊而從金屬表面游離而出，其動能爲

$$k_e = hf - w \tag{1-48}$$

其中 w 代表當電子脫離金屬時的功函數(Work Function)。因此，爲了從金屬表面游離一個電子，其必要條件便是光子的能量需要能大過金屬之功函數

$$hf \geq w \tag{1-49}$$

這種粒子性的理論可推出光電效應的光波截止頻率，因此當入射光波的頻率降低到一定的數値時，無論有多少個光子(即無論多麼強烈的光照明)都不足以使金屬表面產生游離電子，即無光電效應的產生。

今日，我們知道光波既具有強烈的波動現象，也具有明顯的粒子性。光的波動性與粒子性都會在某些特殊情況下顯現出來，這就是所謂的光的波動與粒子之二元性質。其中，我們知道在光波的傳遞時，光波的干涉與繞射是波動性的最佳寫照，這樣的波動性天天發生在我們每個人的周圍，如眼鏡上的多層膜所反射的特殊光色即是光

波的干涉現象，而光學的進一步推理甚至可以將所有光波的傳遞解釋爲光學干涉的結果，比如手上拿一支點亮的雷射筆時，可以看到雷射光的直線前進，這個行進路徑用光波的波動性來解釋也一樣正確無誤。另一方面，光與物質之間的交互作用則是光的粒子性的最佳寫照，最常見的是電子攝影機的 CCD 與太陽能電池都基於光子在材料中，因能量移轉而產生電子的原理，而新世代光源的 LED 則反過來是以電子轉爲光子爲基礎。不管是波動性或粒子性，在科學上、工程上甚至我們的日常生活上都不斷的展現，使得我們的生活多采多姿。

Example

光子的能量通常以電子伏特(eV)表示。如果光波的波長爲 1μm，計算光子的電子伏特能量。

在(1-47)式中，可知

$$E = hf = \frac{hc}{\lambda} = \frac{6.63\times10^{-34}(\mathrm{J\cdot s})\times3\times10^{8}(\mathrm{m/s})}{1\times10^{-6}(\mathrm{m})} = 2\times10^{-19}\,\mathrm{J}$$

一個電子伏特所需的能量是用一伏特去提升一個電位，1eV 對應的是 1.6×10^{-19} 庫倫(C)

$$1.6\times10^{-19}(\mathrm{C})\times1(\mathrm{V}) = 1.6\times10^{-19}\,\mathrm{J}$$

光子能量可表示爲

$$E = \frac{2\times10^{-19}(\mathrm{J})}{1.6\times10^{-19}(\mathrm{J})} = 1.24\ \mathrm{eV}$$

若給定一個光子波長 λ，光子能量爲

$$E = \frac{1.24}{\lambda}$$

其中，能量的量測爲電子伏特，波長的單位則是微米(Micro-meter)。

1-9　光電工程的學習路徑

我們已經簡單的接觸了四個光學的基礎理論，即幾何光學、波動光學、電磁光學(Electro-Magnetic Optics)和量子光學(Quantum Optics)。其中幾何光學是一個簡化的理論，它適合用於計算出光的位置與影像的形成，也被稱爲光束光學(Ray Optics)。波動光學是基於波的相位特性，適用於形容光波干涉與繞射的特性，爲純量理論。電磁光

學較前兩者齊全，若要確切的能量分布則要使用電磁光學來計算，多數爲向量式的運算，計算難度較高。而在光與介質之間的相互作用上，包含光子的輻射與吸收，因涉及量子理論，超出前三者的範圍，但是更能探索光子的基本原理。

在以後的章節，我們將討論幾何光學、波動光學、電磁光學和量子光學，這些都是一個光電工程師所應該熟悉的。

習題

1. 波前上的每一點都是與光源間所累積的相位皆相等，試證明無論在經過如何不均勻的介質，其累積的時間亦相等。
2. 可見光的波長範圍爲自 390 nm 至 780 nm，求出可見光波段光子能量對應的電子伏特。
3. 一道光線經過空氣與藍寶石(n = 1.7)的光學界面，試求出其產生全反射與全透射之條件。
4. 試證明球面波在長距離傳播後可視爲平面波。

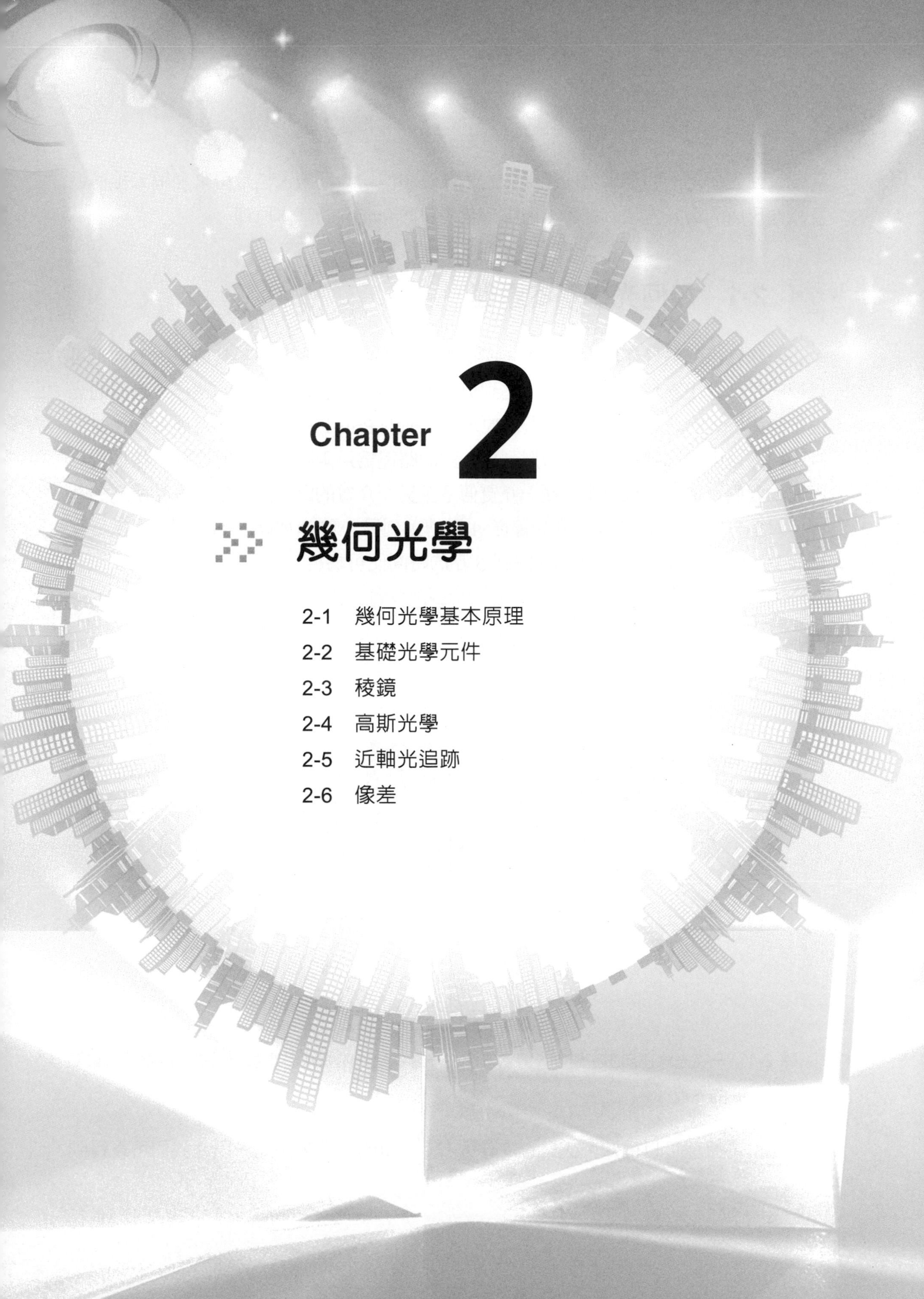

Chapter 2

幾何光學

幾何光學是一門用來處理光線在光學介質中傳輸的藝術，也是用來理解光線傳遞及成像形成的最好方法。在本章節中，我們將簡介成像的基本原理。

2-1 幾何光學基本原理

一條光線無論是在自由空間中，或是由一介質到另一介質裡，其傳遞的方向都可以被清楚計算出來。一條光線從一點到另一點是循著傳遞時間最短的路徑或最短的光程，而這特定的傳遞方向可以由費馬原理(Fermat's Principle)來決定。眾所皆知，當一條光線在自由空間中，從一點傳遞到另一點的路徑爲這兩點所連成的直線。根據費馬原理，我們可進一步來決定光從一介質傳遞至另一介質的路徑。A 點與 B 點所在的介質折射率分別爲 n_1 以及 n_2，當光線從 A 點傳遞到另一點 B(如圖 2-1)，假設光線從交界面上一點 O 經過時，從 A 點傳遞到 B 點的時間便可寫爲

$$t = \frac{AO}{c/n_1} + \frac{OB}{c/n_2} \tag{2-1}$$

其中

$$AO = \sqrt{a^2 + x^2}$$
$$OB = \sqrt{b^2 + (d-x)^2}$$

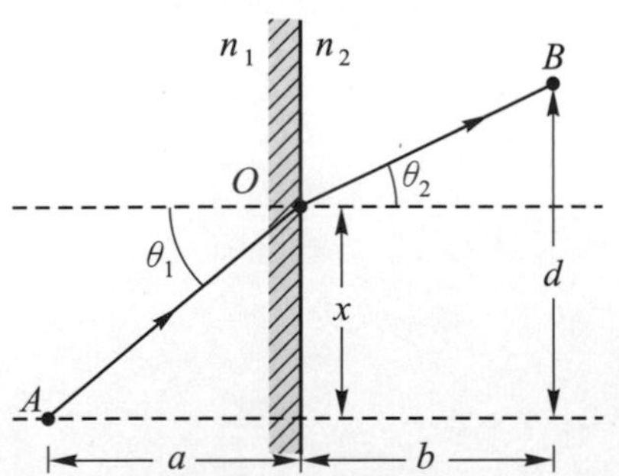

圖 2-1 一條光線在自由空間中，傳遞方向從一點到另一點是循著傳遞時間最短的路徑或最短的光程

從費馬原理可以得知，O 點的位置可由 $\frac{dt}{dx} = 0$ 的條件來決定。因此我們可以得到

$$\frac{n_1 x}{c\sqrt{a^2+x^2}}-\frac{n_2(d-x)}{c\sqrt{b^2+(d-x)^2}}=0 \tag{2-2}$$

接著，我們可以進一步假設入射角在入射面上分別爲θ_1與θ_2，我們據此可以藉由O點的位置來得到這條方程式

$$n_1\sin\theta_1 = n_2\sin\theta_2 \tag{2-3}$$

(2-3)式被稱爲史耐爾定律(Snell's Law)，可用來計算折射角亦稱爲折射定律。史耐爾定律主要是用來決定波前法線(Wavefront Normal)的傳遞方向，也就是決定波向量的傳遞方向。在等向性的介質(Isotropic Medium)中，波向量的傳遞方向與波印廷向量的傳遞方向相同。相反的，當光的傳輸發生在非等向性的介質中，波向量與波印廷向量的傳遞方向就可能不同向，此時史耐爾定律描述的波向量方向將與光波能量實際傳輸的方向會有不同，要描述光波實際能量的分布，以掌握波印廷向量之傳播方向會更爲精確。

利用相同的概念，費馬原理也能用來解釋鏡面的反射。A點與B點位於同一介質之中，O點所反映出的是光線從A點到B點的反射，如圖 2-2 所示。經過相同的計算方式，我們便可以從O點的位置決定出下列的方程式

$$\theta_2 = \theta_1 \tag{2-4}$$

(2-4)式稱爲反射定律。値得注意的是，無論反射還是折射定律，都可以從馬克斯威方程式推導而出。另外一個重要的結果則是點A、O、B都位於同一個平面上，而此平面即稱爲入射面。

直線傳遞、折射以及反射三大光線的基本傳遞特性即爲幾何光學的基礎。

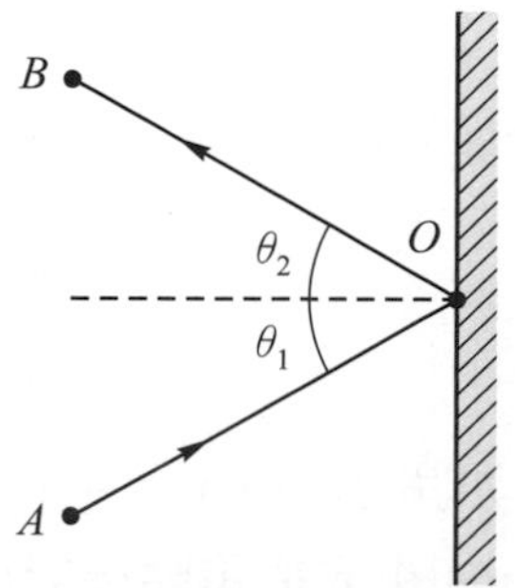

圖 2-2　利用費馬原理來解釋鏡面的反射

2-2 基礎光學元件

接下來我們將介紹一些基礎光學元件。在此之前，我們必須先定義出光軸(Optical Axis)。光軸是一種在光學系統中，折射與反射元件中的旋轉對稱軸，對一個旋轉對稱的光學元件，光軸便是其中心軸。

2-2.1 平面鏡

平面鏡在光學元件中是最簡單但卻最重要的，可在不改變波前的前提下用來改變光波的傳遞方向，如圖 2-3。當一物體放在平面鏡之前，便可從物體一側 A'' 往平面鏡中看到物體所成的虛像 A'，此虛構的影像是經由眼睛的成像系統化爲視網膜上的實像所致，對於眼睛而言，只要經過反射鏡的波前不受扭曲，所看到的像與實際去看原物體是一致的，但是像所在的位置在反射鏡的另一側，由於成像的位置並非爲光線的實際交會，因此是一個虛像。

2-2.2 橢圓面鏡

從圖 2-4 中可以看到，橢圓面鏡有兩個焦點(Focus)。光線自其中一個焦點輻射出來，在經過橢圓面鏡反射之後，會匯聚於另一個焦點上。橢圓面鏡的雙焦點互爲共軛點的特性使得其在照明或非成像光學上極爲有用。

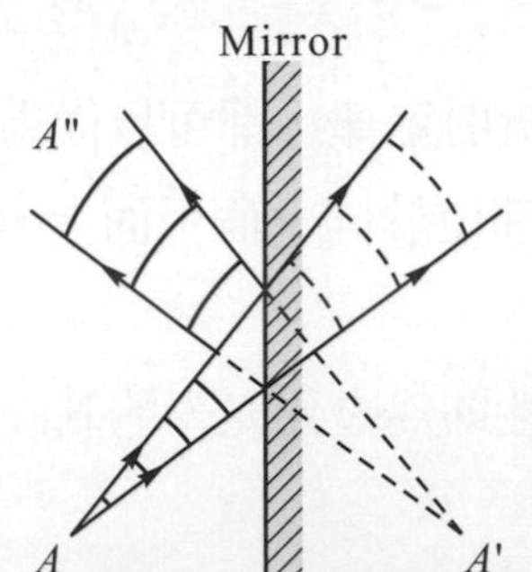

圖 2-3 平面鏡在不改變波前的前提下用來改變光波的傳遞方向

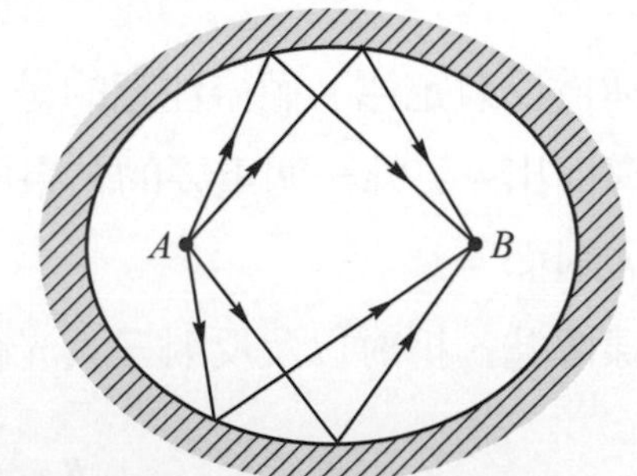

圖 2-4 在經過橢圓面鏡反射之後，光線會匯聚於另一個焦點上

2-2.3 拋物面鏡

拋物面鏡擁有單一的焦點，如圖 2-5 所示。平行(準直)(Collimating)光經過拋物面鏡的反射會匯聚於焦點上。反之，如果光從焦點輻射出來，同樣經過拋物面鏡的反射，會形成平行(準直)光。

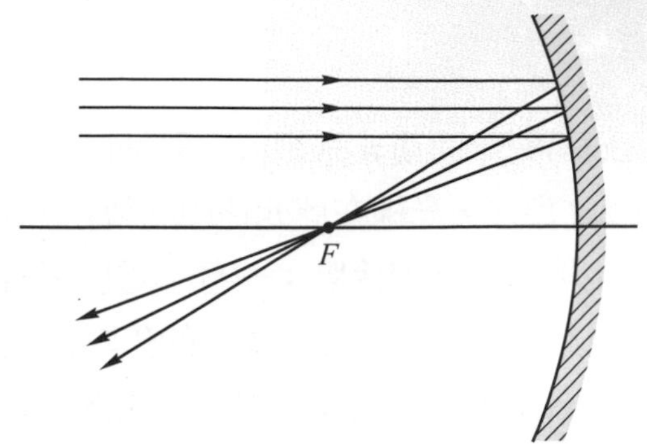

圖 2-5 平行光經過拋物面鏡的反射會匯聚於焦點上

2-2.4 球面鏡

球面鏡(如圖 2-6)與拋物面鏡非常相似，但嚴格的定義中，並無全場域的實際會聚之焦點，當光線從球面鏡邊緣入射時便可明顯的看出。也就是說，利用平行光入射球面鏡時，距離光軸越遙遠的光，也稱爲離軸光線，就越難聚焦於同一點。當入射光距離球面鏡中心越近時，經球面鏡反射後會大致地會聚成一個大小有限的點，這個點稱爲近軸焦點(Paraxial Focus)。因此，球面鏡在此近軸條件(Paraxial Condition)下，我們視其有一個定義良好的焦點。這個近軸條件成立的條件可以表示如下

$$\sin\theta \approx \theta \tag{2-5}$$

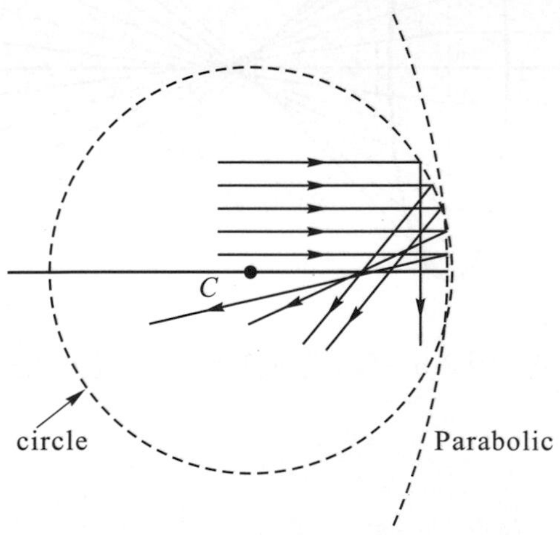

圖 2-6 平行光經過球面鏡的反射並不會有實際會聚之焦點

2-2.5 球面透鏡

球面透鏡(Spherical Lens)與球面鏡非常相似，只是由二個球面交會成一個具有內含光學介質的元件，如圖 2-7 所示，光線在此元件中的傳遞方式為二次折射。基本上，在近軸條件下，球面透鏡也擁有一個聚焦點；一旦不處於近軸條件時，離軸較遠的光線不再會聚於該焦點了，因此球面透鏡亦無全場域的焦點(如圖 2-8)。因此，若入射光為平行光時，也無法聚焦成一個點，在這種情況下，成像也會變得模糊。為了使成像的品質能夠再提高，能夠使離軸光線聚焦的非球面透鏡便相應地發展起來。

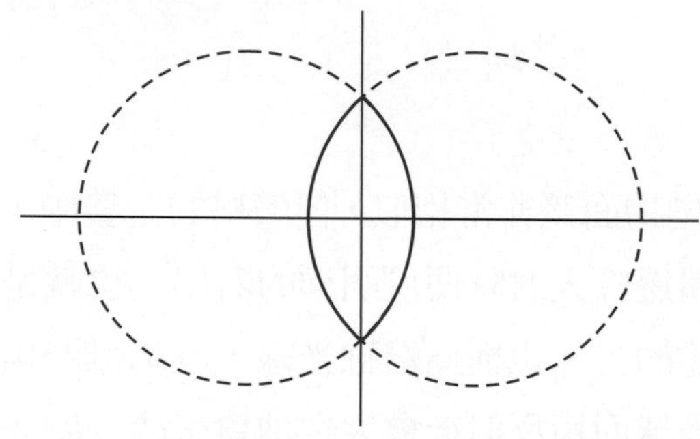

圖 2-7 球面鏡的二個曲面由二個球體交會而成

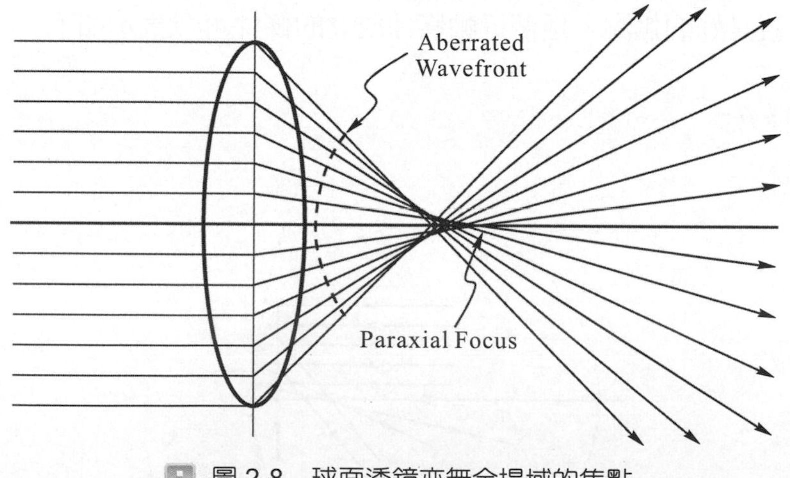

圖 2-8 球面透鏡亦無全場域的焦點

2-3 稜鏡

稜鏡通常是一個光學介質包含多個不平行平面的實心體，其特殊的幾何外型將可使光線在其內因多重折射或是內部全反射而改變光的行進方向，不但如此，若該光線帶有影像，連影像的方位也可能改變。

2-3.1　最小偏折角

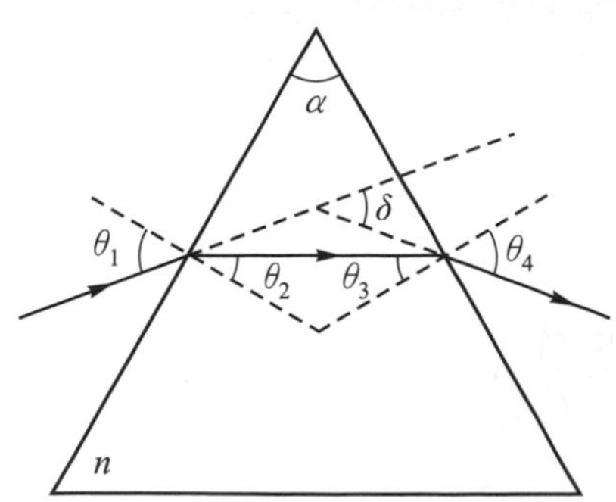

圖 2-9　光線在稜鏡中之偏折

圖 2-9 為一個三角稜鏡，在入射稜鏡前與出射稜鏡後之間，光線會經過二次折射，在一開始的入射方向與最後出射稜鏡之後的方向會有一夾角，我們將之定義為偏離角 δ，並且可得到

$$\delta = \theta_1 + \theta_4 - \alpha \tag{2-6}$$

當中 α 代表稜鏡的頂角，而頂角又可表示為

$$\alpha = \theta_2 + \theta_3 \tag{2-7}$$

因為頂角是固定的，因此在上式等號的左右二邊進行微分後可得

$$d\theta_2 = -d\theta_3 \tag{2-8}$$

為了找到最小的偏折角，於是由(2-6)式

$$\frac{d\delta}{d\theta_1} = 1 + \frac{d\theta_4}{d\theta_1} = 0 \tag{2-9}$$

接著我們將(2-9)式做移項的動作，即

$$d\theta_4 = -d\theta_1 \tag{2-10}$$

加上史耐爾定律來描述兩個面的折射，我們可以得到

$$\sin\theta_1 = n\sin\theta_2 \tag{2-11}$$

$$n\sin\theta_3 = \sin\theta_4 \tag{2-12}$$

由(2-8)與(2-9)式，加上(2-11)與(2-12)式的微分，我們可以寫成

$$\frac{\cos\theta_1}{\cos\theta_4}=\frac{\cos\theta_2}{\cos\theta_3} \tag{2-13}$$

再與(2-11)與(2-12)式做結合，我們可以將(2-13)式重寫成

$$\frac{1-\sin^2\theta_1}{1-\sin^2\theta_4}=\frac{n^2-\sin^2\theta_1}{n^2-\sin^2\theta_4} \tag{2-14}$$

(2-14)式在不同折射率時皆會成立，因而其解爲 $n=1$，與

$$\begin{aligned}\theta_4&=\theta_1\\ \theta_3&=\theta_2\end{aligned} \tag{2-15}$$

因此我們可以得到最小偏離角爲

$$\theta_1=\frac{\delta_{\min}+\alpha}{2} \tag{2-16}$$

我們因此可以將折射率表示成最小離角的函數

$$n=\frac{\sin\dfrac{\delta_{\min}+\alpha}{2}}{\sin\dfrac{\alpha}{2}} \tag{2-17}$$

2-3.2 特殊稜鏡

接下來，我們將介紹幾種常被使用爲光學元件的稜鏡。在稜鏡的反射面上，內部全反射不僅是主要的物理機制，也是使用稜鏡的主要功能之一。

2-3.2.1 直角稜鏡(Right-hand Prism)

如圖 2-10，直角稜鏡共由三個面所組成：一個面與兩個互相垂直的面夾 45°。光線若正射入射面，經過反射面的內部全反射後，出射面會正射離開稜鏡。值得注意的是，當入射的光的方位是以右手定則來定方位時，經過直角稜鏡後所成的像則會變成左手定則。

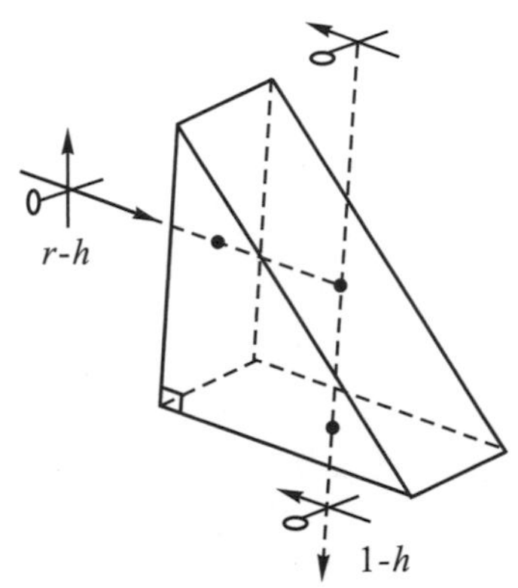

圖 2-10　當光入射直角稜鏡後之成像分析

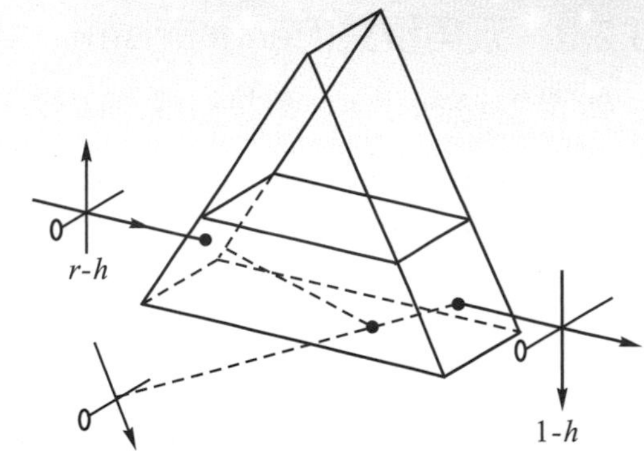

圖 2-11　當光入射 Dove 稜鏡後之成像分析

2-3.2.1　Dove 稜鏡

Dove 稜鏡如同一個被截去頂角之三角稜鏡，主要利用的是其底面的內部全反射，可以使入射線的方位受到改變，但卻能使出射稜鏡的傳遞方向保持不變，如圖 2-11 所示。

2-3.2.2　Porro 稜鏡

Porro 稜鏡與直角稜鏡非常類似，入射面與出射面如圖 2-12 所示。兩個反射面相互垂直，所以入射光與出射光是互相平行的。Porro 稜鏡在小尺寸的限制下可以扮演反向的反射鏡，也就是反射光幾乎與入射光平行，而且方向相反。當這種稜鏡體積很小時，其反射回來的光線便與入射光線幾乎重疊，這種特性可以即爲一般反光板的基本光學原理，與方角鏡一樣，以大量應用在腳踏車、機車與汽車的後車燈上。

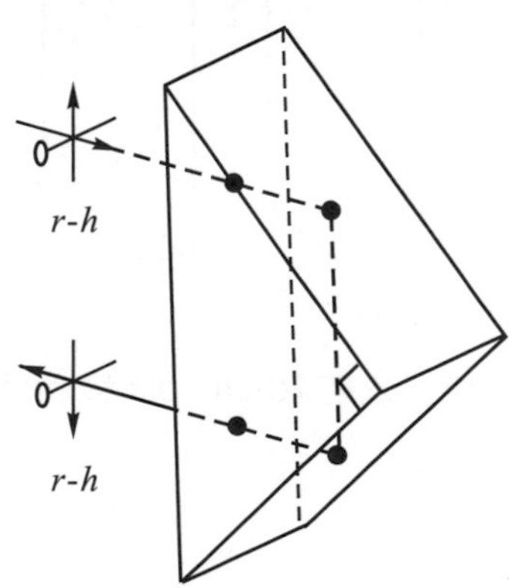

圖 2-12　當光入射 Porro 稜鏡後之成像分析

2-3.2.3　五角稜鏡(Penta Prism)

如圖 2-13 所示，五角稜鏡能夠改變入射光的傳遞方向，使出射光與入射光互相垂直，與直角稜鏡不同的是，其光線的方位與原入射光相同，但是光在五角稜鏡內所走的路徑也比直角稜鏡長。

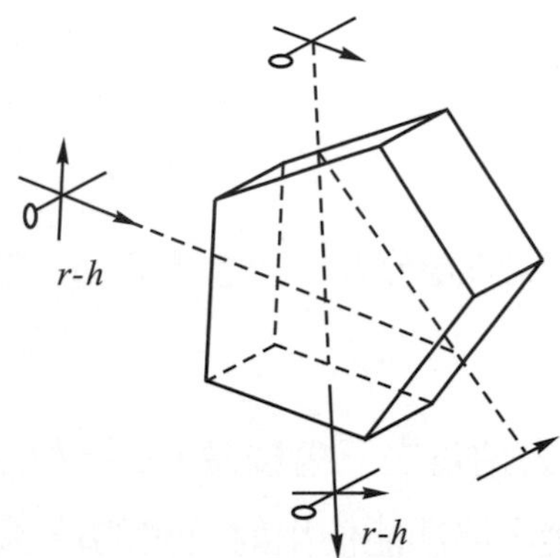

圖 2-13　當光入射五角稜鏡後之成像分析

2-3.2.4　Rhomboid 稜鏡

Rhomboid 稜鏡包含了兩個平行的反射面，其出射光的方位與原入射光的一致，但在垂直的高度上有所偏移，如圖 2-14 所示。

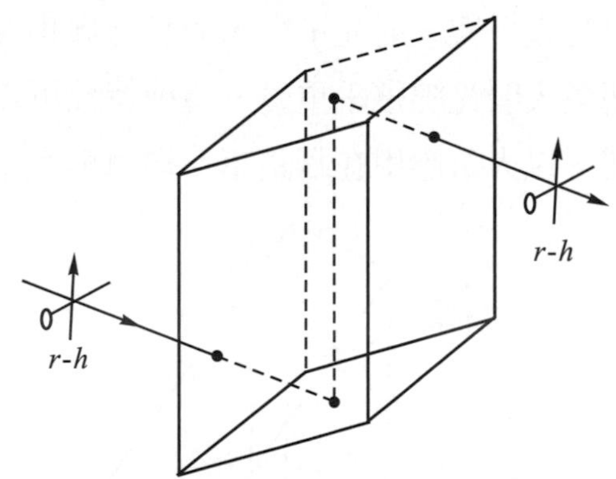

圖 2-14　當光入射 Rhomboid 稜鏡後之成像分析

2-4　高斯光學

高斯光學(Gaussian Optics)是描述光線傳播的角度在滿足近軸條件時的一種近似理論。在近軸條件下，球面鏡(球面透鏡)是可被視爲具有一個定義良好的聚焦點。接下來，我們會介紹球面光學元件在高斯光學範疇下的成像原理。爲了方便起見，我們先將符號的使用習慣及規則列舉如下：

1. 光線由左至右傳輸。
2. 當距離的基準點是從左邊或是光軸開始算起時，該距離爲正值；反之則爲負值。
3. 一個面的曲率半徑爲圓心到頂點的距離。當圓心是在頂點的右側時，曲率半徑爲正值；反之，如果圓心是在鏡頂的左側，曲率半徑爲負值。
4. 當一條光線與光軸的夾角，可由光軸往逆時鐘算起，或是與一個面的法線之夾角是往逆時鐘算起，則爲正值；反之，往順時鐘方向算起，則角度爲負值。
5. 當一道光由右而左行進，相鄰兩個面的距離以及折射率都是負值。

2-4.1　球形折射界面

如圖 2-15 所示，一個曲率半徑爲 R 的球面折射界面將折射率爲 n_1 及 n_2 的兩個介質分開。假設光線自 P_1 出發，經過此球面之 Q 點，因折射而於 P_2 點與光軸再次交會，線段 $\overline{CQ}$ 連結 Q 點與圓心 C，爲光線入射該球面之法線。利用高斯光學近似下的史耐爾定律，其入射角與出射角的關係可寫成

$$n_1\theta_1 = n_2\theta_2 \tag{2-18}$$

從幾何關係當中，我們可以得到

$$\theta_1 = \beta_1 - \phi \tag{2-19}$$

$$\theta_2 = \beta_2 - \phi \tag{2-20}$$

在近軸條件下的近似，我們可以得到

$$\beta_1 = -\frac{x}{S_1} \tag{2-21}$$

$$\beta_2 = -\frac{x}{S_2} \tag{2-22}$$

$$\phi = -\frac{x}{R} \tag{2-23}$$

其中的 S_1、S_2、R 所指的分別是物距、像距以及球面的曲率半徑。我們可以從由(2-18)式到(2-23)式的推導，得到成像公式

$$\frac{n_2}{S_2}-\frac{n_1}{S_1}=\frac{n_2-n_1}{R} \tag{2-24}$$

(2-24)式被稱爲高斯成像公式。在圖 2-15 中，P_1 點與 P_2 點可視爲一個是物點，一個爲像點，二者互爲共軛點(Conjugate Point)。當物體位於無窮遠，也就是當 $S_1 \to -\infty$ 時，其對應的成像點會位於此球面折射界面的焦點。位於成像空間的焦距(Focal Length)可以由(2-24)式得到

$$f_2=\frac{n_2}{n_2-n_1}\times R \tag{2-25}$$

同理，當像點位於無窮遠時，物點必位於物空間之焦點上，因此物體空間的焦距爲

$$f_1=-\frac{n_1}{n_2-n_1}\times R \tag{2-26}$$

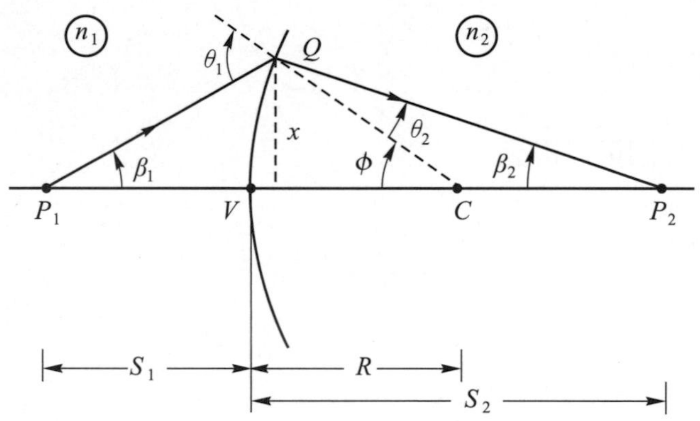

圖 2-15　光線入射球面折射界面之高斯成像公式

從上述的式子我們可以發現，當焦點所在空間的折射率不同，焦距就會不同。因此，爲了得到一個與折射率無關的焦距，我們定義一個等效焦距(Effective Focal Length)

$$f_e=\frac{f_2}{n_2}=-\frac{f_1}{n_1}=\frac{1}{K} \tag{2-27}$$

其中，K 爲折射力(Refracting Power)，可視爲該元件折射能力的強弱指標。當一個折射面的等效焦距與折射力爲正値時，它就被稱爲正折射面或是收斂面；反之，當等效焦距以及折射力爲負値時，則此折射面被稱爲負折射面或是發散面。

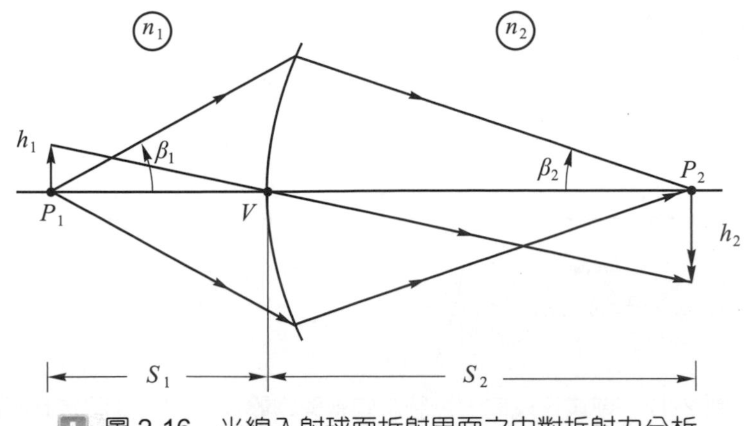

圖 2-16　光線入射球面折射界面之中對折射力分析

放大率可以定義成像的放大或是縮小，是一個重要的參數。如圖 2-16 所示，我們可定義橫向放大率(Transverse Magnification)及角度放大率(Angular Magnification)分別如下

$$M_t = \frac{h_2}{h_1} = \frac{n_1 S_2}{n_2 S_1} \tag{2-28}$$

$$M_\beta = \frac{\beta_2}{\beta_1} = \frac{S_1}{S_2} \tag{2-29}$$

從(2-28)式與(2-29)式可以發現，當橫向放大率變大的時候，光線的角度放大率會變小，上二式也可以結合成

$$n_2 h_2 \beta_2 = n_1 h_1 \beta_1 \tag{2-30}$$

此乘積被稱爲拉格朗吉不變量(Lagrange Invariant)，其重點爲光線在經過光學元件時，其折射率、像高與角度的乘積並不會改變。而當物距引入了一個沿軸上的的變化量 ΔS_1 時，像距也會產生一個相對變化量 ΔS_2，這兩者的比值 $\frac{\Delta S_2}{\Delta S_1}$ 被稱爲縱向放大率(Longitudinal Magnification)，並可表示如下

$$M_L = \frac{\Delta S_2}{\Delta S_1} = \frac{M_t}{M_\beta} = \frac{n_1}{n_2} \times M_t^{\ 2} \tag{2-31}$$

(2-31)式說明成像在縱向上沿展方向會與物體在縱向上延展方向相同，如圖 2-17 所示，但是其大小爲橫向放大率的平方，這卻是一大問題，因爲(2-31)式表示出對一個三維的物體之成像，會因爲在縱向上的放大率與其他二維的放大率不同而使得三維物體的成像會產生扭曲。

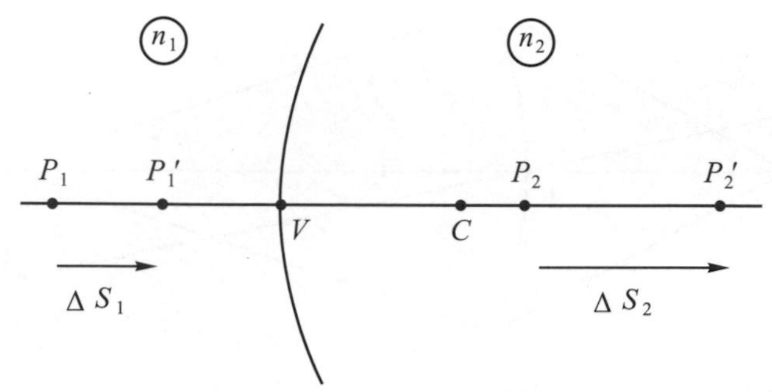

圖 2-17　成像在縱向上沿展方向會與物體在縱向上延展方向相同

透鏡的成像性質可以簡單的由追跡法(Ray Tracing)得到。如圖 2-18 所示，三條由物體的同一點所發出的光線可不經過計算就能追跡出來。第一條是平行光軸入射的光線，經過折射之後匯聚於後焦點 F_2，第二條是通過曲率中心 C 點的光線不偏折，第三條是通過前焦點 F_1 的光線，平行於光軸前進，這三條光線匯聚於一像點。一般而言，只要描繪出上述所說的其中兩條即能定位出像的所在點。另外，如果物體爲一位於光軸上的點光源，基於所有平行光線都會聚焦於後焦點的原理，我們可以使用另一種追描法來得到成像的位置。如圖 2-19 所示，我們可以利用一條平行於物光的虛擬光線，指向曲率半徑的圓心，在後焦平面通過 I 點。因此物體所發出的光線經過折射面的折射會經過 I 點，接著與光軸相交，而此交點就是成像所在的位置。

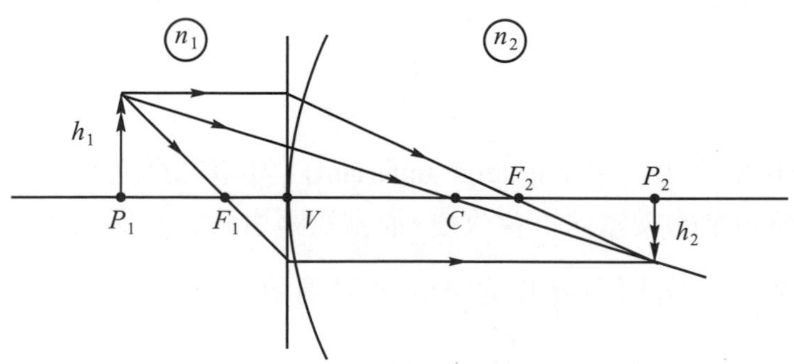

圖 2-18　由追跡法分析透鏡之成像的位置

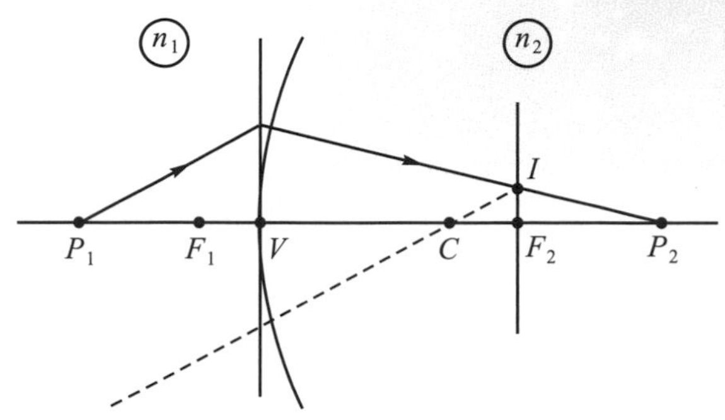

圖 2-19　由追描法分析透鏡之成像的位置

2-4.2　薄透鏡

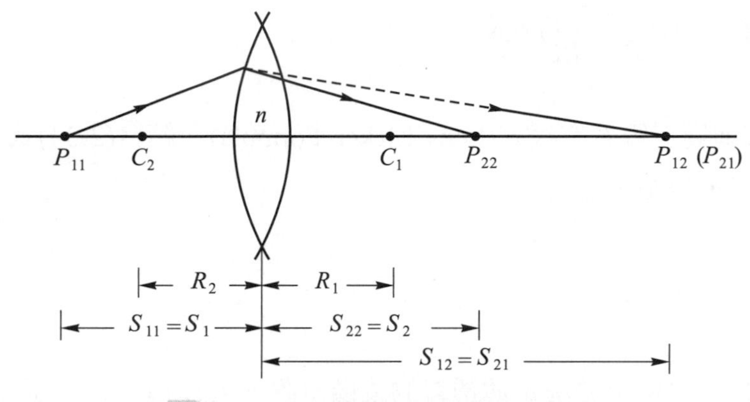

圖 2-20　薄透鏡的造鏡者方程式

薄透鏡由兩個折射面所組成，而這兩個折射面的間距是可忽略的。我們考慮當薄透鏡被一折射率爲 n_L 的材料所組成，而此薄透鏡的週圍由折射率爲 n_A 的材料所包圍(如圖 2-20)，令此兩個面的曲率半徑分別爲 R_1 以及 R_2，則根據(2-24)式，我們可以得到第一個面的成像公式爲

$$\frac{n_L}{S_{12}}-\frac{n_A}{S_{11}}=\frac{n_L-n_A}{R_1} \tag{2-32}$$

及第二個面的成像公式

$$\frac{n_A}{S_{22}}-\frac{n_L}{S_{21}}=\frac{n_A-n_L}{R_2} \tag{2-33}$$

其中 S_{11} 以及 S_{12} 分別爲第一個面的物距以及像距，S_{21} 和 S_{22} 分別爲第二個面的物距及像距。對於一個薄透鏡而言，$S_{21}=S_{12}$。結合(2-32)式與(2-33)式，我們可以得到

$$\frac{1}{S_2}-\frac{1}{S_1}=\frac{n_L-n_A}{n_A}(\frac{1}{R_1}-\frac{1}{R_2}) \tag{2-34}$$

為了得到該透鏡的焦距，我們可令 $S_1 \to \infty$，因此可以得到在成像空間的透鏡焦距為

$$\frac{1}{f_2}=\frac{n_L-n_A}{n_A}(\frac{1}{R_1}-\frac{1}{R_2}) \tag{2-35}$$

如果薄透鏡週圍的介質是空氣，也就是當 $n_A=1$ 時，我們可以得到在空氣中的焦距為

$$\frac{1}{f_e}=\left(n_L-1\right)(\frac{1}{R_1}-\frac{1}{R_2})\equiv K \tag{2-36}$$

(2-36)式被稱為造鏡者方程式(Lens Maker Formula)。結合(2-34)式與(2-36)式，薄透鏡的成像公式可以被重寫成

$$\frac{1}{S_2}-\frac{1}{S_1}=\frac{1}{f_e} \tag{2-37}$$

追描法一樣可以適用於決定薄透鏡的成像位置，可在鏡中設一個虛擬的平面，作為光線的轉折面。如圖 2-21 所示，第一條與第三條光線的原則與只有一個折射面相同；而第二條光線有些許不同，在薄透鏡則是變成通過鏡心不偏折。

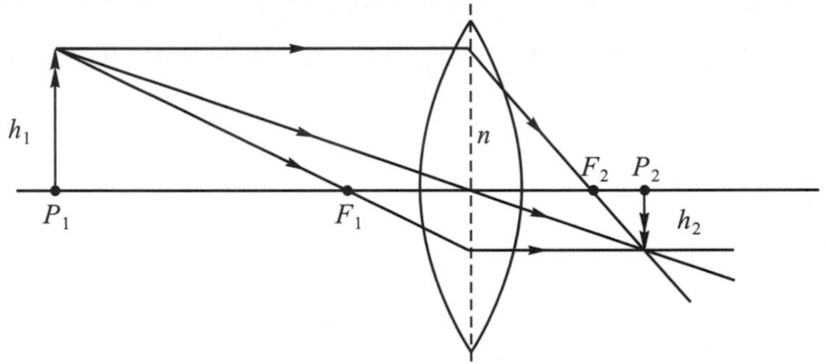

圖 2-21　利用追描法決定薄透鏡的成像位置

2-4.3　厚透鏡

相較於薄透鏡，厚透鏡兩個面之間的距離是不可被忽略的。因此，我們必須計算在兩個面中，光所行進的距離以及位置的變化。在厚透鏡與透鏡系統中，我們定義了

六個點，稱之爲基本點(Cardinal Points)。這六個基本點分別爲兩個頂點，兩個主點(Principal Point)及兩個節點(Nodal Point)，皆被用來描述成像的特性。圖 2-22 指出，當一條入射光線指向一節點入射透鏡，則通過之後會像是從另一個節點所發出與入射光指向平行的光線，也因此角度放大率爲 1。主點的位置可以由圖 2-23 得到。一條光線平行光軸入射一透鏡，經過透鏡之後，會聚焦於後焦點。入射光的延長線與出射光的延長線會相交於 Q_2 點。而一平面包含 Q_2 點且與光軸垂直的面被稱爲後主平面，其與光軸的交點爲後主點。同理，可利用經過前焦點的光線來定義前主平面與前主點 Q_1，值得注意的是，主點才是物像空間的基準點，而不是透鏡的鏡頂。物距是從前主點到物體間所被量測到的距離，而像距也是一樣，從後主點開始量測到成像位置。相同地，物體空間的焦距也是從前主點算到物空間焦點的距離，而成像空間的焦距是從後主點算到像空間焦點的距離，如圖 2-24。

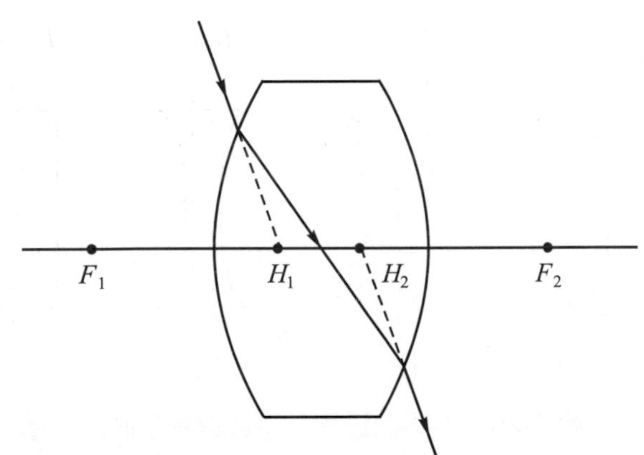

圖 2-22　在厚透鏡中，光所行進的距離以及穿透的位置

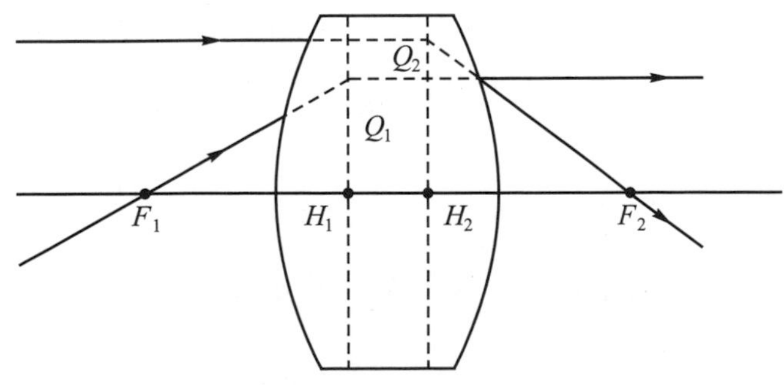

圖 2-23　在厚透鏡中，角度放大率為 1 時，光所行進的距離以及穿透的位置

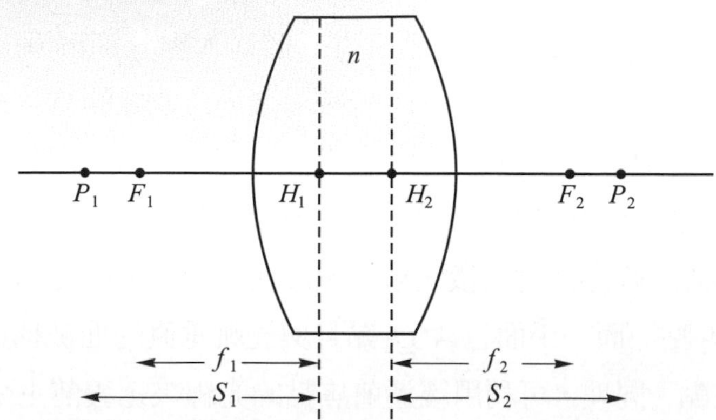

圖 2-24 在厚透鏡中，物體空間的焦距與成像空間的焦距

不同的透鏡，主點所在的位置也有所不同，圖 2-25 展示幾種透鏡的主平面分佈，依序爲雙凸透鏡、平凸透鏡、凹凸透鏡、雙凹透鏡、平凹透鏡與凸凹透鏡。一般而言，主點以及焦點所在的位置如果是已知，就已經足夠描述一個系統的高斯成像。

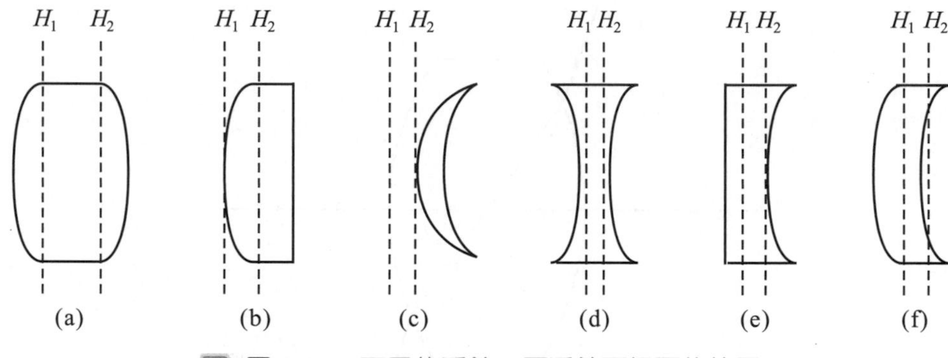

圖 2-25 不同的透鏡，厚透鏡兩個面的位置

2-4.4 球面鏡

球面鏡的成像是利用反射入射光來達到的，如圖 2-26 所示，一條光線由點 P_1 出發，打到球面鏡上一點 Q，經過反射最後到達 P_2。根據反射定律

$$\theta_2 = -\theta_1 \tag{2-38}$$

從三角形 P_1QC 以及三角形 QCP_2 當中，我們可以得到

$$\phi = \beta_1 - \theta_1 \tag{2-39}$$

$$\beta_2 = \phi + \theta_2 \tag{2-40}$$

而在近軸條件下

$$\beta_1 = -\frac{x}{S_1} \tag{2-41}$$

$$\beta_2 = -\frac{x}{S_2} \tag{2-42}$$

$$\phi = -\frac{x}{R} \tag{2-43}$$

將(2-39)式到(2-43)式代入(2-38)式，我們可以得到

$$\frac{1}{S_2} + \frac{1}{S_1} = \frac{2}{R} \tag{2-44}$$

而當物體位於無窮遠，我們可以算出此球面鏡的焦距爲

$$f = \frac{R}{2} \tag{2-45}$$

焦距爲曲率半徑的一半，這代表著焦點剛好位於鏡心 V 點與圓心 C 點的正中央。

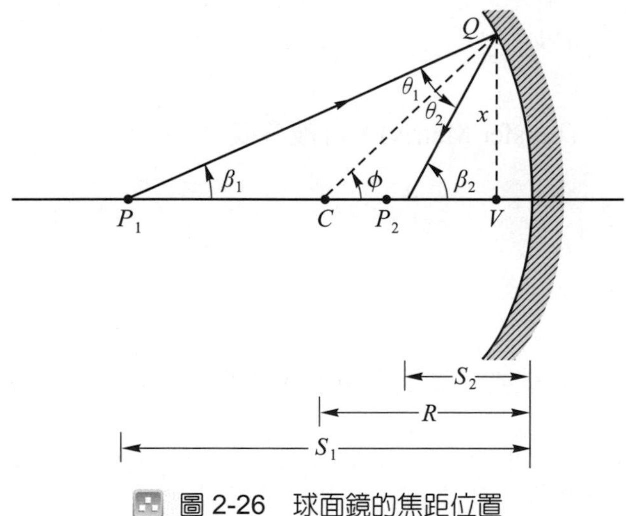

圖 2-26　球面鏡的焦距位置

2-5　近軸光追跡

一個光學系統可能包含了許多折射或是反射面，追跡一條光線經過這些空間與界面的位置與傳遞方向的方法稱爲光追跡(Ray Tracing)。光追跡是用來理解光所走的軌跡，以及得知一光學成像系統的成像品質的有效方法之一。而近軸光追跡則是探討光線在近軸條件下的追跡方式。一旦光線超出了近軸近似，就必須使用眞實光追跡來做替換。接下來，我們會基於高斯光學來介紹近軸光追跡。

在光追跡當中，我們必須知道光線在任意位置所在的高度以及傳遞方向。因此我們定義光線變換向量(Ray Vector)

$$u = \begin{pmatrix} x \\ n\beta \end{pmatrix} \tag{2-46}$$

當中的 x 是光線的高度，β 則是光線相對於光軸的角度。當我們考慮光線由一點傳遞到另一點，則光線變換向量間的關係可表示爲

$$\begin{pmatrix} x_2 \\ n_2\beta_2 \end{pmatrix} = T_{12} \begin{pmatrix} x_1 \\ n_1\beta_1 \end{pmatrix} \tag{2-47}$$

當中 T_{12} 稱爲傳遞矩陣(Transfer Matrix)，可被寫成

$$T_{12} = \begin{pmatrix} 1 & \dfrac{t_{12}}{n} \\ 0 & 1 \end{pmatrix} \tag{2-48}$$

而當我們考慮一條光線被一球面所折射，光線變換向量可以表示成

$$\begin{pmatrix} x_2 \\ n_2\beta_2 \end{pmatrix} = R_{12} \begin{pmatrix} x_1 \\ n_1\beta_1 \end{pmatrix} \tag{2-49}$$

當中的 R_{12} 被稱爲折射矩陣(Refracting Matrix)，可被寫成

$$R_{12} = \begin{pmatrix} 1 & 0 \\ \dfrac{n_1 - n_2}{R} & 1 \end{pmatrix} = \begin{pmatrix} 1 & 0 \\ -K & 1 \end{pmatrix} \tag{2-50}$$

如果是一條光線經過一球面鏡被反射，則光線變換向量可寫成

$$\begin{pmatrix} x_2 \\ n_1\beta_2 \end{pmatrix} = M_{12}\begin{pmatrix} x_1 \\ n_1\beta_1 \end{pmatrix} \tag{2-51}$$

當中的 M_{12} 被稱爲反射矩陣(Reflecting Matrix)，可被寫成

$$M_{12} = \begin{pmatrix} 1 & 0 \\ -\dfrac{2}{R} & -1 \end{pmatrix} \tag{2-52}$$

Example

利用近軸光追跡來找出此厚透鏡的主點以及焦點的位置，如圖 2-27 所示，並且求出相鄰兩主點以及焦點的距離。

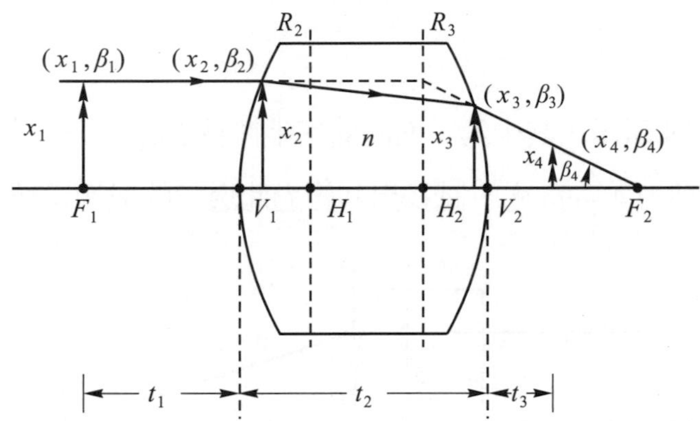

圖 2-27　利用近軸光追跡來找出此厚透鏡的主點以及焦點的位置

令入射光的光線變換向量爲

$$u_1 = \begin{pmatrix} x_1 \\ 0 \end{pmatrix}$$

接著於 P_4 點的光線變換向量爲

$$u_4 = \begin{pmatrix} x_4 \\ \beta_4 \end{pmatrix} = T_{34}R_3T_{23}R_2T_{12}u_1 = \begin{pmatrix} 1 & t_3 \\ 0 & 1 \end{pmatrix}\begin{pmatrix} 1 & 0 \\ \dfrac{n-1}{R_3} & 1 \end{pmatrix}\begin{pmatrix} 1 & \dfrac{t_2}{n} \\ 0 & 1 \end{pmatrix}\begin{pmatrix} 1 & 0 \\ \dfrac{1-n}{R_2} & 1 \end{pmatrix}\begin{pmatrix} 1 & t_1 \\ 0 & 1 \end{pmatrix}\begin{pmatrix} x_1 \\ 0 \end{pmatrix}$$

因爲 β_4 爲 x_1 與等效焦距的比值，所以我們可以得到成像空間的焦距爲

$$\frac{1}{f_2}=(n-1)(\frac{1}{R_2}-\frac{1}{R_3})+\frac{t_2(n-1)^2}{nR_2R_3} \quad (2\text{-}53)$$

後焦距 V_2F_2 可以由 x_3 與 β_4 的比值得到

$$V_2F_2=f_2\left(1-\frac{n-1}{nR_2}t_2\right) \quad (2\text{-}54)$$

因此 V_2H_2 可由(2-53)式得到

$$V_2H_2=-(f_2-V_2F_2)=-\frac{n-1}{nR_2}\times t_2f_2 \quad (2\text{-}55)$$

利用相同的算法，我們可以求得前焦距為

$$V_1F_1=f_2\left(1+\frac{n-1}{nR_3}t_2\right) \quad (2\text{-}56)$$

前主點的位置為

$$V_1H_1=-\frac{n-1}{nR_3}\times t_2f_2 \quad (2\text{-}57)$$

Example

一玻璃半球如圖 2-28 所示，其中第二面的曲率半徑為 2 cm，玻璃折射率為 1.5。將物體放置於透鏡平面前方 $4\frac{2}{3}$ cm 處，試找出其經過此透鏡的成像位置。

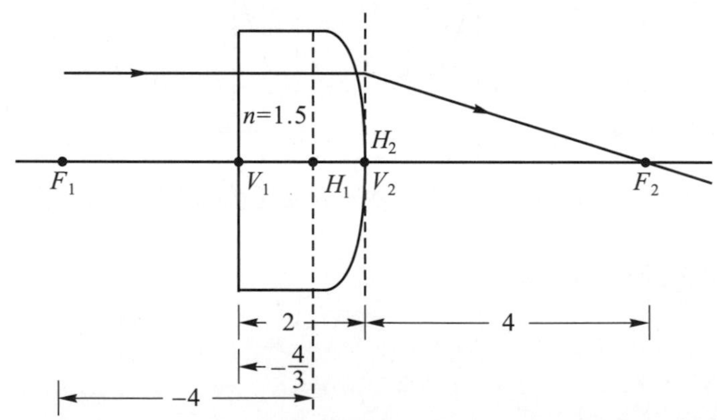

圖 2-28　利用平行光來追跡出主點以及焦點的所在位置

解　由(2-53)式

$$\frac{1}{f_2}=(1.5-1)(\frac{1}{\infty}-\frac{1}{-2})+\frac{2(1.5-1)^2}{(1.5)(\infty)(-2)}=\frac{1}{4}=-\frac{1}{f_1}$$

因此等效焦距爲 4 cm

接著再由(2-55)式得

$$V_2H_2 = 0$$

即後主點與後頂點在同一點。再由(2-57)式可得

$$V_1H_1 = -\frac{(1.5-1)}{(1.5)(-2)}(2)(4) = \frac{4}{3}$$

主點以及焦點的所在位置如圖 2-27 所示，因此物距爲

$$S_1 = H_1P_1 = V_1P_1 + V_1H_1 = 6$$

利用(2-37)式，我們可以得到相對應的像距爲

$$S_2 = H_2P_2 = 12$$

因此，成像位於透鏡另一側，並位於後頂點後面 12 cm 處。

2-6　像差

本節所要探討的像差(Aberration)可分二種，一爲透鏡像差(Lens Aberration)或單色像差(Monochromatic Aberration)；二爲色像差(Chromatic Aberration)。這二者的主要差別爲：前者爲透鏡的曲率所造成的像差，而後者則爲透鏡本身材料對不同波長所造成之色像差。

2-6.1　透鏡像差

對一個透鏡而言，凡是造成與理想成像面的偏離者，皆成爲像差的表現。由 2-2 以及 2-4 節可知，近軸條件是指 $\sin\theta \cong \theta$ 時的成像條件，但事實上 $\sin\theta$ 可以展開爲

$$\sin\theta = \theta - \frac{\theta^3}{3!} + \frac{\theta^5}{5!} - \cdots \tag{2-58}$$

當考慮三次項時，則會發現存在有五種像差。由於這些像差是對成像的最低級次修正，因此稱爲初級像差或是三階像差。本節中所要探討之像差即爲三階像差。

首先，我們先來探討一個球面所造成之像差。如圖 2-29 所示，假設界面外、內之折射率分別爲 n_1、n_2，其曲率半徑爲 R，則路徑 $\overline{PSQ}$ 與 $\overline{POQ}$ 之光程差爲

$$O(S) = (n_1 l_1 + n_2 l_2) - (n_1 S_1 + n_2 S_2) \tag{2-59}$$

利用三角幾何關係可得

$$l_1 = \left[R^2 + (S_1 + R)^2 - 2R(S_1 + R)\cos\beta\right]^{\frac{1}{2}} \tag{2-60}$$

$$l_2 = \left[R^2 + (S_2 - R)^2 + 2R(S_2 - R)\cos\beta\right]^{\frac{1}{2}} \tag{2-61}$$

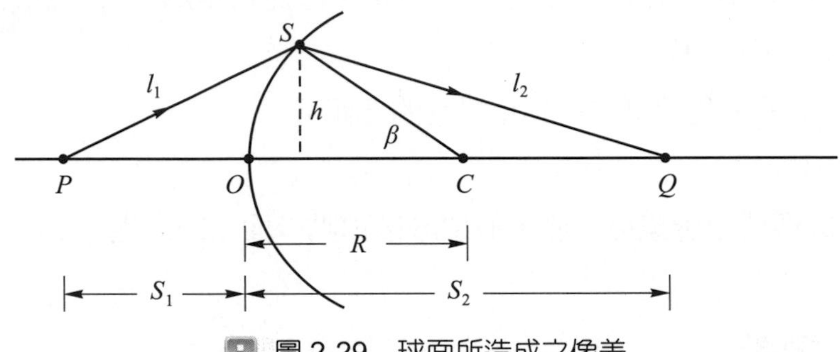

圖 2-29　球面所造成之像差

對 $\cos\beta$ 作展開並假設 $\beta \cong \dfrac{h}{R}$，可得

$$\begin{aligned}\cos\beta &\cong 1 - \frac{\beta^2}{2!} + \frac{\beta^4}{4!} \\ &= 1 - \frac{h^2}{2R^2} + \frac{h^4}{24R^4}\end{aligned} \tag{2-62}$$

(2-62)式代入(2-60)式中，可得

$$l_1 = S_1 \left\{1 + \left[\frac{h^2(R + S_1)}{RS_1^{\ 2}} - \frac{h^4(R + S_1)}{12R^3 S_1^{\ 2}}\right]\right\}^{\frac{1}{2}} \tag{2-63}$$

(2-63)式為 $(1+x)^{\frac{1}{2}}$ 的形式，可展開為

$$(1+x)^{\frac{1}{2}} = 1 + \frac{x}{2} - \frac{x^2}{8} \tag{2-64}$$

由(2-63)與(2-64)式可得

$$l_1 = S_1\left\{1+\frac{h^2(R+S_1)}{2RS_1^{\,2}}-\frac{h^4(R+S_1)}{24R^3S_1^{\,2}}-\frac{h^4(R+S_1)^2}{8R^2S_1^{\,4}}\right\} \tag{2-65}$$

同理

$$l_2 = S_2\left\{1+\frac{h^2(R-S_2)}{2RS_2^{\,2}}-\frac{h^4(R-S_2)}{24R^3S_2^{\,2}}-\frac{h^4(R-S_2)^2}{8R^2S_2^{\,4}}\right\} \tag{2-66}$$

再將(2-65)(2-66)式代入(2-59)式，可得

$$O(S)=\frac{h^2}{2}\left\{\left[\frac{n_1}{S_1}+\frac{n_2}{S_2}\right]-\left[\frac{n_2-n_1}{R}\right]\right\}-\frac{h^4}{8}\left\{\frac{n_1}{S_1}\left[\frac{1}{S_1}+\frac{1}{R}\right]^2+\frac{n_2}{S_2}\left[\frac{1}{S_2}-\frac{1}{R}\right]^2\right\} \tag{2-67}$$

(2-67)式中，第一項即爲成像公式，而第二項則代表了三階像差的產生。在成像時，第一項可視爲 0，因此我們可令

$$O(S)=ch^4 \tag{2-68}$$

(2-68)式中，c 爲一比例常數。由此式可知，當界面之口徑愈大，則其三階像差亦隨之增大，並以口徑之四次方成正比。

爲了要更詳細地了解五個三級像差的成因，我們考慮一斜射的情形如圖 2-30。PCQ 爲通過曲率中心 C 點的光線不受偏折，其與 POQ 之光程差由(2-68)式可表示爲

$$O(0)=ca^4 \tag{2-69}$$

因此 PSQ 光路對 POQ 之光程差可表示爲

$$O(S)=cl^4-ca^4 \tag{2-70}$$

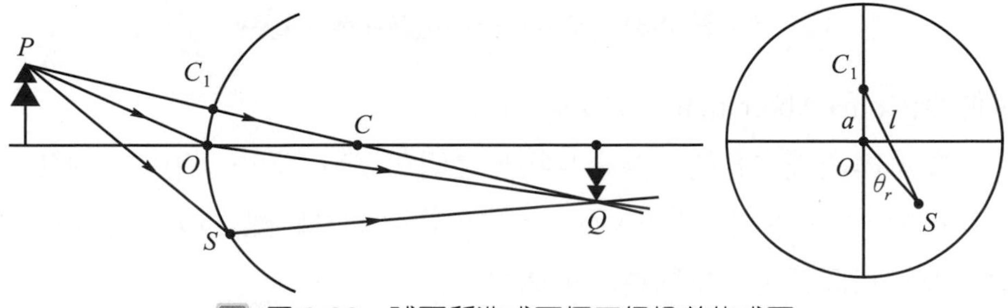

圖 2-30　球面所造成五個三級像差的成因

根據三角幾何公式

$$l=\left[a^2+r^2+2ar\cos\theta\right]^{1/2}$$

代入(2-70)式可得

$$O(S)=c\left[r^4+4a^2r^2\cos^2\theta+2a^2r^2+4ar^3\cos\theta+4a^3r\cos\theta\right] \tag{2-71}$$

因 a 與像高 h 成正比，所以可表示為

$$a=gh \tag{2-72}$$

g 為比例常數，則(2-71)式可重新表示為

$$O(S)={}_0C_{40}r^4+{}_1C_{31}h_2r^3\cos\theta+{}_2C_{22}h_2^{\ 2}r^2\cos^2\theta+{}_2C_{20}h_2^{\ 2}r^2+{}_3C_{11}h_2^{\ 3}r\cos\theta \tag{2-73}$$

(2-73)式即為三階像差之完整表示式，每項皆為一種獨立的像差，可歸類如下：

1. 球面像差(Spherical Aberration)：${}_0C_{40}r^4$

   球面像差與透鏡之孔徑有關，此乃因孔徑愈大所造成的會聚誤差愈大之故，如圖 2-31。

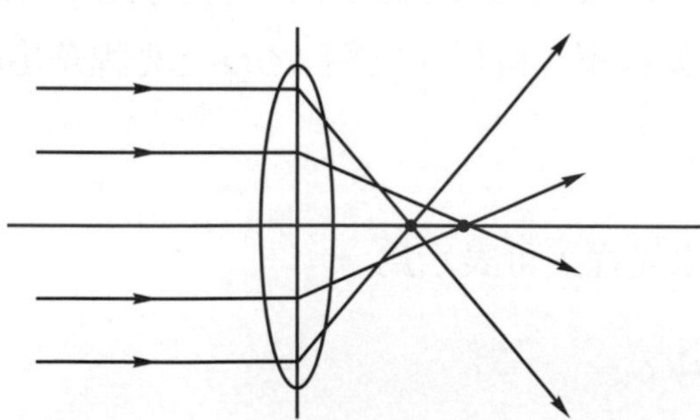

圖 2-31　球面像差與透鏡孔徑之關係

2. 彗星像差(Coma Aberration)：${}_1C_{31}h_2r^3\cos\theta$

   此像差與透鏡之孔徑、像高及物光之偏角 θ 皆有關，若由物點發射一角錐形光，會在像平面產生圓形之像，而此圓之直徑隨離軸距離之增加而增大，如圖 2-32 所示，因其狀似彗星，故稱為彗星像差。

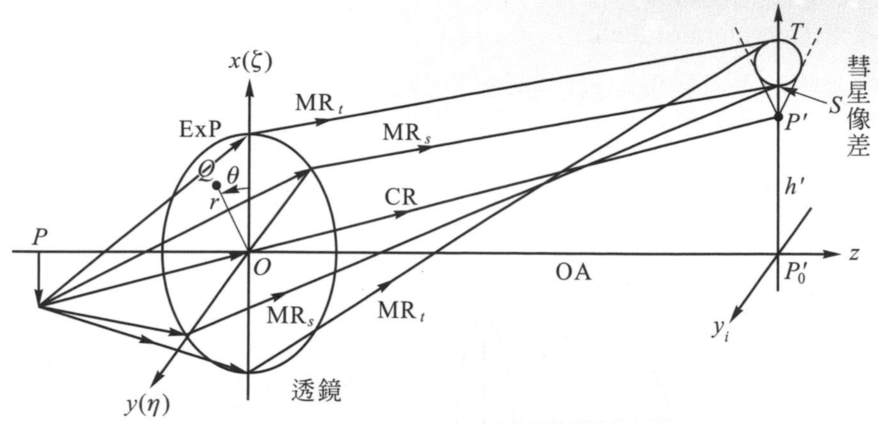

圖 2-32　彗星像差與透鏡之孔徑、像高及物光之偏角 θ 關係

3. 像散像差(Astigmatism)：${}_2C_{22}h_2{}^2r^2\cos^2\theta$

當物點離軸時，其像差主要由慧星像差與像散像差所構成。前者與透鏡之孔徑有較大關係，而後者與物點離軸之距離較有關係。像散像差之光跡如圖 2-33 所示，當離軸之光束經過透鏡會呈橢圓形而後在縱軸方向上會聚成一點，而呈現一橫焦線；同理，隨著距離改變橫軸方向上會聚成一點，而呈縱焦線。在此二焦線間會有一個位置呈現正圓。因此，此像差可說是縱向與橫向之聚焦力不同所致，而由像散像差之數學式 $r^2\cos^2\theta = x^2$，即可知當光線離軸之橫向距離愈大時其像差愈大。

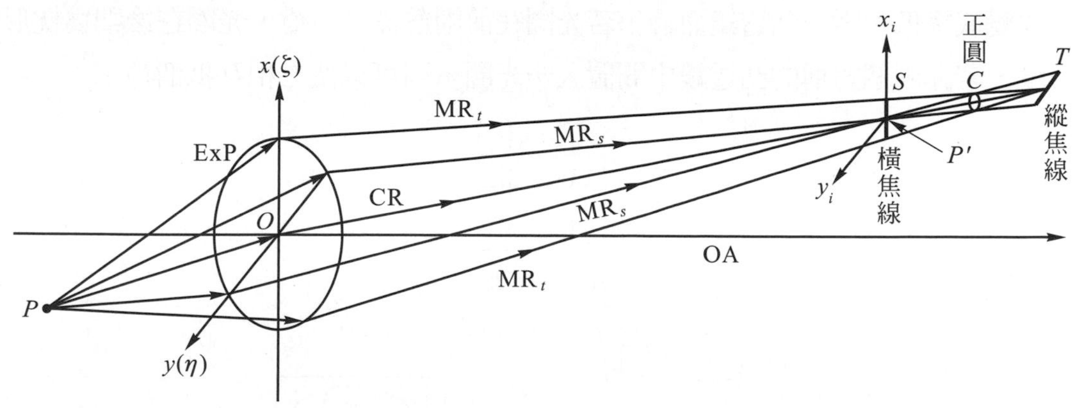

圖 2-33　當物點離軸時，其像散像差之構成原因

4. 場曲像差(Curvature of Field)：${}_2C_{20}h_2^{\,2}r^2$

由場曲像差可發現其大小與物件離軸距離及透鏡孔徑大小有關。這是因爲成像面本應爲一曲面而非一平面，如圖 2-34。因此在平面上觀察，便會因場曲像差而在像的邊緣處呈現較嚴重的模糊，但若成像面正好爲對應之曲面，則此像差爲零。

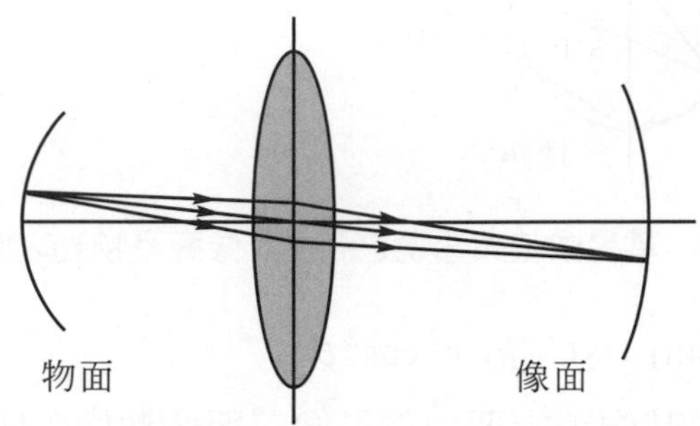

圖 2-34　場曲像差可發現其大小與離軸距離及透鏡孔徑有關

5. 畸變像差(Distortion)：${}_3C_{11}h_2^{\,3}r\cos\theta$

對於較大的物體，隨著離軸距離之不同，其放大率也不同。若物體之形狀如圖 2-35(a)所示爲一等距方格，則當放大率隨著離軸距離增加時，如圖 2-35(b)所示，則稱爲枕形畸變(Pincushion Distortion)；反之，隨著離軸距離之增加而減少則爲桶形畸變(Barrel Distortion)，如圖 2-35(c)。畸變像差可利用光圈位置的設計來改變或降低，對一凸透鏡而言，若光圈在前則爲桶形畸變，光圈在後則爲枕形畸變，若在兩個對稱的凸透鏡中間置入一光圈，則可以使之相互抵消掉。

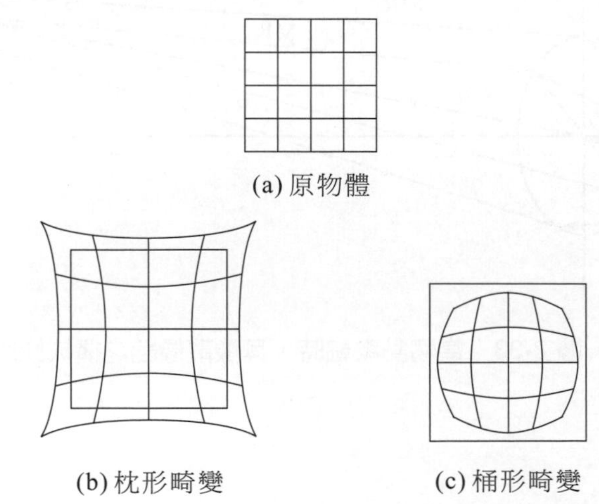

圖 2-35　較大的物體，隨著離軸距離之不同，其放大率隨之不同，此畸變稱之為畸變像差

2-6.2　色像差

色像差是指透鏡本身材料對不同波長有不同的折射率所造成的聚焦差異性。我們可以將(2-36)式重新表示爲

$$\frac{1}{f(\lambda)}=\left(n_l(\lambda)-1\right)\left(\frac{1}{R_1}-\frac{1}{R_2}\right) \tag{2-74}$$

$n_l(\lambda)$ 代表透鏡之折射率爲波長之函數。因此若以不同波長的平面波入射一凸透鏡(如圖 2-36)，會在光軸上產生不同的聚焦點，此種聚焦點的距離差異稱爲縱向色像差(Axial Chromatic Aberration，或簡稱 ACA)。而如圖 2-37，在成像高度的差異則爲橫向像差(Lateral Chromatic Aberration，或簡稱 LCA)。

色像差會造成彩色影像的模糊，一般的解決方法是採用雙鏡(Doublet)設計，利用兩個透鏡完全相反的色像差可互相抵消的原理來達到無系統色像差之目的。

現在假設有一雙鏡是由二透鏡所組成，且其距離爲 0，則由(2-53)式可得

$$\frac{1}{f_d}=\frac{1}{f_1}+\frac{1}{f_2} \tag{2-75}$$

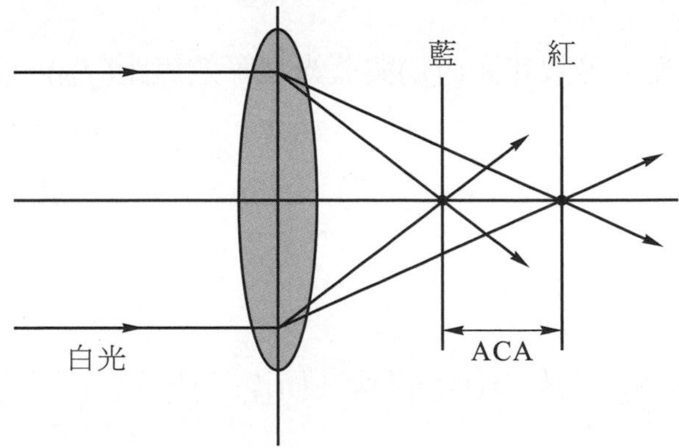

圖 2-36　透鏡之折射率是隨著波長之不同，在主軸上產生不同的聚焦點，此距離差異稱為縱向色像差

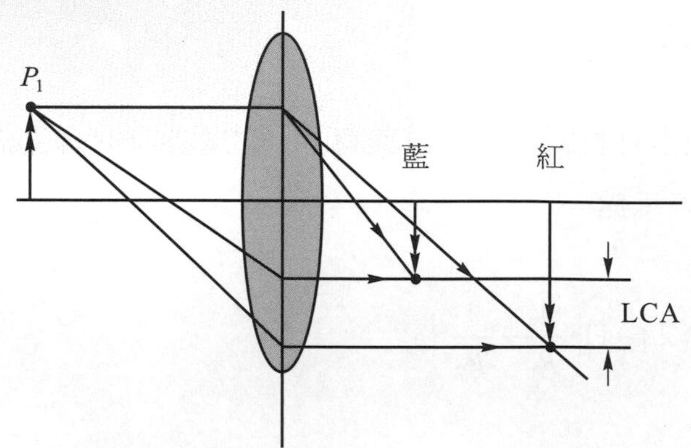

圖 2-37　透鏡之折射率是隨著波長之不同，在成像高度的差異則為橫向像差

(2-75)式中，f_1、f_2 分別爲第一與第二個透鏡之焦距，f_d 爲組合後之等效焦距。若將(2-74)式改寫爲

$$\frac{1}{f_1}=(n_1-1)k_1$$
$$\frac{1}{f_2}=(n_2-1)k_2 \tag{2-76}$$

則(2-76)式可表示爲

$$\frac{1}{f_d}=(n_1-1)k_1+(n_2-1)k_2 \tag{2-77}$$

現在的目的是要使紅光之等效焦距(f_{dR})與藍光之等效焦距(f_{dB})一致，於是

$$\frac{1}{f_{dR}}=\frac{1}{f_{dB}} \tag{2-78}$$

由(2-77)(2-78)式可得

$$(n_{1R}-1)k_1+(n_{2R}-1)k_2=(n_{1B}-1)k_1+(n_{2B}-1)k_2 \tag{2-79}$$

再整理可得

$$\frac{k_1}{k_2}=-\frac{n_{2B}-n_{2R}}{n_{1B}-n_{1R}} \tag{2-80}$$

在黃色波長時，(2-76)式可重寫爲

$$\frac{k_1}{k_2}=\frac{(n_{2Y}-1)f_{2Y}}{(n_{1Y}-1)f_{1Y}} \tag{2-81}$$

合併上二式

$$\frac{f_{2Y}}{f_{1Y}}=-\frac{\dfrac{(n_{2B}-n_{2R})}{(n_{2Y}-1)}}{\dfrac{(n_{1B}-n_{1R})}{(n_{1Y}-1)}}\equiv-\frac{V_1}{V_2} \tag{2-82}$$

V_1、V_2分別爲透鏡 1 與透鏡 2 之 V 值(V-number)或亞伯數(Abbe numbers)，且

$$V_1=\frac{n_{1Y}-1}{n_{1B}-n_{1R}}$$
$$V_2=\frac{n_{2Y}-1}{n_{2B}-n_{2R}} \tag{2-83}$$

由(2-82)式可得

$$f_{1Y}V_1+f_{2Y}V_2=0 \tag{2-84}$$

由於亞伯數皆大於 0，爲滿足(2-84)式，雙鏡必是由一凸透鏡一凹透鏡所組成的，而其結果爲在紅光與藍光時等效焦距是相同的，在黃光之等效焦距則略有不同，但是在整個可見光區內，其等效焦距因色像差所造成之差距已被減小。

習題

1. 某一透明介質中光之速度若為 2×10^8 m/s ，則其折射率為多少？其全反射之臨界角為幾度？
2. 某一凸透鏡之曲率半徑各為 20 cm 及 25 cm，若在空氣中之焦距為 86.1 cm，則當此透鏡被浸於 $n = 1.5$ 的透明液體中，其焦距為多少？
3. 如圖 2-9，試證當 $\delta = \delta_{min}$ 時，入射角恰等於出射角。
4. 某稜鏡之頂角 $\alpha = 20°$，$\delta_{min} = 15°$，則由(2–17)式及 $\delta_{min} \cong \alpha(n-1)$ 所求得之折射率誤差為何？又其折射率為多少？
5. 若有一雙凸透鏡，其曲率分別為 20 cm 及 40 cm，$n = 1.5$，厚度為 1 cm，若有一物體距離該凸透鏡之前頂點有 30 cm，則成像與後頂點之距離為多少？
6. 有二薄透鏡之焦距分別為 20 cm 及－5 cm，則當其距離各為 0 與 10 cm 時，其等效焦距為多少？
7. 有一道光線以 θ_1 入射一透明平板，若其折射角為 θ_2 且平板之厚度為 t，試證該光線經過該平板後其橫向位置變化量為？
8. 在某一折射率 $n = 1.5$ 之透明液體中，若在深度為 10 cm 之位置有一光點，則從空氣中去看該光點在界面上照射的面積有多大？
9. 有一透鏡組，其焦距分別為 10 cm 及－20 cm，且兩者相距 20 cm，若有一物體在凸透鏡前方 15 cm 處，則其成像位置為何？實像或虛像？並以追描法繪出其成像之光跡。
10. 試證明任何入射方角鏡(即由兩面垂直的平面組合)之光線，其反射光必平行於入射光。
11. (a)一個曲率半徑為 R 的玻璃球，其折射率為 n，試以矩陣法求其主點與焦點的位置。(b)若 $R = 3$，$n = 1.5$，計算在球體前 6cm 處的物之成像位置。

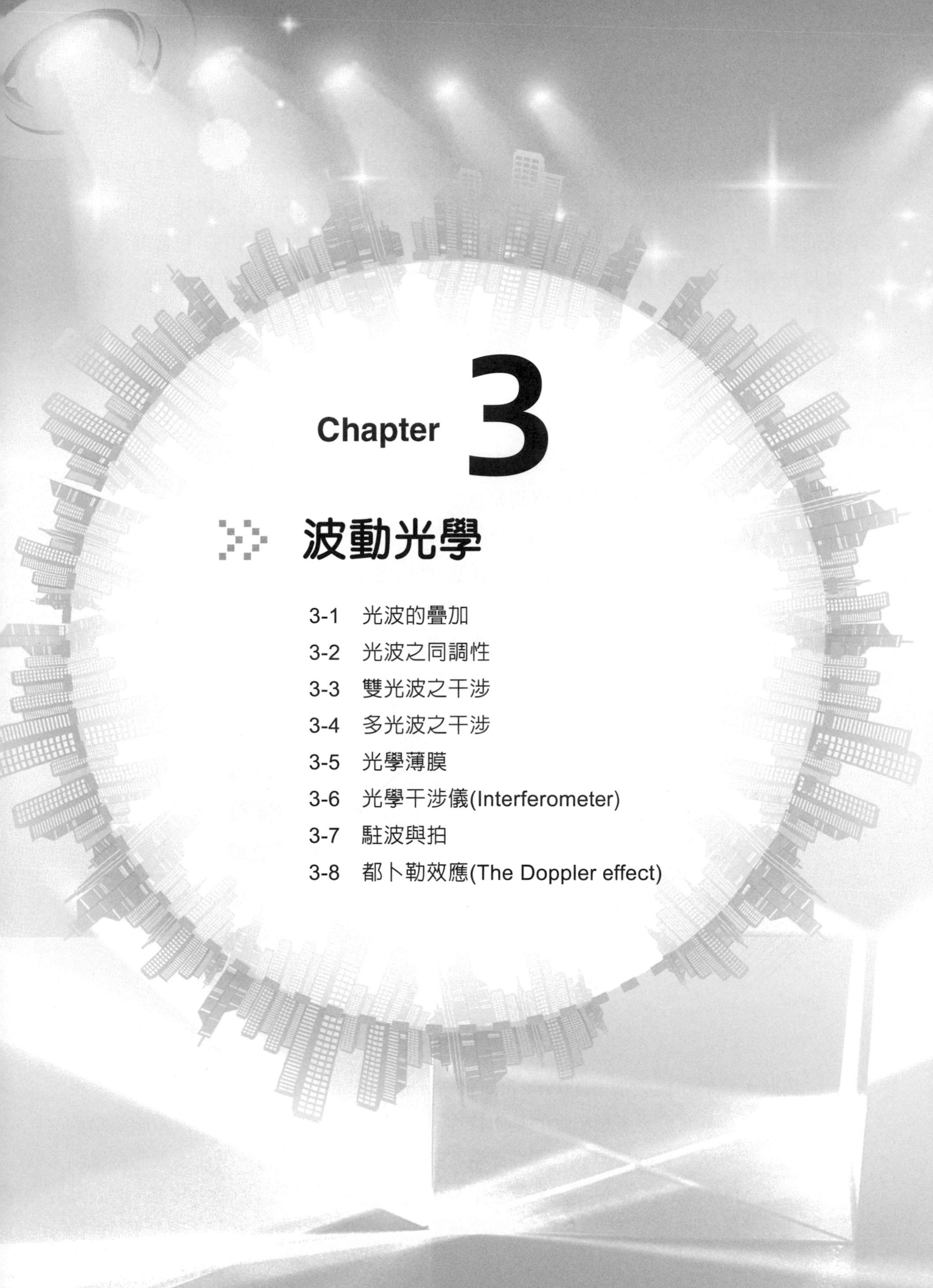

Chapter 3

波動光學

以歷史角度而言，楊氏(Young)於 1801 年觀察到光波的干涉現象，爲光的波動理論提出了有力的證據；至於今日，光波的干涉現象在人類生活中處處可見。干涉測量法則提供了許多可行的量測技術，這些技術可被應用於許多領域之中，包含度量衡學以及光譜學。在本章裡，我們會簡介干涉的原理與理論，以及探討各種不同的干涉儀及其應用。

3-1　光波的疊加

干涉的現象可以簡要地用圖 3-1 來說明。兩平面波被投射到一螢幕上，我們能夠在兩道光同時照射到的範圍內觀察到光強度，但此光強度並不單純的是這兩道光的疊加。在此區域中，最亮的地方之光強度可能比此兩道光疊加所得到的光強度還來得大；反之，在最暗的地方的光強度也有可能比此兩道光所疊加的光強度還要小。因此，我們即可看到干涉條紋的產生。然而，這樣的現象在我們日常生活中並不常見。舉個例子，教室裡有許多點亮的燈泡，而我們卻從未在牆上看到干涉條紋。換句話說，干涉條紋只有在滿足某些特定的條件時才能被觀察到。

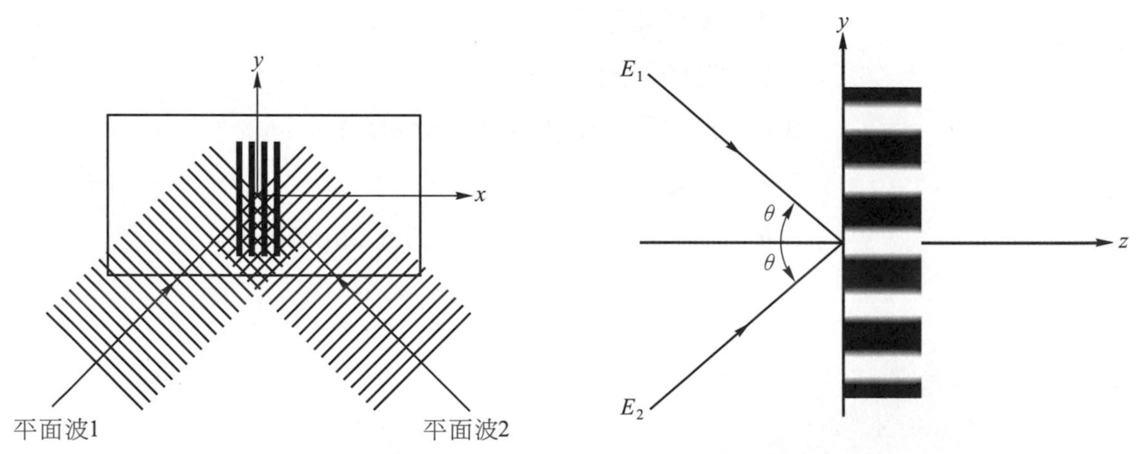

圖 3-1　兩平面波所產生之干涉條紋型式

爲此，我們可從疊加原理(Principle of Superposition)出發，進一步來了解干涉現象。疊加原理其實就是各種波動的基本特性，如聲波、光波以及電磁波。當兩波動被疊加在一起，所產生的振幅分布即爲此兩波動的瞬時振幅之相加。現在，我們考慮兩道單色光(Monochromatic Waves)，分別從 S_1 以及 S_2 這兩個點光源所輻射出來。假設點

P 位於光波重疊的範圍內，且從 P 點到 S_1 距離爲 r_1，P 點到 S_2 距離爲 r_2。則位於 P 點的電場可寫爲

$$E_1 = A_1\hat{e}_1 \cos\left(\omega_1 t - \frac{2\pi r_1}{\lambda_1} + \phi_1\right) \tag{3-1}$$

$$E_2 = A_2\hat{e}_2 \cos\left(\omega_2 t - \frac{2\pi r_2}{\lambda_2} + \phi_2\right) \tag{3-2}$$

當中的 A_1 及 A_2 代表光波的振幅，$\hat{e}_1$ 及 $\hat{e}_2$ 爲偏振態，ω_1 與 ω_2 爲角頻率，λ_1 與 λ_2 爲波長，ϕ_1 及 ϕ_2 則爲兩光波的初始相位。因此，疊加之後的電場可寫成

$$E_1 + E_2 = A_1\hat{e}_1 \cos(\omega_1 t + \alpha_1) + A_2\hat{e}_2 \cos(\omega_2 t + \alpha_2) \tag{3-3}$$

我們將(3-1)式與(3-2)式中括弧內的第二及第三項作合併，並視爲一相位項 α_1 和 α_2。而兩光波疊加之後的光強度可以被定義爲合成電場平方的時間均分，

$$I = \left\langle (E_1 + E_2)^2 \right\rangle = \left\langle \begin{aligned} &A_1^2 \cos^2(\omega_1 t + \alpha_1) + A_2^2 \cos^2(\omega_2 t + \alpha_2) \\ &+ A_1 A_2 (\hat{e}_1 \cdot \hat{e}_2) \cos[(\omega_1 + \omega_2)t + (\alpha_1 + \alpha_2)] \\ &+ A_1 A_2 (\hat{e}_1 \cdot \hat{e}_2) \cos[(\omega_1 - \omega_2)t + (\alpha_1 - \alpha_2)] \end{aligned} \right\rangle \tag{3-4}$$

當中〈〉代表對於反應時間的時間均分(Time Averaging)。由於可見光頻率的數量級爲 10^{14} Hz，截至目前爲止，尚未有任何偵測器可以同時跟得上如此高的振盪頻率。因此，能偵測到的光強度通常被取而代之的變成了光波於多個週期的平均。一旦(3-4)式中的相位項包含高頻的時間函數，在均分的數學計算中將會消失，因此光強度可表示爲

$$I = \frac{1}{2}A_1^2 + \frac{1}{2}A_2^2 = I_1 + I_2 \tag{3-5}$$

(3-5)式中，I_1 與 I_2 分別爲兩道光波的光強度。換句話說，當沒有干涉能被觀察到時，總光強度爲此兩光強度的和，這即爲我們日常生活的經驗。

然而，如果兩道光波的振盪頻率相同，即 $\omega_1 = \omega_2 = \omega$，且互爲同調(Coherent)，(3-4)式可寫成

$$
\begin{aligned}
I &= \left\langle \begin{aligned} &A_1^2\cos^2(\omega t+\alpha_1)+A_2^2\cos^2(\omega t+\alpha_2) \\ &+A_1A_2(\hat{e}_1\cdot\hat{e}_2)\cos[2\omega t+(\alpha_1+\alpha_2)]+A_1A_2(\hat{e}_1\cdot\hat{e}_2)\cos(\alpha_1-\alpha_2) \end{aligned} \right\rangle \\
&= I_1+I_2+2\sqrt{I_1I_2}(\hat{e}_1\cdot\hat{e}_2)\langle\cos(\delta)\rangle
\end{aligned} \tag{3-6}
$$

其中

$$
\delta=\alpha_1-\alpha_2=\frac{2\pi(r_1-r_2)}{\lambda}+(\phi_1-\phi_2) \tag{3-7}
$$

為兩道光波位於 P 點的相位差。為了得到穩定的光強度分布，任一點的相位差必須在時間上是穩定的。這意味著兩道光波的初始相位差 $(\phi_1-\phi_2)$ 必須在隨著時間改變的情況下依舊維持常數。

由(3-7)式可發現相位差亦是空間的函數，即在不同的觀察點，其所觀察的光強度會因 δ 值的變動而有大於、小於或等於兩光強度之總和 I_1+I_2 的可能。我們可以明顯地看到，當 $\cos\delta=1$ 發生時，會有最大的光強度，也就是

$$
I_{\max}=I_1+I_2+2\sqrt{I_1I_2}(\hat{e}_1\cdot\hat{e}_2) \tag{3-8}
$$

其條件為 $\delta=0,\ \pm2\pi,\ \pm4\pi,\ \cdots$，即在兩光波的相位差為 2π 的整數倍的情況下，我們則說此兩光波的干涉是同相的(In Phase)；相對地，當兩光波為 180° 時，則稱為反相的(Out of Phase)干涉，此時 $\cos\delta=-1$，干涉所造所的光強度最小

$$
I_{\min}=I_1+I_2-2\sqrt{I_1I_2}(\hat{e}_1\cdot\hat{e}_2) \tag{3-9}
$$

其條件為 $\delta=\pm\pi,\ \pm3\pi,\ \pm5\pi,\ \cdots$。

當光強度比兩光波光強度的和還要大時，也就是當 $I>I_1+I_2$ 時，我們稱之為建設性干涉(Constructive Interference)；反之，當 $I<I_1+I_2$ 時，我們則稱之為破壞性干涉(Destructive Interference)。當建設性干涉與破壞性干涉交替出現時，會在觀察面上產生明暗相間的條紋，如圖 3-1 所示。為將干涉條紋以更簡單的方法來表示，(3-6)式可改寫為

$$
I=I_0\{1+m\cos(\delta)\} \tag{3-10}
$$

當中的 $I_0=I_1+I_2$，而 m 被稱為干涉條紋的調制深度(Modulation Depth)，可表示成

$$m=\frac{2\sqrt{I_1I_2}}{I_1+I_2}(\hat{e}_1\cdot\hat{e}_2)=\frac{I_{\max}-I_{\min}}{I_{\max}+I_{\min}}=V \tag{3-11}$$

當中的 V 被稱為干涉條紋之能見度(Visibility)，是觀察到干涉現象的重要指標，因此要能夠觀察到干涉條紋，則干涉條紋的調制深度或能見度不能為零，即 $I_{\max}\neq I_{\min}$ 。為使干涉能產生最佳之能見度，以下幾個條件相當重要：

1. 相同的光強度：$I_1=I_2$ 。
2. 相同的偏振：$(\hat{e}_1\cdot\hat{e}_2)=1$。兩個互相正交的偏振態在自由空間當中是無法干涉的。而當兩光波的偏振態為 $(\hat{e}_1\cdot\hat{e}_2)<1$時，會導致較差的能見度。
3. 相同的頻率。兩光波振盪頻率必須要相同才能將(3-4)式中的餘弦函數裡的頻率相關項消除。否則的話，頻率差應該要越低越好，如此一來，我們所使用的光偵測器才不會因為反應速度不足而無法觀察到干涉現象。
4. 相位差不隨時間改變而改變。在兩光波重疊的範圍中的任一點之相位差必須不是時間的函數，否則干涉條紋之能見度會降低。兩光波的相位差如果能夠不隨時間而改變，我們則稱此兩光波為同調光，同調光的範疇則會在下一小節作探討。非同調光所形成的干涉條紋是存在的，但人眼無法觀察地到，因為其條紋的能見度為 0。

Example

兩平面波，如圖 3-1 所示，可分別被描述為

$$E_1=A_1\cos\left[\omega t-\frac{2\pi(z\cos\theta+y\sin\theta)}{\lambda}\right]$$

以及

$$E_2=A_2\cos\left[\omega t-\frac{2\pi(z\cos\theta-y\sin\theta)}{\lambda}\right]$$

則在眞空當中以及在光學介質當中所產生的干涉條紋之週期分別為何？

解　兩平面波的相位差為

$$\delta=\frac{4\pi y\sin\theta}{\lambda}$$

干涉條紋的週期則為兩亮紋(或暗紋)之間的距離，且對應到 $\Delta\delta=2\pi$ 。

因此干涉條紋的週期為

$$\Lambda = \frac{\lambda}{2\sin\theta} \tag{3-12}$$

當波長爲 0.633μm 且傾斜角爲 1° 時， 條紋的週期爲 18μm，所對應到的大約爲 55 條紋/mm，因此對於人眼而言並不容易觀察。從(3-12)式當中我們可以發現最小的條紋週期會產生於當 $\theta = 90^o$，或是當兩光波的前進方向恰好相反。而最小的週期爲

$$\Lambda_{\min} = \frac{\lambda}{2} \tag{3-13}$$

值得注意的是當干涉條紋在介質當中形成，條紋週期則表示爲

$$\Lambda = \frac{\lambda_0}{2n\sin\theta}$$

當中的 λ_0 爲眞空中的波長，而 n 爲介質的折射率。因此，在介質當中的條紋最小週期爲

$$\Lambda_{\min} = \frac{\lambda_0}{2n} \tag{3-14}$$

3-2 光波之同調性

由(3-7)式可知，兩道光的干涉條紋之特性是由其相位的差異量所決定。兩相位的差異量包含由光程差所造成相位差異與原來初始相位之間的差異。光程差來自干涉路徑，而初始相位之差異則多爲與光源本身的性質有關，因此在現實中並不容易控制。在現實中，任何光源所發出的光波，其初始相位並不穩定，這會使得(3-7)式所表現的相位差成爲時間的函數，輕則會看到干涉的跳動，重則是干涉條紋跳動很厲害導致無法分辨明暗的變化，這是因爲光波之初始相位差變動得太快之故。爲了要描述這個現象，我們定義了同調性來描述干涉之光波彼此相位差穩定的問題。

3-2.1 干涉條紋之能見度

在探討同調性之前，對干涉條紋之能見度再作一個探討。假設現在有兩道光分別是 U_1 及 U_2，其干涉時，總光場爲 $U = U_1 + U_2$，而我們的眼睛看到的是其平均強度，以複數形式可表示如下：

$$
\begin{aligned}
I &= \lim_{T\to\infty}\frac{1}{T}\int_{O}^{T} UU^* \, dt \\
&= <UU^*> = <(U_1+U_2)(U_1^*+U_2^*)> \\
&= <|U_1|^2+|U_2|^2+2\mathrm{Re}(U_1U_2^*)> \\
&= I_1+I_2+2\mathrm{Re}<U_1U_2^*>
\end{aligned} \tag{3-15}
$$

其中

$$
I_1 = <|U_1|^2>，I_2 = <|U_2|^2> \tag{3-16}
$$

各爲光波一與光波二之光強度。在干涉中，I_1與I_2爲背景之亮度，而產生明暗或干涉條紋之關鍵項爲(3-15)等式中之第三項，我們進一步定義爲

$$
\Gamma_{12}(\tau) = <U_1(t)U_2^*(t+\tau)> \tag{3-17}
$$

其中$\Gamma_{12}(\tau)$稱爲互相同調函數(Mutual Coherence Function)，是兩個不同光波在光程時間差 τ 之干涉項。由於干涉的結果是同調性的一種指標，干涉條紋愈穩定或明暗度對比愈大則表同調性愈好。相對地，可定義

$$
\Gamma_{11}(\tau) = <U_1(t)U_1^*(t+\tau)> \tag{3-18}
$$

(3-18)式稱爲自我同調函數(Self Coherence Function)，用來度量同一光波在相差時間 τ 時彼此之同調性。同時，再定義同調度(Degree of Coherence)爲

$$
\gamma_{12}(\tau) = \frac{\Gamma_{12}(\tau)}{\sqrt{\Gamma_{11}(0)\Gamma_{22}(0)}} = \frac{\Gamma_{12}(\tau)}{\sqrt{I_1I_2}} \tag{3-19}
$$

我們可以發現$\gamma_{12}(\tau)$是一個在時間爲無窮大之平均值，其振幅$|\gamma_{12}(\tau)|$將根據 τ 的特性而在 0 與 1 之間振盪，而且其大小正好表現了同調的程度，可分爲三種：

1. $|\gamma_{12}(\tau)|=1$　時爲完全同調(Completely Coherent)。
2. $|\gamma_{12}(\tau)|<1$　時爲部分同調(Partially Coherent)。
3. $|\gamma_{12}(\tau)|=0$　時爲完全不同調(Completely Incoherent)。

在第一種情形時，因爲干涉光波彼此之初相位差永遠固定，故干涉條紋之能見度最好；反之，第三種因其初始相位差極度不穩定，故干涉現象無法被觀察，正如無干涉一樣。我們可將(3-15)式重新表示爲

$$I = I_1 + I_2 + 2\sqrt{I_1 I_2}\,\mathrm{Re}\{\gamma_{12}(\tau)\} \tag{3-20}$$

因 $\mathrm{Re}\{\gamma_{12}(\tau)\}$ 爲一餘弦函數，隨 τ 之變化振盪於 ± 1 之間，因此干涉之總強度 I 也會變化於 $I_{\max}$ 及 $I_{\min}$ 之間

$$I_{\max} = I_1 + I_2 + 2\sqrt{I_1 I_2}\,\mathrm{Re}\{\gamma_{12}(\tau)\} \tag{3-21}$$
$$I_{\min} = I_1 + I_2 - 2\sqrt{I_1 I_2}\,\mathrm{Re}\{\gamma_{12}(\tau)\}$$

干涉條紋之能見度則定義爲

$$V = \frac{I_{\max} - I_{\min}}{I_{\max} + I_{\min}} \tag{3-22}$$

我們可以發現當 $I_{\min} = 0$，即 $I_1 = I_2$，此時 $|\gamma_{12}(\tau)| = 1$，爲能見度最好的情況，此時 $V = 1$。若欲以 $\gamma_{12}(\tau)$ 表示，(3-22)式亦可表示爲

$$V = \frac{2\sqrt{I_1 I_2}}{I_1 + I_2}|\gamma_{12}|(\hat{e}_1 \cdot \hat{e}_1) \tag{3-23}$$

Example

有二光波干涉，試求在下列各種情形下之能見度？

(1) $U_1 = U_2$，$|\gamma_{12}| = 0.5$ (2) $U_1 = 2U_2$，$|\gamma_{12}| = 1$

(3) $U_1 = 2U_2$，$|\gamma_{12}| = 0.5$

解 (1)因爲 $U_1 = U_2$，故 $I_1 = I_2 = I_0$，$V = \frac{2I_0}{2I_0}|\gamma_{12}| = 0.5$

(2) $I_1 = |U_2|^2$，所以 $I_1 = 4I_2$，$V = \frac{2\sqrt{4I_2^{\,2}}}{I_2 + 4I_2}|\gamma_{12}| = 0.8$

(3) $V = \frac{4I_2}{5I_2} \times 0.5 = 0.4$

3-2.2　同調長度

在現實的光源中，即使是雷射，其發出的光波之初始相位也無法完全穩定。我們將初始相位穩定時該波串的長度定義爲同調長度(Coherent Length)，將於以下探討之。如圖 3-2 所示，我們假設現有一光源其初始相位之平均連續時間爲 τ_0，這個時間也稱爲同調時間(Coherent Time)，我們可將光波表爲

$$U = U_0 e^{i(\omega t+\phi(t))} \tag{3-24}$$

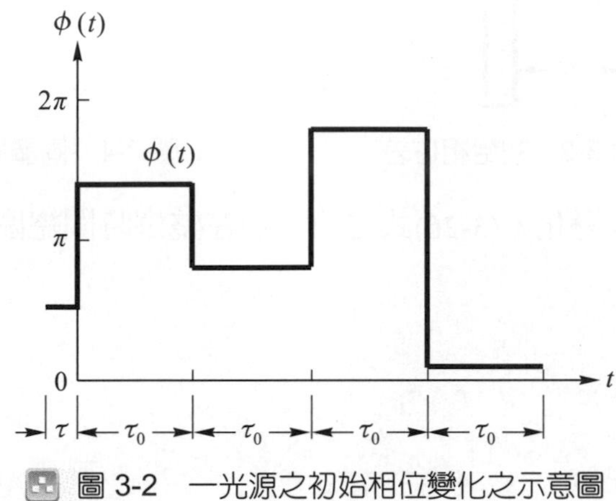

圖 3-2　一光源之初始相位變化之示意圖

其中 $\phi(t)$ 表示該光波之初始相位，且其變化如圖 3-2 所示在一定時間外爲不可預測。現在我們可利用邁克生干涉儀，將該光波分爲二道路徑再重合形成干涉，因光程不同使該二光波相差了 τ 的時間，則其同調性可寫爲

$$\begin{aligned}\gamma(t) &= \frac{<U(t)U^*(t+\tau)>}{<|U|^2>} \\ &= e^{i\omega\tau} \lim_{T\to\infty} \int_O^T e^{i[\phi(t)-\phi(t+\tau)]} dt\end{aligned} \tag{3-25}$$

由圖 3-2 可知其初始相位差將如圖 3-3 所示。在時間爲 $0 < t < \tau - \tau_0$ 時，$\phi(t) - \phi(t-\tau) = 0$；而在 $\tau - \tau_0 < t < \tau_0$ 時，初始相位差在 0 與 2π 之間變化。在第一個 τ_0 區間之積分可改寫如下：

$$\frac{1}{\tau_0}\int_O^{\tau_0} e^{i[\phi(t)-\phi(t+\tau)]}dt = \frac{1}{\tau_0}\left\{\int_0^{\tau_0-\tau} dt + \int_{\tau_0-\tau}^{\tau_0} e^{i\Delta\phi_\gamma} dt\right\} = \frac{\tau_0-\tau}{\tau_0} + \frac{\tau}{\tau_0}e^{i\Delta\phi_\gamma} \tag{3-26}$$

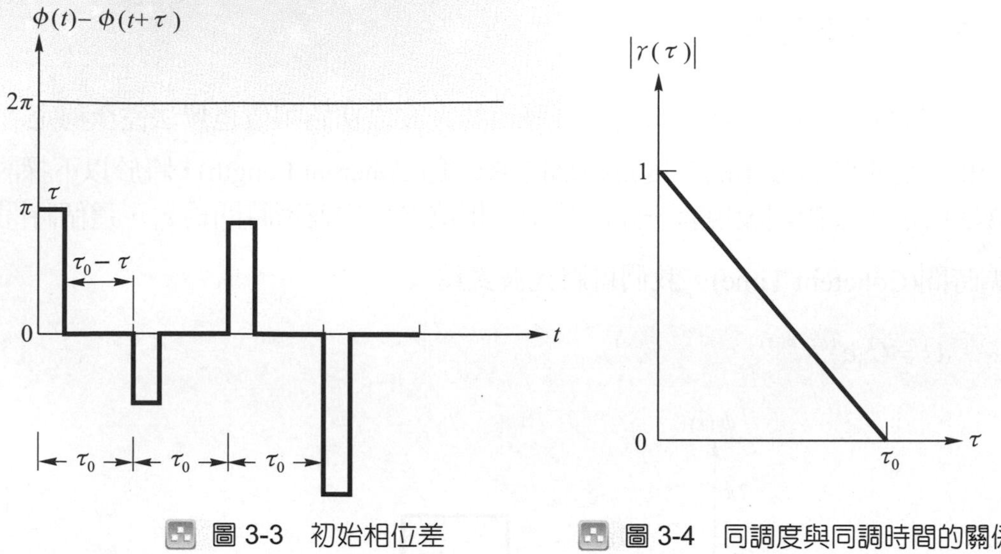

圖 3-3　初始相位差　　　圖 3-4　同調度與同調時間的關係

其中 $\Delta\phi_{\gamma}$ 表隨機之相位變化。(3-26)式之第二項在整個時間總區段之積分將爲零，故(3-25)式可改寫爲

$$\gamma(\tau)=\begin{cases}(1-\dfrac{\tau}{\tau_0})e^{i\omega t} & , \quad \tau<\tau_0 \\ 0 & , \quad \tau\ge\tau_0\end{cases} \tag{3-27}$$

其振幅

$$|\gamma(\tau)|=\begin{cases}(1-\dfrac{\tau}{\tau_0}) & , \quad \tau<\tau_0 \\ 0 & , \quad \tau\ge\tau_0\end{cases} \tag{3-28}$$

圖 3-4 爲 $|\gamma(\tau)|$ 對 τ 之作圖。因爲 $|\gamma(\tau)|$ 與干涉條紋之能見度成正比，故由此可看出同調時間對能見度之影響。此時，同調長度定義爲

$$\ell_c=c\tau_0 \tag{3-29}$$

由(3-28)式與(3-29)式可發現，當干涉的光程差大於同調長度時，其干涉條紋之能見度爲零，亦即干涉條紋無法由人眼所觀察。

3-2.3　有限波串之同調長度

在現實之光源，初始相位無法一直保持不變，若某一串光波之初始相位平均延續

時間平均爲$<\tau_0>$，我們可將該光波在初始相位保持不變的波段截斷下來，使其變成一段有限長的弦波，如圖 3-5 所示。我們可藉由傅氏轉換(Fourier Transform)中來分析該波串在頻率空間中的分布，由圖 3-6 可清楚顯示出其頻率非單一，而是有一個頻寬(這代表只要光波爲有限長，其不可能只有單一頻率，只是頻寬大小有別)，且其頻寬$\Delta\nu$可表爲

$$\Delta\nu = \frac{1}{<\tau_0>} \tag{3-30}$$

而同調長度可表示爲

$$\ell_c = c<\tau_0> = \frac{c}{\Delta\nu} \tag{3-31}$$

因爲$|\Delta\lambda| = \left|\frac{c}{\nu^2}\Delta\nu\right|$，故同調長度可藉由波長寬度或頻率寬度來求得

$$\ell_c = \frac{\lambda^2}{\Delta\lambda} \tag{3-32}$$

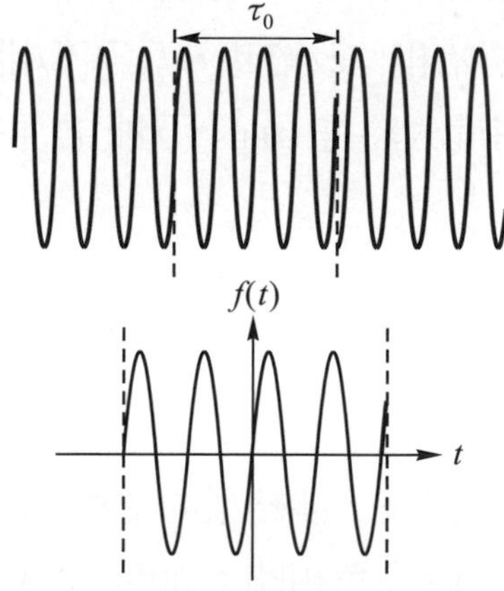

圖 3-5　相位固定之有限長度的弦波

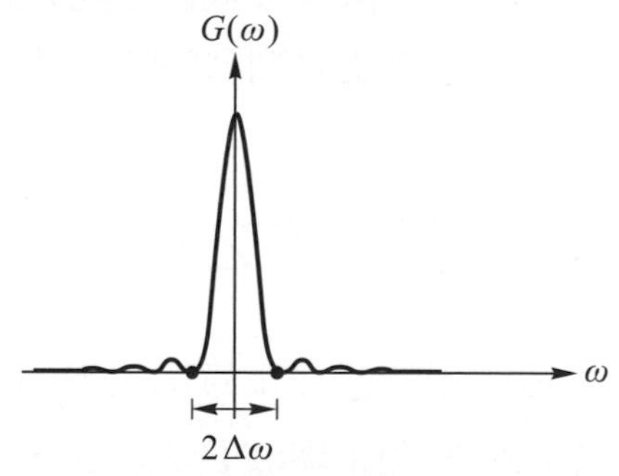

圖 3-6　相位固定之有限波串的傅氏轉換於頻率空間上之分布

Example

試求一白光之同調長度？並解釋為何不易看見白光之干涉條紋？又為何油膜上經常顯示干涉紋路，是否由白光所造成？

解 所謂白光及為波長 $0.4\ \mu m < \lambda < 0.7\ \mu m$ 之光波，正好為人之眼睛所能看得見。其中心波長 $\lambda = 0.55\ \mu m$，$\Delta\lambda = 0.15\ \mu m$ 則

$\ell_c = 2\ \mu m$

因為同調長度太短了，因此不易看得到其他干涉條紋。而如果水面上有一層薄油膜，若厚度小於 1 μm，則太陽光可分別因油膜之反射與油膜及水的界面之反射而干涉，形成清楚之彩色干涉條紋。

Example

有一 He-Ne 雷射，其中心波長為 0.6328μm，而頻寬為 0.1MHz，則其同調長度為多少？

解 由(3-31)式

$$\ell_c = \frac{3\times10^8}{0.1\times10^6} = 3000\ \text{m}$$

由於其同調長度極長，因此其光波之前後段來作干涉將可得到很穩定的干涉條紋。若是以相同的二支雷射來干涉，則因其初始相位改變時，互為不相關的，因此其干涉條紋會很快速地異動，其穩定的時間大約是 10 μs，因此若非有特殊工具，仍無法看到其干涉條紋的。

3-3 雙光波之干涉

雙光波的干涉已在本章第三節的例子中進行雙平面波干涉結果的推導，(3-12)式顯示干涉條紋的間距與波長成正比，並與二光波干涉時夾角相關；而(3-14)式更顯示出可藉由控制干涉空間的折射率來達到最小的干涉條紋間隔。這個原理雖然極為簡單，卻是近代光學工程中常被應用的技巧，許多在工程上的突破即由此出發。

在本節中，我們將特別討論球面波的雙光波干涉，第一種是二個球面波的等效光源間的排列與干涉面平行如圖 3-7 所示，此情形稱為剪切干涉(Shearing Interference)。我們可將該二球面波表示為

$$E_1 = \frac{A_1}{\bar{r}-\bar{r}_1}\exp\left\{i(\omega t - k\left|\bar{r}-\bar{r}_1\right|)\right\} \tag{3-33}$$

$$E_2 = \frac{A_2}{\bar{r}-\bar{r}_2}\exp\left\{i(\omega t - k\left|\bar{r}-\bar{r}_2\right|)\right\} \tag{3-34}$$

在近軸的條件下，我們可將之寫成拋物面波的形式，因此其相位可分別表示爲

$$\left|\bar{r}-\bar{r}_1\right| \approx z_0\left\{1+\frac{(x-a)^2+y^2}{2z_0^2}\right\} \tag{3-35}$$

$$\left|\bar{r}-\bar{r}_2\right| \approx z_0\left\{1+\frac{(x+a)^2+y^2}{2z_0^2}\right\} \tag{3-36}$$

由於干涉條紋由相位差決定，因此我們可以計算出其相位差

$$\Delta\phi = \frac{2\pi(2ax)}{\lambda z_0} \tag{3-37}$$

(3-37)式中的相位差與空間(x)成正比，相位差對 x 的一次微分後，取相位差爲 2π 時的距離即可得干涉條紋的間距

$$\Lambda = \frac{\lambda z_0}{2a} \tag{3-38}$$

由(3-38)式可發現其間距爲定値，此代表在近軸條件下，剪切球面波之干涉條紋爲等距之直線，與雙平面波之干涉類似。

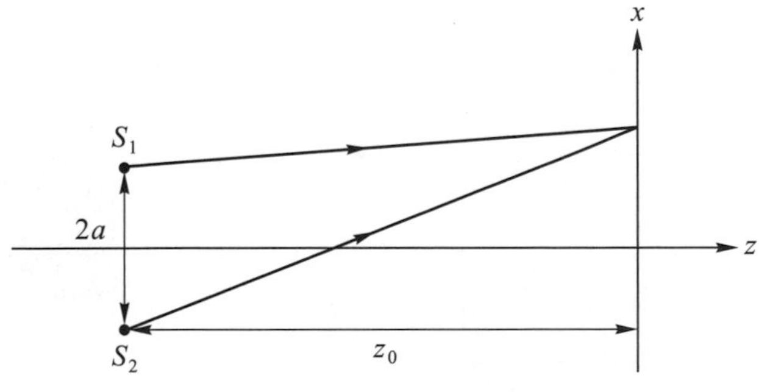

圖 3-7　剪切干涉之光源排列方式

第二種情形為球面波的等效光源的排列方向與干涉面垂直，以干涉面看來，其為一前一後的排列，因此我們稱之為離焦干涉(Defocus Interference)，如圖 3-8 所示。在表示球面波時，我們亦應用近軸條件，因此其相位可分別表示如下

$$\phi_1 = \frac{2\pi}{\lambda}|\vec{r}-\vec{r}_1| \approx \frac{2\pi(z_0-a)}{\lambda}\left\{1+\frac{x^2+y^2}{2(z_0-a)^2}\right\} \tag{3-39}$$

$$\phi_2 = \frac{2\pi}{\lambda}|\vec{r}-\vec{r}_2| \approx \frac{2\pi(z_0+a)}{\lambda}\left\{1+\frac{x^2+y^2}{2(z_0+a)^2}\right\} \tag{3-40}$$

由(3-39)(3-40)式可以求出其相位差為

$$\Delta\phi \approx \frac{2\pi(2a)}{\lambda}\left\{1+\frac{x^2+y^2}{2z_0^2}\right\} = \frac{4\pi a}{\lambda}\left\{1+\frac{r^2}{2z_0^2}\right\} \tag{3-41}$$

該相位差為圓對稱的函數，且與 r 的二次方成正比，我們將之對 r 進行一次微分，可得其條紋間距與 r 成反比如(3-42)式

$$\Lambda = \frac{\lambda z_0^2}{2ar} \propto \frac{1}{r} \tag{3-42}$$

(3-42)式代表干涉條紋為同心圓的紋路，且該同心圓隨著 r 的增加，其間距愈來愈小，如圖 3-9 所示。

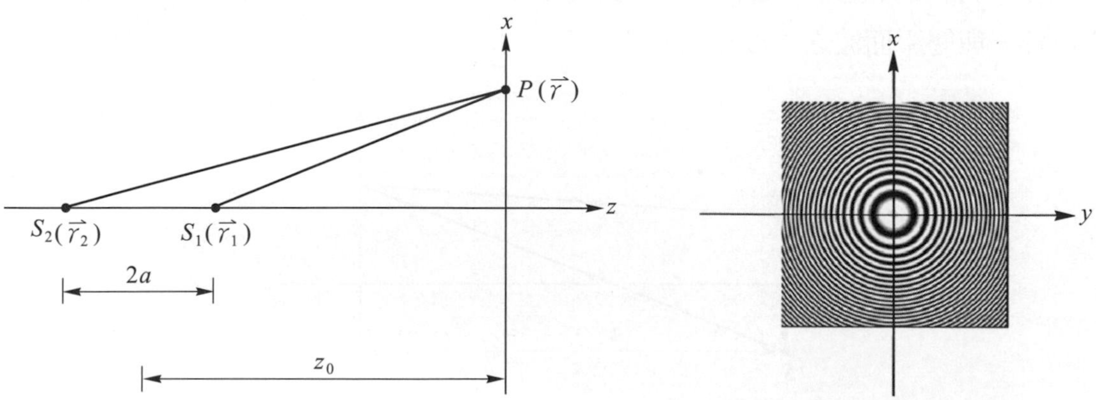

圖 3-8　離焦干涉之光源排列方式

圖 3-9　離焦干涉在 x-y 平面上所觀察到之同心圓干涉條紋

3-4　多光波之干涉

在光波的干涉中，其實多波的干涉比雙波干涉更常見，只要這些波動彼此是同調的，其干涉現象就具有特殊的意義。本節中我們要探討的是多波干涉中的二種具代表性的干涉現象。

首先是振幅相同且具等相位差之多波干涉，我們可將之表示爲一通式如下

$$E_m = I_0^{\frac{1}{2}} \exp\left\{i(m-1)\Delta\phi\right\} \tag{3-43}$$

其中 I_0 爲其光強度，$\Delta\phi$ 爲等相位差。當有 M 個上述的光波以等相位差的形式重疊而干涉時，其干涉光場可表示爲

$$\begin{aligned} E &= \sum_{m=1}^{M} E_m = I_0^{\frac{1}{2}} \left\{1 + h + h^2 + \cdots + h^{M-1}\right\} \\ &= I_0^{\frac{1}{2}} \times \frac{1-\exp\left(iM\Delta\phi\right)}{1-\exp\left(i\Delta\phi\right)} \end{aligned} \tag{3-44}$$

其中

$$h = \exp\left\{i\Delta\phi\right\} \tag{3-45}$$

則干涉強度爲

$$I = \left|E\right|^2 = I_0 \times \frac{\sin^2\left(\dfrac{M\Delta\phi}{2}\right)}{\sin^2\left(\dfrac{\Delta\phi}{2}\right)} \tag{3-46}$$

圖 3-10 爲干涉強度對相位差之關係圖，可以清楚地觀察到當 $\Delta\phi = \dfrac{2\pi}{M}$ 或其整數倍時，干涉場爲零，即爲破壞性干涉；而當 $\Delta\phi = 2\pi$ 時即爲建設性干涉，不僅如此，當 M 越大時，形成的建設性干涉光強越強，猶如一個光學脈衝(Optical Pulse)，且其半寬與 M 成反比。上述的破壞性干涉可以相位指標(Phasor)來形容，即可輕易了解。我們可以在一個極座標上將光波的振幅當作相位指標的長度，將光波的相位當作該指標與

零度軸的夾角，即可在該座標體系下畫出該光波所對應的相位指標。振幅相同且具等相位差之多波干涉以相位指標來形容可以如圖 3-11 所示，可清楚地了解完全破壞性干涉的條件會發生於 $\Delta\phi = \dfrac{2\pi}{M}$ 。

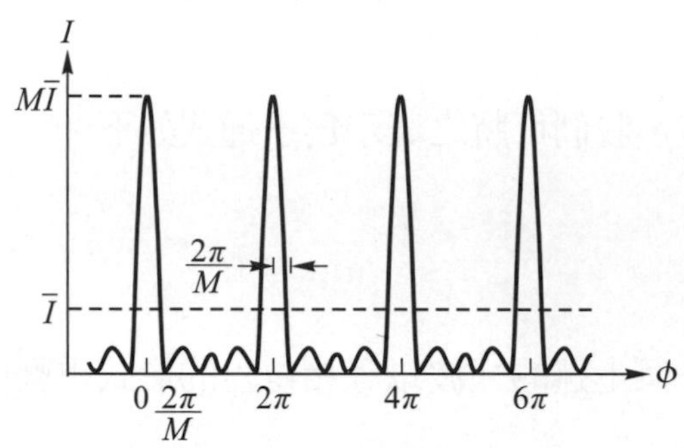

圖 3-10　M 個光波以等相位差的形式重疊干涉，干涉強度對相位差之關係圖

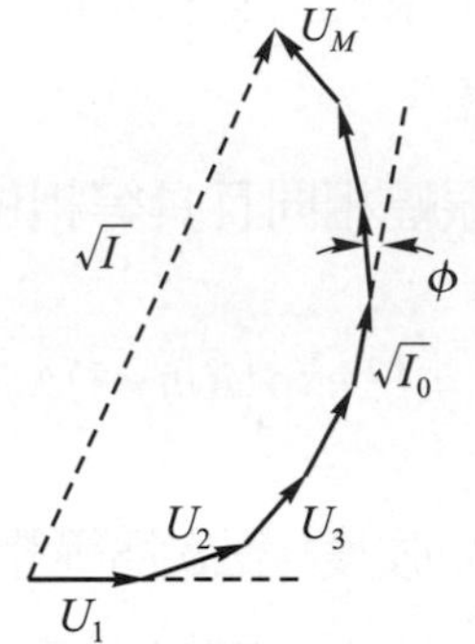

圖 3-11　振幅相同且具等相位差之多波干涉利用相位指標來描述

第二個例子爲無窮數量的光波干涉，這些具有相位差的光波之振幅呈等比衰減，其光場可表示爲

$$E_m = \alpha^{m-1} I_0^{\frac{1}{2}} \tag{3-47}$$

其中 $\alpha = |\alpha|\exp(i\Delta\phi)$ 爲小於 1 之常數。當這些光波形成干涉時，總光場爲

$$E = \sum_{m=1}^{M} E_m = \frac{I_0^{\frac{1}{2}}}{1-\alpha\exp(i\Delta\phi)} \tag{3-48}$$

則總光強度爲

$$I = |E|^2 = \frac{I_0}{(1-\alpha)^2 + 4\alpha\sin^2\left(\dfrac{\Delta\phi}{2}\right)} = \frac{I_{\max}}{1+\left(\dfrac{2F}{\pi}\right)^2 \sin^2\left(\dfrac{\Delta\phi}{2}\right)} \tag{3-49}$$

(3-49)式中

$$I_{max} = \frac{I_0}{(1-\alpha)^2} \tag{3-50}$$

$$F = \frac{\pi\alpha^{\frac{1}{2}}}{1-\alpha} \tag{3-51}$$

圖 3-12 為干涉強度對相位差之關係圖，可以清楚地觀察到當相位差為 2π 的整數倍時即為建設性干涉，當為 π 的奇數倍時有破壞性的干涉現象，此時其干涉光強度最低，但其值不為零，亦即完全的破壞性干涉亦不可得。此現象可輕易地以相位指標來看出，如圖 3-13 所示，因為參與干涉的光波呈現等比級數的變弱，因此後面的光波將無法具有夠強的振幅足以將總光場破壞掉，越是後面，光波的振幅越小，干涉的總強度越不受影響，這種光波的干涉與多層膜的干涉相似，會在薄膜干涉中再詳細介紹。當振幅的比例常數 $|\alpha|$ 接近 1 時，上述的干涉會造成強烈的破壞性干涉，此時唯有在建設性干涉的相位差出現時會有強烈的干涉訊號出現，這種現象經常出現於光波的強干涉腔體中，其中一個具有高反射率的雙介面之光學平板所製作的費比拍若干涉儀(Fabry Perot Interferometer)即是一個例子。

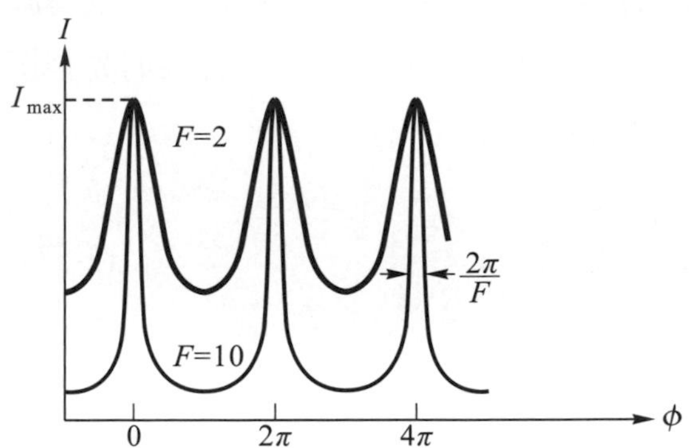

圖 3-12　無窮數量的光波干涉，這些具有相位差的光波之振幅呈等比衰減，其干涉強度對相位差之關係圖

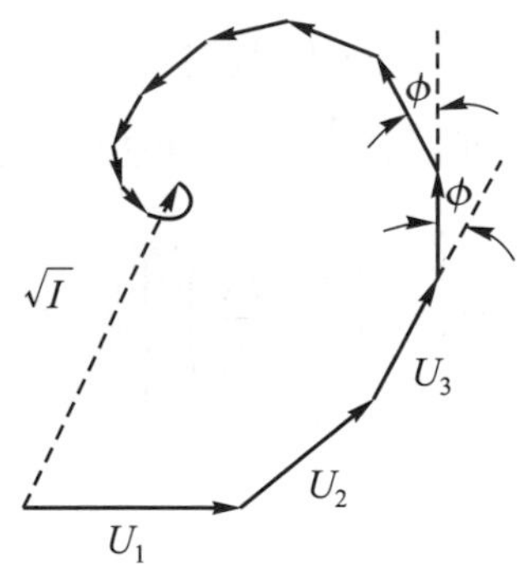

圖 3-13　振幅成等比衰減具等相位差之多波干涉利用相位指標來描述

3-5 光學薄膜

在光學元件當中，由於每個界面的費耐爾反射下，其結果不只會造成光學系統的光學效率降低，並且會產生輸出的雜訊。因此，我們希望能夠有效地消除或降低界面的反射。實際上，我們可以在光學元件的表面上鍍上一層薄膜來達到抗反射的效果，因此我們也稱此薄膜爲抗反射膜(Anti-reflection Film)。

從 1-7 節我們可以了解，光正向入射時，玻璃及空氣的界面反射率爲

$$R=\left(\frac{n_g-n_0}{n_g+n_0}\right)^2 \tag{3-52}$$

其中的 n_0 與 n_g 分別爲空氣以及玻璃的折射率，n_g 一般而言介於 1.5 到 1.7，因此對應到的反射率大約爲 4%到 6.7%。如果一光學系統包含許多光學元件，則從各個元件的表面所產生的反射光可以形成可觀的干涉效應。

如果將折射率爲 n 的薄膜鍍於玻璃平板的表面上，因此會造成空氣-薄膜以及薄膜-玻璃兩種交界面，如圖 3-14 所示。首先我們先考慮兩光波的干涉，假設入射光強度爲 I_0，則在薄膜內的光強度及在玻璃內的光強度分別可寫成

$$I_1=\left[1-\left(\frac{n-n_0}{n+n_0}\right)^2\right]I_0 \tag{3-53}$$

與

$$I_2=\left[1-\left(\frac{n_g-n}{n_g+n}\right)^2\right]I_1\approx\left[1-\left(\frac{n_g-n}{n_g+n}\right)^2\right]I_0 \tag{3-54}$$

在沒有反射的情況下，穿透的光強度會與入射的光強度相等，也就是

$$I_1=I_2 \tag{3-55}$$

因此我們可以得到

$$\frac{n-n_0}{n+n_0}=\frac{n_g-n}{n_g+n} \tag{3-56}$$

我們可以從(3-56)式當中證明出

$$n=\sqrt{n_0 n_g} \tag{3-57}$$

薄膜的厚度必須要能夠使得從兩個交界面所反射的光強度有最小值，也就是說相位差爲

$$\delta=\frac{4\pi nd}{\lambda}=(2m+1)\pi, \quad m=0,\ 1,\ 2,.... \tag{3-58}$$

因此我們可以得到以下的結果

$$nd=(2m+1)\frac{\lambda}{4}, \quad m=0,\ 1,\ 2,.... \tag{3-59}$$

所以我們可以看出，薄膜所需鍍的厚度爲$\frac{\lambda}{4}$、$\frac{3\lambda}{4}$、$\frac{5\lambda}{4}$…等。(3-58)式與(3-59)式爲薄膜的設計準則。實際上我們必須注意折射率 n 的選擇會因可用之材料所限制。

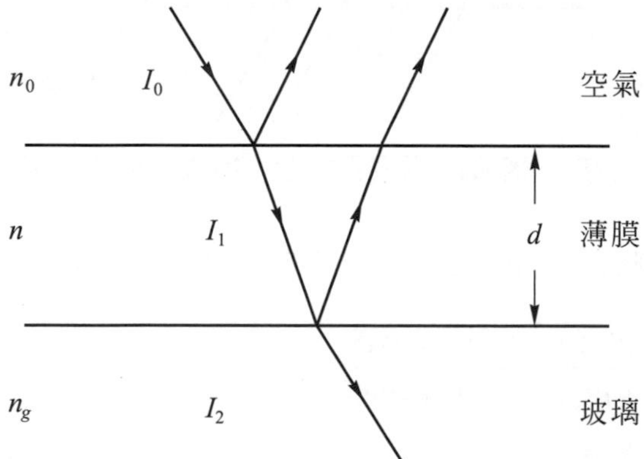

圖 3-14　折射率為 n 的薄膜鍍於玻璃平板的表面上，每個界面的穿透與反射示意圖

在某些特定的應用上，對於給定的波長有極高的反射率也是必須的。在高反射薄膜的分析上，多光波的干涉也必須列入考慮。對於一薄膜的兩個界面上，所產生多重反射及多重透射，可以由圖 3-15 看出來。每一道反射光的振幅可表示爲

$$
\begin{aligned}
A_1 &= r_1 A_0, \\
A_2 &= r_2 t_1^2 A_0 e^{-i\delta}, \\
A_3 &= -r_2^2 r_1 t_1^2 A_0 e^{-i\delta}, \\
&\vdots \\
A_n &= (-1)^{n-1} t_1^2 r_2^{(n-1)} r_1^{n-2} A_0 e^{-i(n-1)\delta}
\end{aligned} \tag{3-60}
$$

當中的 A_0 代表著入射光的振幅，$\delta = (\frac{4\pi nd}{\lambda})\cos\theta_p$ 爲相鄰兩道光的相位差，而 $(-1)^{n-1}$ 項則是因爲光從界面反射回介質中，而介質的折射率較小，因此會有 π 相位差產生。最後我們可以將多道光束所疊加而成之振幅表示爲

$$A = \sum_{i=1}^{\infty} A_n = \frac{r_1 + r_2 e^{-i\delta}}{1 - r_1 r_2 e^{-i\delta}} A_0 \tag{3-61}$$

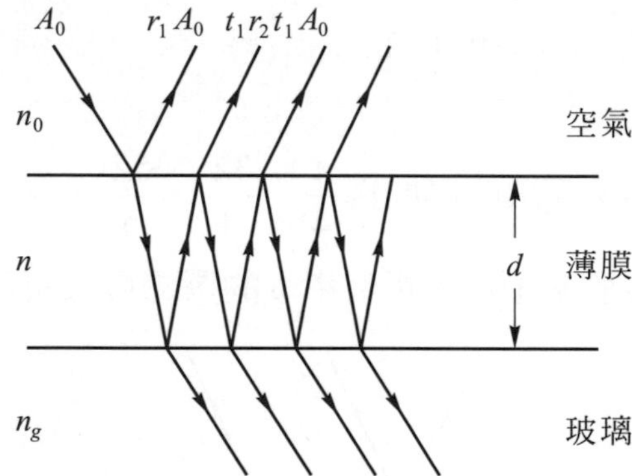

圖 3-15　對於一薄膜的兩個界面上，所產生多重反射以及多重透射

同樣的，我們可以將疊加起來的光之反射率寫成

$$R = (\frac{A}{A_0})^2 = \frac{r_1^2 + r_2^2 + 2r_1 r_2 \cos\delta}{1 + r_1^2 + r_2^2 + 2r_1 r_2 \cos\delta} \tag{3-62}$$

對於垂直入射所對應到的反射率爲

$$R = \frac{(n_0 - n_g)^2 \cos^2(\frac{\delta}{2}) + (\frac{n_0 n_g}{n} - n)^2 \sin^2(\frac{\delta}{2})}{(n_0 + n_g)^2 \cos^2(\frac{\delta}{2}) + (\frac{n_0 n_g}{n} + n)^2 \sin^2(\frac{\delta}{2})} \tag{3-63}$$

在建設性干涉以及破壞性干涉所得到的光強度分別可寫成

$$R_{\max}=(\frac{n_0n_g-n^2}{n_0n_g+n^2})^2\text{，}\quad nd=\frac{\lambda}{4},\ \frac{3\lambda}{4},\ \frac{5\lambda}{4},\ldots \tag{3-64}$$

$$R_{\min}=(\frac{n_0-n^2}{n_0+n^2})^2\text{，}\quad nd=\frac{\lambda}{2},\ \lambda,\ \frac{3\lambda}{2},\ldots \tag{3-65}$$

對於不同折射率的薄膜所產生的反射率可從圖 3-16 與圖 3-17 看出來。我們可以看出，當光學厚度等於波長的四分之一時，會分別出現最高以及最低反射率。如果當 $n>n_p$，薄膜會降低反射率，而當 $n<n_p$，薄膜反而會增加反射率。如果薄膜的光學厚度 nd 爲波長一半的倍數時，則薄膜就不會改變空氣-玻璃界面的反射率。而如果光爲寬頻光且要達到抗反射，我們則需要使用多層膜來達成目標。

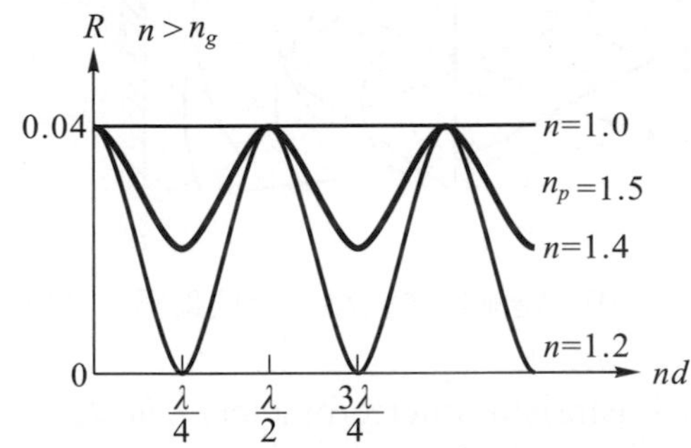

圖 3-16　$n>n_p$ 時，反射率與光程差之關係圖

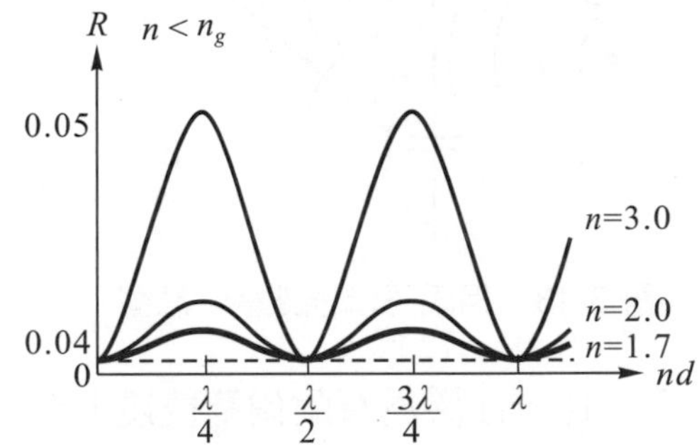

圖 3-17　$n<n_p$ 時，反射率與光程差之關係圖

3-6　光學干涉儀(Interferometer)

在探討了基礎的干涉原理之後，我們接著將介紹幾種主要的干涉儀。干涉儀是一種光學架構，用來產生清楚的干涉條紋，並從干涉條紋中獲得一些量測的資訊，因此，干涉儀在近代的光學工程中，扮演重要的角色。爲了產生清楚的干涉條紋，光源的使用上會以具有同調性的雷射光爲主，而且因爲不同的雷射光無法同調，因此只會使用一支雷射，再將雷射光以分光元件分爲二道(或多道)光波，並讓其光程因路徑或特殊的安排而產生不同，最後再以合光的元件讓光波重新會合而在觀察面上產生干涉，並藉由干涉條紋的解析來獲得欲量測的訊號。依照上述的原理，干涉儀大致上可以分爲

二類，第一類稱為波前分光型(Wavefront Division)，另一類為振幅分光型(Amplitude Division)，以下將分別介紹。

3-6.1 波前分光型干涉儀

波前分光型的干涉儀的原理在於將波前分為二部份，在將其會合形成干涉。此類最著名的干涉儀為楊氏干涉儀(Young's Interferometer)，如圖 3-18 所示，可藉由檔板上的二個孔(或狹縫)，使得通過的波前猶如從孔洞發出的球面波，以類似剪切干涉的形式在觀察面上形成干涉條紋，若觀察面是在近軸區域，其干涉條紋可以(3-37)式來形容。

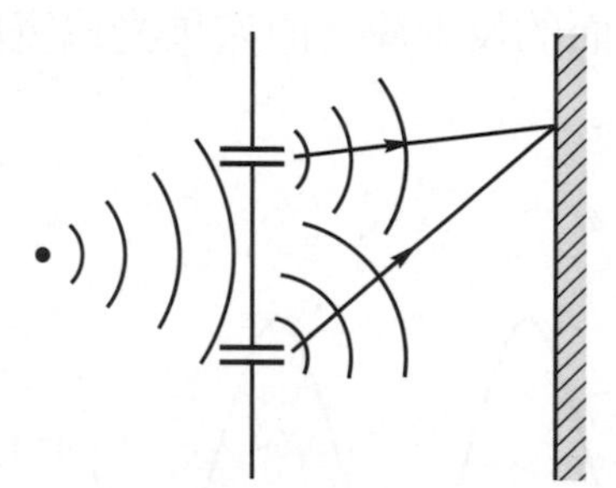

圖 3-18 楊氏干涉儀架構示意圖

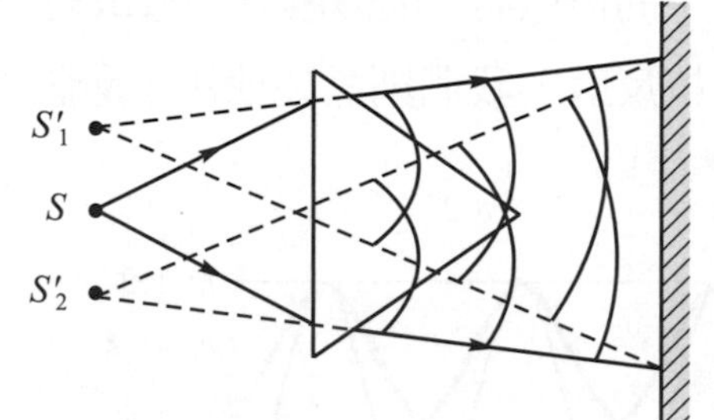

圖 3-19 費耐爾雙稜鏡干涉儀架構示意圖

第二種干涉儀為費耐爾雙稜鏡干涉儀(Fresnel Biprism Interferometer)，如圖 3-19 所示，可讓球面波入射稜鏡的底部，在出射時因為稜鏡的二個斜面造成上下二部份的波前具有不同方向的偏折，在觀察面看起來，像是二個球面波以剪切的方式進行干涉。

第三種干涉儀為羅伊德鏡面干涉儀(Lloyd's Mirror Interferometer)，如圖 3-20 所示，是利用下方的平面反射鏡將部分的光波反射至觀察面與直接入射觀察面的波前進行干涉，若該光波為球面波，其干涉形式亦類似於剪切干涉。

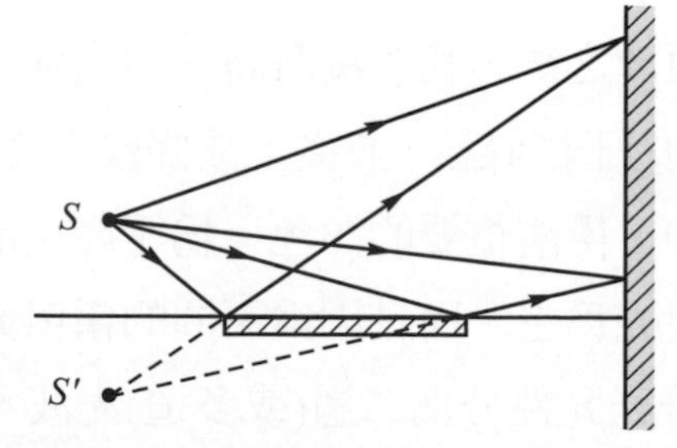

圖 3-20 羅伊德鏡面干涉儀架構示意圖

3-6.2　振幅分光型干涉儀

振幅分光型的干涉儀的原理在於以光學分光鏡將光波一分爲二，二者具有完整的波前，但是在振幅(或能量)上是分開的。此類最著名的干涉儀爲麥克森干涉儀(Michelson Interferometer)，如圖 3-21 所示，可藉由分光鏡將入射光分成垂直反射光與穿透光，再藉由分別的反射鏡反射回原來的分光鏡，最後會合至觀察面形成干涉。其特別之處爲光波在分光鏡與反射鏡間來回一次，可說是一種二次路徑(Double Pass)的設計。一種與麥克森干涉儀之架構幾乎相同的干涉儀稱爲崔門葛林干涉儀(Twyman-Green Interferometer)，如圖 3-22 所示，不同之處爲崔門葛林干涉儀的光源爲點光源，而麥克森干涉儀的光源可爲擴展光源或是雷射。

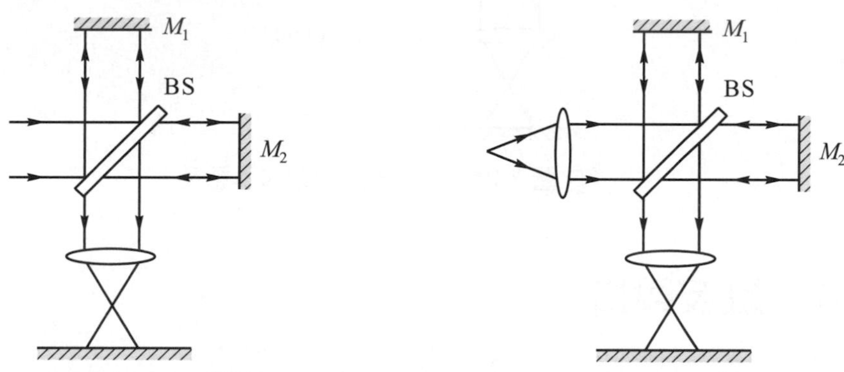

圖 3-21　麥克森干涉儀架構示意圖　　圖 3-22　崔門葛林干涉儀架構示意圖

第二種干涉儀稱爲麥克曾德干涉儀(Mach Zehnder Interferometer)，如圖 3-23 所示，可藉由分光鏡將入射光分成垂直反射光與穿透光，再藉由反射鏡將光波分別反射至合光之分光鏡進行合光，而在觀察面上形成干涉。麥克曾德干涉儀與麥克森干涉儀不同之處爲其是一種單光程(Single Pass)的干涉儀，此外，其具有二個分光鏡也是不同之處。

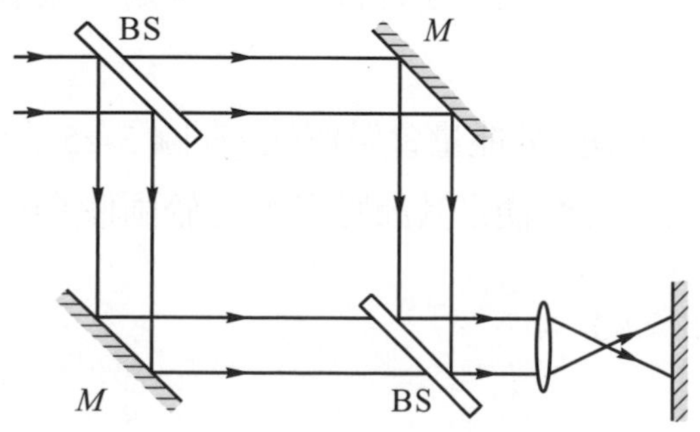

圖 3-23　麥克曾德干涉儀架構示意圖

第三種干涉儀稱爲費佐干涉儀(Fizeau Interferometer)，如圖 3-24 所示，其藉由分光鏡將入射光分成原路徑之反射光與穿透光，其中穿透光將再藉由反射鏡將光波反射，而在觀察面上與由分光鏡所反射之光波形成干涉。費佐干涉儀與其他的干涉儀最大不同之處在於干涉的二道光波幾乎共光程(Common Path)，對於外界振動的抵抗能力遠較其他振幅分光型干涉儀要來得強，因此在光學工廠中的實際應用上最受歡迎，只是分光鏡在此干涉儀上扮演重要角色，其光學品質要求較高。

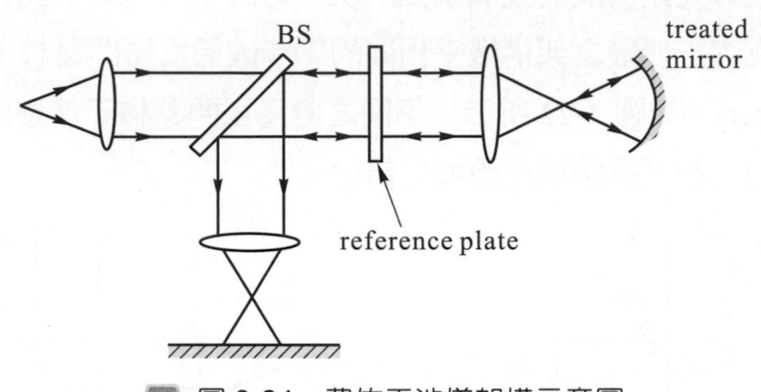

圖 3-24　費佐干涉儀架構示意圖

3-7　駐波與拍

上一節的干涉是產生於同方向(或以一小角度)傳輸之波，在具有同樣波長的情況下所產生的。若兩道光波反向而行就可能產生駐波(Standing Wave)；而當兩道同向而行之光波，若其波長有些許不同時會形成拍(Beat)的現象，以下將分別探討。

3-7.1　駐波 (Standing Wave)

駐波之產生是兩道逆向行進之等波長光波干涉所形成的現象。如圖 3-25 所示，形成駐波後，除了節點不動外，其他各處皆會上下呈週期性漲落，且振幅以在節點之間最大，該點稱爲波腹。

由於駐波之波形不往前送，故能量會保留住。在圖 3-25 中，假設兩端皆是反射鏡，則光波欲在其中產生駐波的條件便是其節點必須位於兩個端點，由此可知其條件爲

$$\ell = \frac{\lambda}{2} n \text{，} n = 1,\ 2,\ 3,\ 4, \cdots \tag{3-66}$$

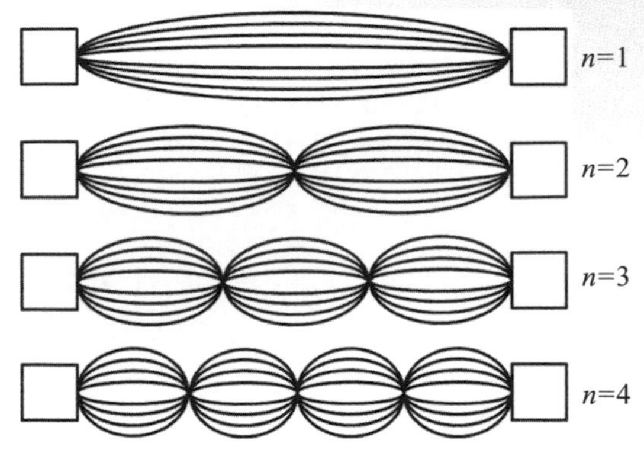

圖 3-25　不同節點數目所對應之駐波型式

由上可知，欲產生駐波，則兩反射鏡的距離必須滿足(3-66)式。而滿足該條件之兩個反射鏡便形成了光學的共振腔(Optical Resonator)。當一個共振腔長決定後，所能產生共振之最大波長之光波稱爲基頻光波，是因其頻率最低而得名，而其情形則對應於(3-66)式中 $n=1$ 的情形。

Example

在一共振腔中，若其中有四個波腹，且其波長爲 5 mm，則該共振腔之長度爲何？其基頻之頻率爲何？

由(3-66)式中得知，在 $n=4$ 時會有四個波腹，故

$$\ell=\frac{4}{2}\times 5=10\ \text{mm}$$

共振腔之腔長爲 10 mm，令基頻之波長爲 λ_1，則

$$\ell=\frac{\lambda_1}{2}$$

$$\lambda_1=20\text{mm}$$

又 $f_1=\dfrac{c}{\lambda_1}=\dfrac{3\times 10^8\times 10^3}{20}=1.5\times 10^{10}\ \text{Hz}$

3-7.2　拍(Beat)

當兩道波長不同之光波同向傳輸時，會產生一種干涉現象，稱之爲拍。現在假設有兩道光波其形式爲

$$U_1 = A_0 \cos(\omega_1 t - k_1 x)$$
$$U_2 = A_0 \cos(\omega_2 t - k_2 x) \qquad (3\text{-}67)$$

兩波干涉的形式可表示爲

$$U = U_1 + U_2 = A_0 \left[\cos(\omega_1 t - k_1 x) + \cos(\omega_2 t - k_2 x)\right]$$

利用三角函數和差化積

$$\cos\alpha + \cos\beta = 2\cos\frac{\alpha+\beta}{2}\cos\frac{\alpha-\beta}{2} \qquad (3\text{-}68)$$

可得

$$U = 2A_0 \cos\left[(\frac{\omega_1+\omega_2}{2})t - (\frac{k_1+k_2}{2})x\right]\cos\left[(\frac{\omega_1-\omega_2}{2})t - (\frac{k_1-k_2}{2})x\right] \qquad (3\text{-}69)$$

令

$$\omega_p = \frac{\omega_1+\omega_2}{2}\text{，}k_p = \frac{k_1+k_2}{2}$$
$$\omega_g = \frac{\omega_1-\omega_2}{2}\text{，}k_g = \frac{k_1-k_2}{2} \qquad (3\text{-}70)$$

則

$$U = 2A_0 \cos(\omega_p t - k_p x)\cos(\omega_g t - k_g x) \qquad (3\text{-}71)$$

(3-71)式爲兩個餘弦波的相乘，前者之波數 k_p 與角頻率 ω_p 爲兩干涉光波之平均，故其值仍與原光波接近；而後者 k_g 與 ω_g 則相去甚遠，尤其若原光波之頻率相差很小時，後者之角頻率會很低，因此我們可將(3-71)式寫爲

$$U = MA_0 \cos(\omega_p t - k_p x) \qquad (3\text{-}72)$$

其中

$$M = 2\cos(\omega_g t - k_g x) \qquad (3\text{-}73)$$

M 為調制波，這可由圖 3-26 看出。由該圖可看出，原來的餘弦波受到一忽大忽小之調制波所調制，此現象即為拍。由於在一個調制波的週期中會產生兩個拍，故產生拍的角頻率為

$$\omega_b = 2\omega_g = \omega_1 - \omega_2 \tag{3-74}$$

正好等於兩道光波之角頻率差。拍的現象在聲波的表現尤為明顯，我們常會聽到某些轉動的機器會產生慢速忽大忽小的拍聲，由(3-74)式可以理解，由拍的頻率可知該拍聲是兩個頻率即為接近之聲波所干涉而來的。

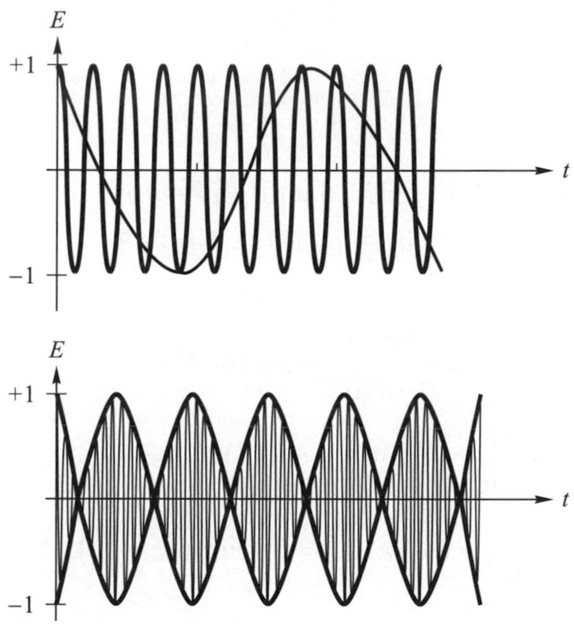

圖 3-26　兩道波長不同之光波同向傳輸所形成之拍與調制波

3-8　都卜勒效應 (The Doppler effect)

當觀測者與波源之間有相對運動時，則觀測者所測得之頻率(或波長)與波源之實際值會有不同。此現象是因都卜勒為了解釋天上星星的顏色所發現的，而後證實可適用於任何波動之相對運動的觀察，如聲波與光波等。

當一光源其頻率為 f_s，波長 λ_s，與觀察者之相對速率為 v 時，則觀察者所測得之頻率 f_0 為(考慮相對論)

$$f_0=\sqrt{\frac{c-v}{c+v}}f_s \tag{3-75}$$

其中 c 爲光速，當光源與觀察者互相遠離時，速度值爲正，反之爲負。若不爲光源，而是其他波動源(如聲波)則

$$f_0=\frac{v_\omega \pm v_o}{v_\omega \pm v_s}f_s \tag{3-76}$$

(3-76)式中，v_ω 爲波速，v_o 爲觀察者速率，v_s 爲波源之速率，若 $\vec{v}_\omega$ 與 $\vec{v}_o$($\vec{v}_s$)同向，則分母(分子)取負號，反之則分母(分子)取正號。

Example

假設一星球發出之光的波長爲綠色的 0.5 μm，當其以 3 × 10^7 m/s 的速度
(1)向地球接近；(2)遠離地球，則地球上所見其波長爲多少？

解 使用(3-75)式

(1) $v=-3\times10^7$ m/s，$f_s=\dfrac{3\times10^8}{0.5\times10^{-6}}=6\times10^{14}$ Hz

$$f=\sqrt{\frac{3\times10^8+3\times10^7}{3\times10^8-3\times10^7}}\times6\times10^{14}=6.63\times10^{14}\text{ Hz}$$

$$\lambda=\frac{c}{f}=\frac{3\times10^8}{6.63\times10^{14}}=0.45\times10^{-6}=0.45\mu\text{m}\ (\text{藍紫色})$$

(2) $v=3\times10^7$ m/s

$$f=\sqrt{\frac{3\times10^8-3\times10^7}{3\times10^8+3\times10^7}}\times6\times10^{14}=5.43\times10^{14}\text{ Hz}$$

$$\lambda=\frac{3\times10^8}{5.43\times10^{14}}=0.55\ \mu\text{m}\ \ (\text{黃綠色})$$

習題

1. 楊氏干涉中，使用兩種不同波長之單色光，其亮紋之間距比爲 5：6，若前者之波長爲 5500 Å，後者的暗紋間距爲 6.6 mm，狹縫至屏幕距離 100 cm，則狹縫距離爲多少？
2. 在 x-y 平面上，若有二個波長爲 λ 之平面波的前進方向分別爲與 x 軸之夾角爲 θ_1 與 θ_2，則求其干涉條紋之表示式與條紋間隔？
3. 有一底片之解析度爲 100 條／mm，則在該底片上干涉之兩平面波最大的夾角爲何？(波長 λ=0.5 μm)
4. 在麥克森干涉儀中，若其中一個面鏡移動後，輸出平面上由最亮→最暗→最亮，共計六次，若波長爲 0.5 μm，則面鏡共移動了多少距離？
5. 某寬頻光波，其波長介於 $\lambda-\Delta\lambda \le \lambda \le \lambda+\Delta\lambda$，且 $\lambda = 0.5$ μm，$\Delta\lambda = 0.1$ μm，若共振腔長度爲 10 μm，則存在有多少個共振模態？
6. 二個波長分別爲 0.4 μm 及 0.5 μm 之光波同時做單狹縫繞射，若單狹縫寬 1 μm，透鏡焦距 10 cm，則其條紋間距各爲多少？又其第幾條亮紋正好又重疊在一起？
7. 某一合成波由兩個同向但波長不同之波所合成，其可表示爲 $U \propto \cos(k_p x)\sin(k_g x)$，且 $k_p = \dfrac{2\pi}{4.55}\ \text{cm}^{-1}$，$k_g = \dfrac{2\pi}{40}\ \text{cm}^{-1}$，求該二波之波長。
8. 假設瞳孔直徑爲 5 mm，對於紅色(λ = 0.64 μm)及藍色(λ = 0.48 μm)的條紋，當與眼睛相距爲 20 cm 時，眼睛的解析力各爲多少條／mm？
9. 某星球以 3×10^7 m/s 的速度，遠離地球，則由其發射波長爲 600 nm 之橙光在地球上看起來爲何種顏色？波長爲多少？若以同樣速度接近地球，情形又爲何？
10. 有三道光，其強度比分別爲 1：2：3，同調度比爲 $|\gamma_{12}|：|\gamma_{23}|：|\gamma_{13}| = 3：2：1$，則三道光所形成之干涉條紋中，其條紋之能見度 ν_{12}、ν_{23}、ν_{13} 之比值爲何？哪一組最清楚？
11. 某一光源用於麥克森干涉儀中，爲使干涉條紋清楚可見，經量測二個面鏡與半反射鏡之距離差最多不得超過 1 cm，若光源之中心波長爲 0.5 μm，則其頻寬最大爲何？
12. 某一透明固體對空氣之全反射臨界角爲 30°，則光由其進入空氣之布魯斯特角爲幾度？

13. 有一百萬道同調且初始相位相同的光波朝你射來，其頻率為 10^{16} Hz，而每道光波之間之頻率差皆為 10^{4} Hz，你的儀器會偵測到什樣的訊號？

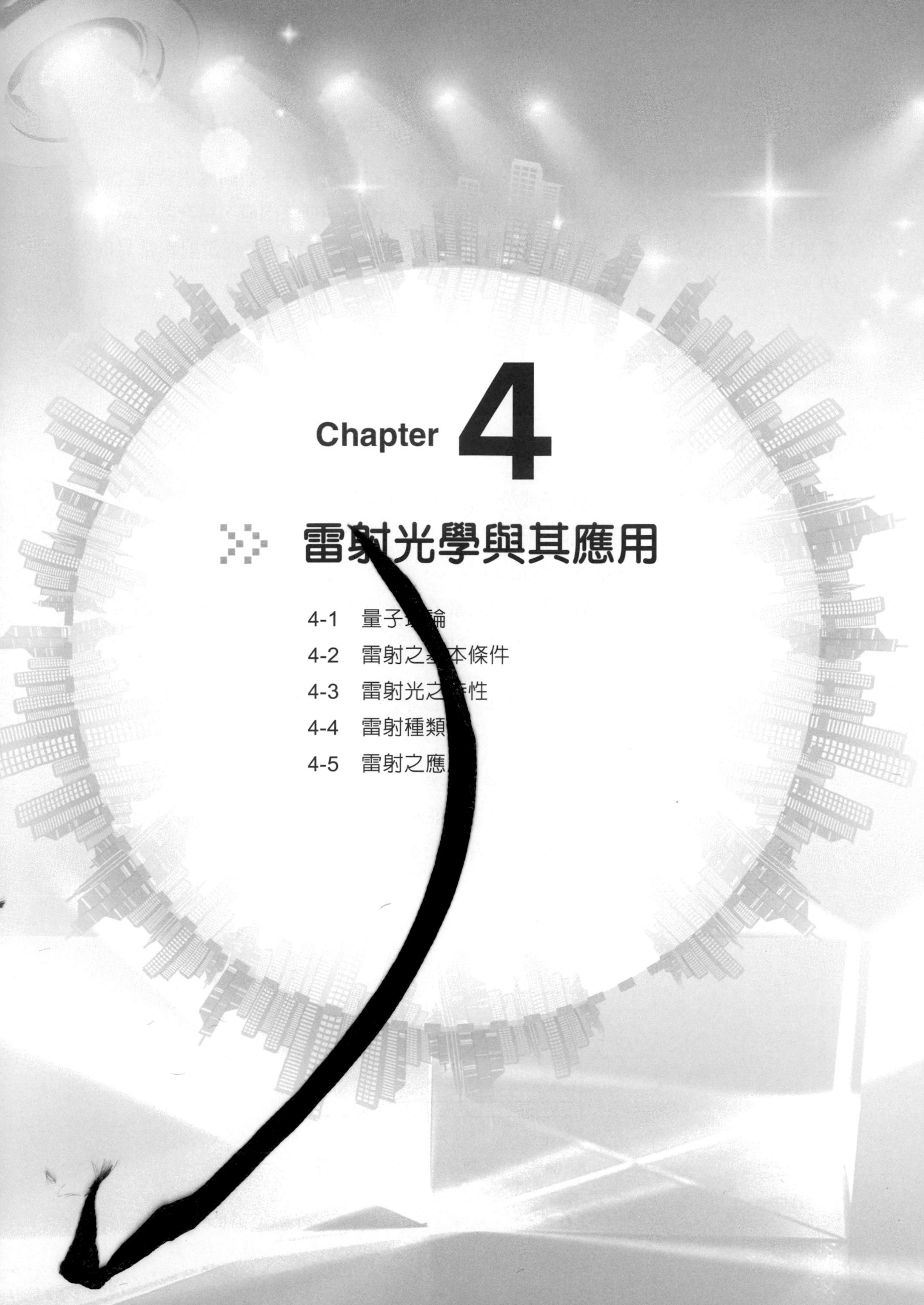

Chapter 4

雷射光學與其應用

近代的光電領域中，雷射扮演了一個舉足輕重的角色，許多新的應用皆建立在雷射的基礎上。本章所要探討的雷射原理及特性，是由量子理論出發，結合前二章之光學知識以求能深入淺出。另外本章後段也將探討現代最常見的幾種雷射與常見的應用。

4-1 量子理論

4-1.1 量子分佈

雷射是一種能量與物質(原子或分子)交互作用所得的一種光吸收與輻射效應。因此首先要先了解這些物質之能階的分佈。

1. 波茲曼分佈(Boltzmann Distribution)

   在稀薄的氣體中，假設該氣體之原子能階分別爲 E_1，E_2，⋯，則在溫度 T 之熱平衡下，某一個原子佔據能階 E_m 之機率爲

$$P(E_m) \propto \exp(-\frac{E_m}{k_B T}) \text{，} m = 1, 2, 3 \cdots \qquad (4\text{-}1)$$

(4-1)式即爲波茲曼分佈，k_B 爲波茲曼常數。

如圖 4-1 所示，在此熱平衡下，高能階之原子數會比低能階之數目來得少。現令 N_1 表在能階 E_1 的原子數，而 N_2 爲在 E_2 之原子數，則其比値爲

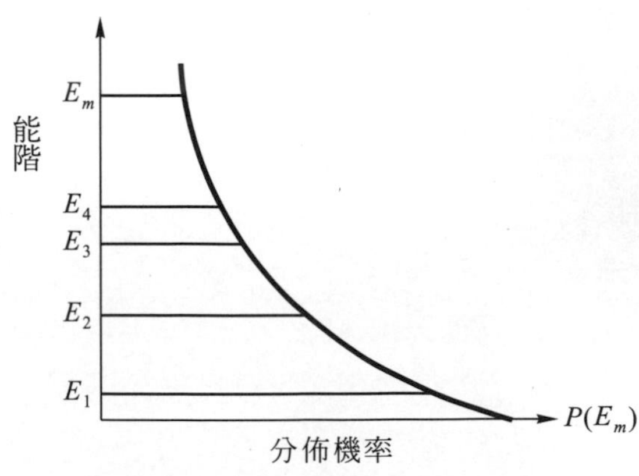

圖 4-1 不同能階之機率分布圖

$$\frac{N_2}{N_1}=\exp(-\frac{E_2-E_1}{k_BT}) \tag{4-2}$$

上述之比値與溫度有關，當溫度愈高時，會有較多的原子佔據高能階。而當在絕對零度時，$T=0°\text{K}$，所有的原子都會乖乖地留在最低的能階。

2. 費米-狄拉克分佈(Fermi-Dirac distribution)

在半導體中，由於原子緊密排列，因此必須用另外的法則來形容其量子分佈，由費米-狄拉克分佈可知在半導體中，能階 E 被佔據的機率爲

$$f(E)=\frac{1}{\exp(\frac{E-E_f}{k_BT})+1} \tag{4-3}$$

(4-3)式中，E_f 爲費米能量(Fermi Energy)。當某能階被佔據的機率爲 $\frac{1}{2}$ 時，則該能階之能量即爲費米能量。而當 $E>>E_f$ 時則其分佈將與波茲曼分佈近似

$$P(E)\propto\exp\left[-\frac{E-E_f}{k_BT}\right]$$

4-1.2　光與能階躍遷

由上一節可知，在一個熱平衡下，高能階之原子數會低於低能階的原子數。然而當原子受到外界的侵擾時，其能階會有移轉。以下將探討原子在與光交互作用時，其能階之躍遷與量子分佈之問題。

在 1916 年，愛因斯坦證實了光與物質之交互作用可以以三種基本過程來形容，他們分別是受激吸收(Stimulated Absorption)、受激輻射(Stimulated Emission)與瞬時輻射(Spontaneous Emission)，如圖 4-2 所示。上述這三種過程尤以受激輻射最爲重要，因爲這是雷射形成的必要因素之一。

如圖 4-2(a)所示的爲受激吸收，是發生在入射光之能量正好爲能階躍遷之能量差

$$h\nu=E_2-E_1 \tag{4-4}$$

當入射光被吸收後，處於低能階 E_1 之原子便躍遷至高能階 E_2。

如圖 4-2(b)所示的瞬時輻射，是發生在受激發之原子能階上。由於該能階之生命週期非常短，故該能階的原子會在受到激發後隨即以光能輻射而回到穩定之低能階。在此過程中，輻射的發生是瞬時而自然的，不需要外界的光能去刺激。

如圖 4-2(c)所示的是受激輻射，與瞬時輻射不同的是，其激態能階之生命週期長，不會自動放出能量以回到低能階，而是需要同樣能量的入射光來激發其輻射。這個現象由外界看起來如同入射光被放大一樣，因爲被誘導的輻射光與激發的入射光具有同調性，其能量、方向、初始相位及偏極化方向都一模一樣。

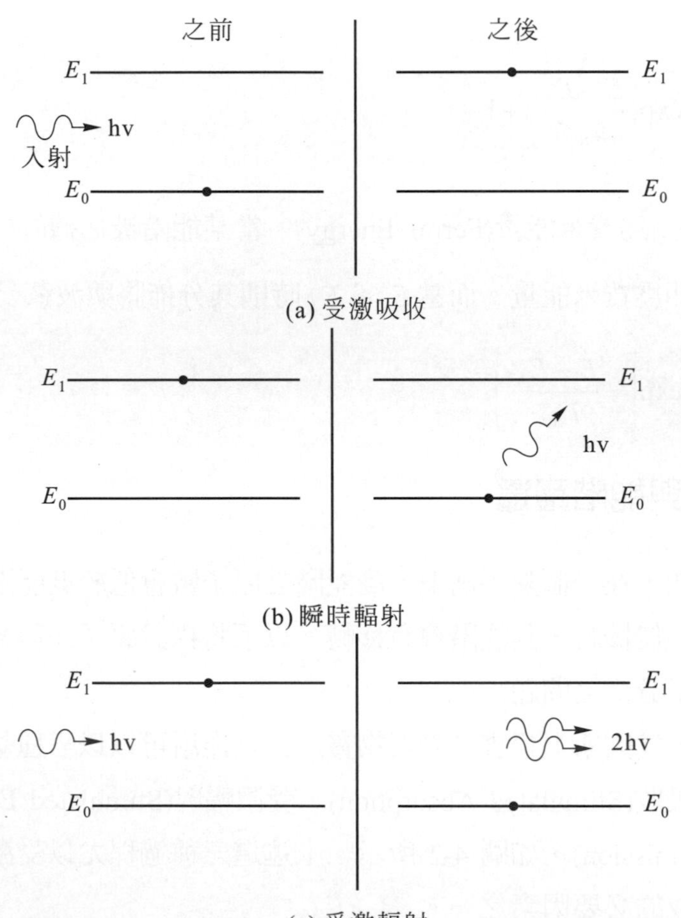

圖 4-2　光與物質的交互作用。(a)光子被吸收後原子發生能階躍遷；(b)原子受激瞬時輻射出光子，回到穩態；(c)原子受到同能量之光子激發，發生能階躍遷

4-1.3　愛因斯坦 *A* 與 *B* 係數

如圖 4-3，假設有二個能階 E_1 、 E_2 ，其存在之原子數爲 N_1 、 N_2 。瞬時輻射時，在 E_2 之原子數之減少比率爲 A_{21} ；在受激輻射時，N_2 減少比率爲 B_{21} ；在受激吸收時，N_1 之減少比率爲 B_{12} 。上述之 B_{12} 、 A_{21} 及 B_{21} 即爲愛因斯坦係數。其關係爲

$$\text{瞬時輻射：}(\frac{dN_2}{dt})_{sp} = -A_{21}N_2 \tag{4-5}$$

$$\text{受激輻射：}(\frac{dN_2}{dt})_{st} = -B_{21}N_2\rho(\nu) \tag{4-6}$$

$$\text{受激吸收：}(\frac{dN_1}{dt})_{st} = -B_{12}N_1\rho(\nu) \tag{4-7}$$

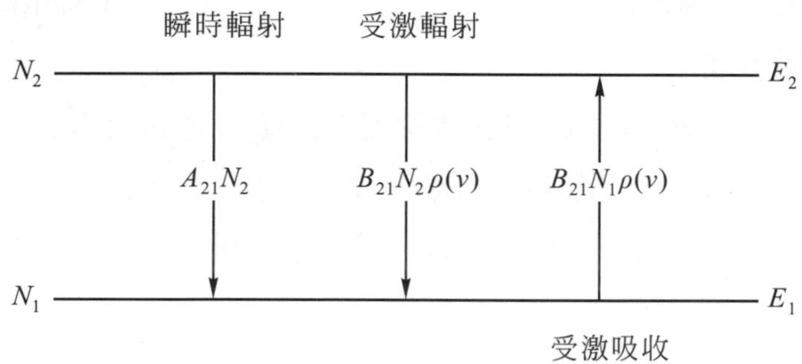

圖 4-3　不同型態之能階躍遷關係

上式中，$\rho(\nu)$ 表示在頻率爲 ν 時之光場密度。在處理上三式之前，愛因斯坦假設 N_1 、N_2 穩定且不隨時間改變並且維持熱平衡，同時也滿足波茲曼分佈。則 N_2 隨時間之變化率可寫成

$$\frac{dN_2}{dt} = 0 = N_1B_{12}\rho(\nu) - N_2B_{21}\rho(\nu) - N_2A_{21} \tag{4-8}$$

由黑體輻射之原理可知，在溫度 T 時，光場密度爲

$$\rho(\nu) = \frac{8\pi h\nu^3}{c^3}\frac{1}{e^{h\nu/k_BT}-1} \tag{4-9}$$

(4-5)式至(4-9)式經整理後，可得到下列的結果：

$$\frac{A_{21}}{B_{21}} = \frac{8\pi h\nu^3}{c^3} \tag{4-10}$$

且

$$B_{12} = B_{21} \tag{4-11}$$

由(4-10)式及(4-11)，我們可歸納出幾個重點：

1. 受激輻射與吸收具有相同的比率係數，但是 N_1 及 N_2 之變化率是不同的，取決於 N_1 及 N_2 之數量。當 $N_2 < N_1$ 時，吸收會多於輻射，因此對入射光而言，會造成衰減。而當 $N_2 > N_1$，這種違反波茲曼分佈的情形時，輻射會多於吸收，因而使得入射光被放大；這種情況，稱之爲數量反轉(Population Inversion)。若無數量反轉，則雷射不可能形成。
2. 由(4-10)式可知，因瞬時輻射與受激輻射之比值與光的頻率之三次方成正比。這顯示在高頻的輻射中，受激輻射的機率會比較小，也表示能發出高頻率或短波長光波之雷射並不容易製作。此項預言，在已近半世紀的雷射發展過程中完全被證實。

4-2 雷射之基本條件

雷射的英文 Laser 是取自於 Light Amplification by the Stimulated Emission of Radiation，其中文意思爲“經由受激輻射所造成的光放大”。這表示雷射的形成必須要有能產生受激輻射之介質。此外，外加能量是基本而必須的，如此才能提供源源不絕的光波輸出。爲了增強雷射光放大的倍數並改進其輸出頻率的單一性與指向性，必須有一個光學的共振腔。所以綜合上述，雷射的基本構成條件爲外加能量、適當的介質與光學共振腔，如圖 4-4 所示。以下依序分別討論之。

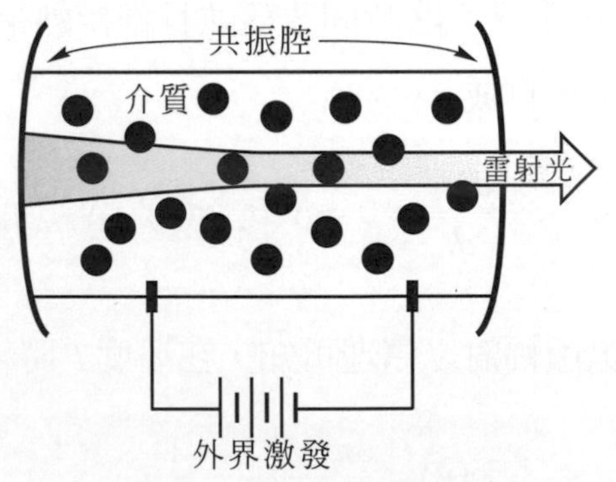

圖 4-4 雷射的基本構成條件

4-2.1 外加能量

造成可以受激輻射之原因是雷射介質具有在某二能階間之數量反轉。但可由(4-10)式了解，數量反轉所形成之受激輻射並非容易達成，因此雷射能量之消耗是相當可觀的。為了達到上述之目的，除了必須有外加能量外，其使用的方式也因介質而有所不同。包括有光激發、電激發和化學激發等方式。最常見的 He-Ne 雷射即是由電激發的，而世界首支雷射，固態之紅寶石雷射則是利用氙氣閃燈來持續不斷激發，如圖 4-5，這種光學式激發多用於固體與液態雷射上。

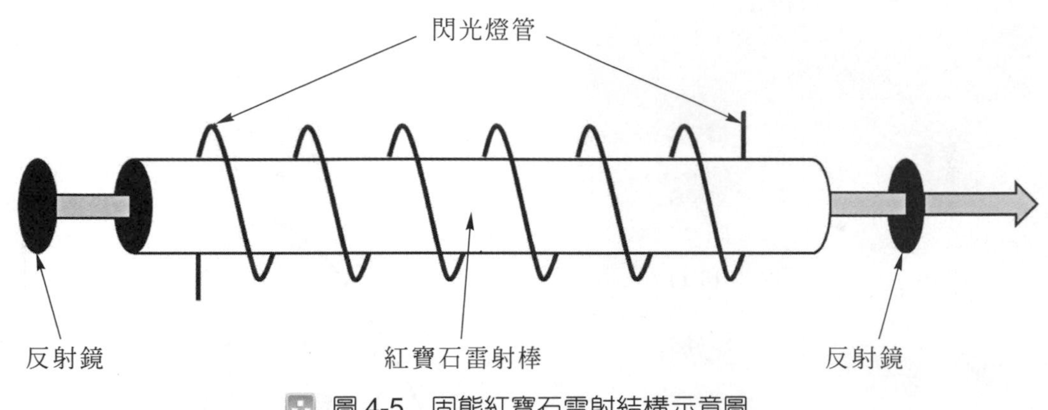

圖 4-5 固態紅寶石雷射結構示意圖

4-2.2 雷射介質

能產生雷射的介質到目前為止已多不勝舉，但是其基本原則便是具備有能產生數量反轉的能階。這些介質中較常見的有 He-Ne，氬離子，CO_2、Nd：YAG，紅寶石及III-V或II-VI之半導體。由於介質不同，因此其輻射之波長也各有不同，目前已知從紅外線至 x 射線皆有，各介質與波長之關係可參考表 4-1。

4-2.3 光學共振腔

光學共振腔最簡單的結構便是在雷射的兩端各加一反射鏡，使雷射光能在共振腔內反覆來回振盪。此裝置基本上是提供雷射光一個光學回授，使之能得到足夠的增益。兩端的反射鏡通常一邊的反射率是 100%，另一邊則略低於 100%，以提供一個輸出的窗口。

由於雷射光在輸出之前在此共振腔內反覆振盪，因此該兩塊反射鏡之幾何結構與分開距離對雷射光之空間特性與時域特性有極大的影響。前者之影響爲雷射光輸出的模態，如 TEM_{00} 表示爲最低階模態，圖 4-6 爲幾種雷射光之橫模，當雷射光在離軸方向振盪時，會形成高階的橫向模態。後者之影響爲選擇了共振頻率，使得雷射光之頻率由一連續頻譜變爲如梳子狀的分立頻譜，如圖 4-7 所示。而在強度的分佈上，雷射光是以高斯分佈，中心點最強，往外圍則以指數函數下降，如圖 4-8。圖 4-9 爲雷射共振腔之原子從吸收外加能量進而輻射與共振輸出之示意圖，可以很清楚地看出上述雷射形成之基本條件與作用。

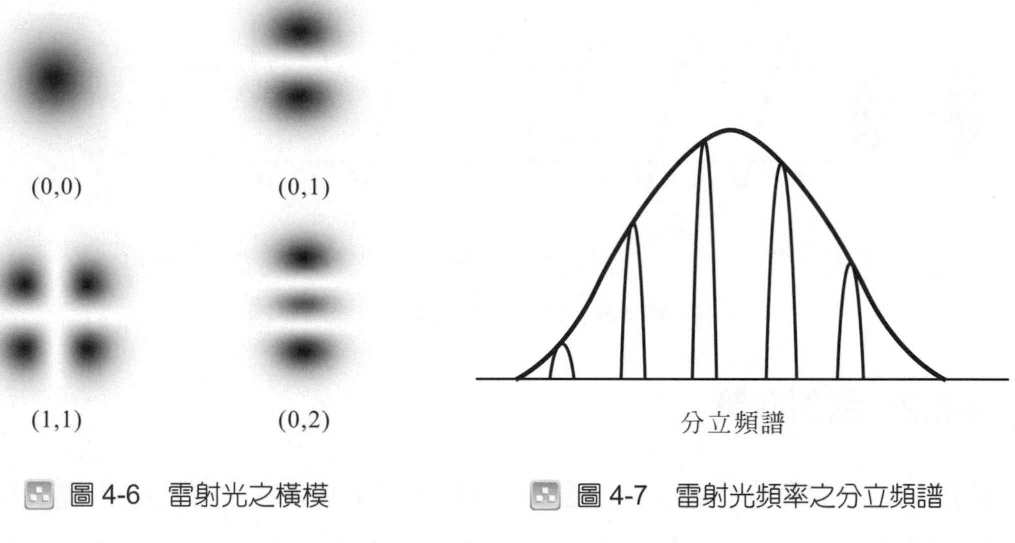

圖 4-6　雷射光之橫模

圖 4-7　雷射光頻率之分立頻譜

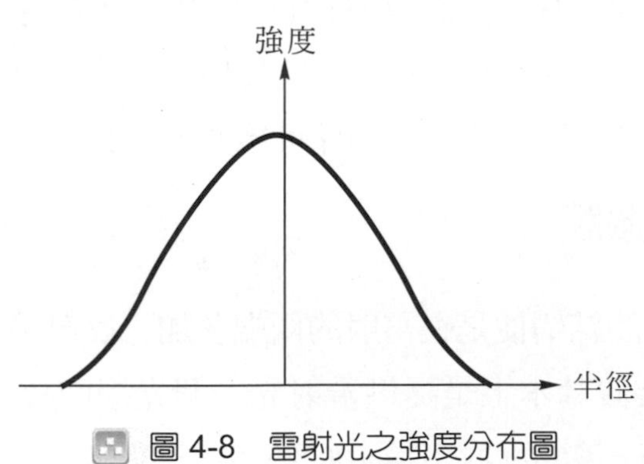

圖 4-8　雷射光之強度分布圖

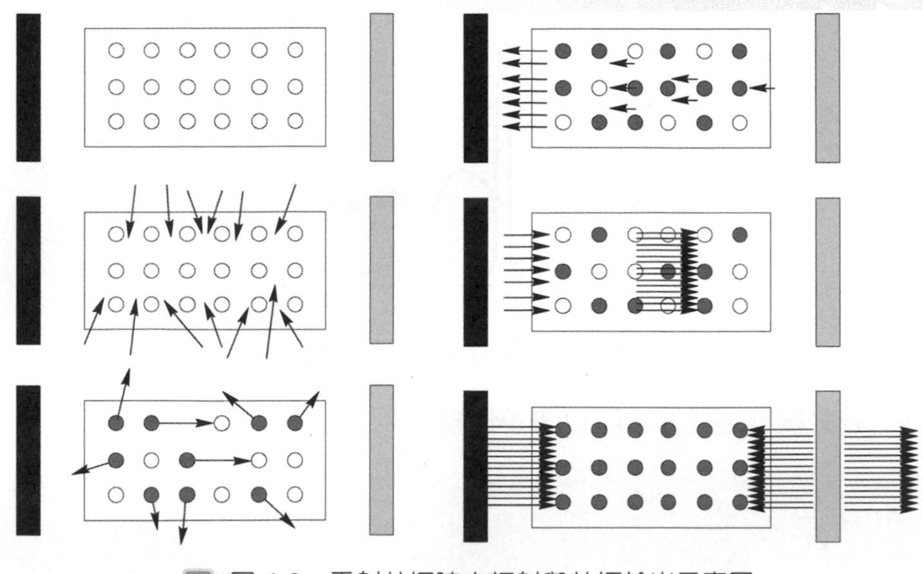

圖 4-9　雷射共振腔之輻射與共振輸出示意圖

4-3　雷射光之特性

雷射光的性質主要取決於介質本身及共振腔的條件，而其性質與一般光源所發生之光波具有極大的不同，如窄頻寬、高指向性、高強度與同調性等。以下將分別討論之。

4-3.1　窄頻寬

由上一章同調性的分析中，我們已了解沒有任何的發光器可發出完全單一頻率或波長的光波。而雷射無疑地是唯一能發出最近似單一頻率光波之光源。雷射的輻射光波是源自於受激輻射，其光波之能量等於兩獨立能階之差。照理說其相對應之頻率應爲單一，但是以氣體雷射爲例，因氣體分子彼此作高速之運動，所以輻射出之光波頻率受到都卜勒效應的影響而使頻寬變大，這個現象稱爲都卜勒增寬效應。雖然如此，由受激輻射所發出光波之頻寬仍遠較該雷射尚未啓動時由瞬時輻射所發出之光波之頻寬來得窄，如圖 4-10 所示。

由於雷射本身具有光學共振腔，其共振頻率必須滿足，

$$\nu_n = \frac{nc}{2\ell}\text{，}n = 1,\ 2,\ 3\cdots \qquad (4\text{-}12)$$

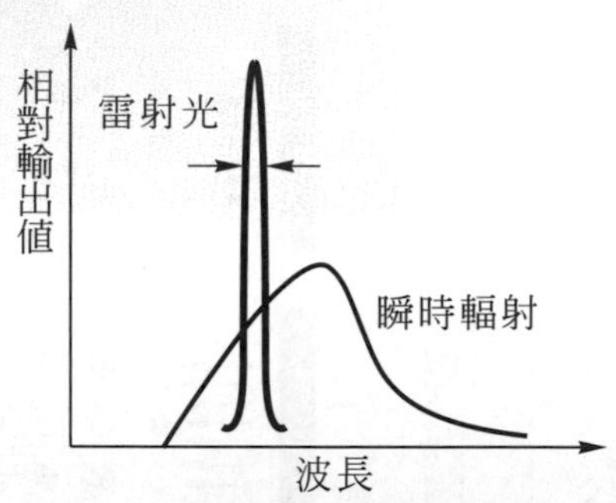

圖 4-10 受激輻射與瞬時輻射之頻寬

(4-12)式中 ℓ 表共振腔之長度，而 ν_n 表不同縱向模之頻率。其間隔爲

$$\Delta\nu = \frac{c}{2\ell} \tag{4-13}$$

因此，雷射光波是在其受激輻射之增益頻譜內一條一條以頻寬爲 $\Delta\nu$ 分開獨立之頻率。這些梳子狀的獨立頻率之頻寬更爲窄小。以 He-Ne 雷射爲例，如圖 4-11 所示，其受激輻射之增益頻譜，中心頻率爲 4.7×10^{10} Hz，頻寬爲 1400MHz，但是經過共振腔形成之縱向模之頻寬爲 1MHz，相當於窄了一千倍之多。

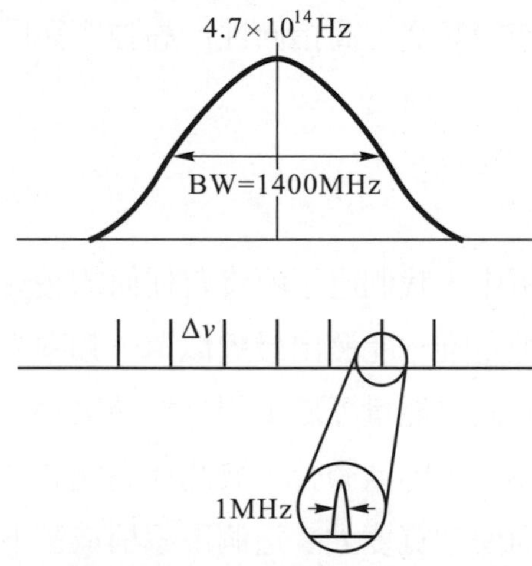

圖 4-11 受激輻射之增益頻譜

Example

He-Ne 雷射之增益頻譜頻寬為 1.4GHz，其共振腔長度為 0.5 m 時，則輸出之縱向模有幾個？又為使只有一個縱向模輸出，則其腔長必須滿足何條件？

解 (1)由(4-13)式

$$\Delta\nu = \frac{3\times10^8}{2\times0.5} = 3\times10^8\,\text{Hz}$$

其模態數目

$$n = \frac{1.4\text{G}}{0.3\text{G}} \cong 4\sim5$$

故約有 4 至 5 個縱模

(2)為使只有一個模態，即 $\Delta\nu > \text{BW} = 1.4\ \text{GHz}$

$$\Delta\nu = \frac{c}{2\ell} > 1.4\ \text{G}$$

$$\ell < 0.11\ \text{m}$$

所以共振腔長必須要短於 0.11 公尺。

4-3.1.1　單一縱模的輸出

由 4-3.1 所述及例題所示，雷射的輸出光波事實上是如梳子狀地由許多等頻率差之縱模所組成。然而為了某些應用上的需要，如光纖傳輸、全像攝影或其他對於頻率單一化要求較高的應用上，如能輸出單一縱模，則能獲得更佳的效果。為此，本單元將以氬離子雷射為例，對其在單一模態的輸出上作詳細的探討以使讀者能較深入地了解其使用的原理。

以下所介紹的氬離子雷射是由 Coherent 公司所生產的 Innova 90-5 型雷射。為達到單一縱模輸出，其使用了三種操作原理如下：

1. 單色光濾出：在 Innova 90-5 的雷射輸出上，可有多色光輸出。其可將該介質在激發過程中，獲得超過臨界增益的幾道色光同時輸出，其波長從至 457 nm 起，共約有 8 條色光。因此，為達成目標，第一步便需先將其他不需要的色光濾除。所使用的方法便是在某個反射鏡前，加裝一個三稜鏡。利用稜鏡色散的原理，使不同的色光在通過稜鏡後會彼此偏離，此時若調整稜鏡或反射鏡的角度便可選擇使某一色光得以反射回去而達成共振，其餘的色光便因無法反射回去而被消除。

Innova 90-5 氬離子雷射可以經由旋鈕而選擇輸出波長，如 514.5 nm 或 488 nm，其原理在此。

2. 梳狀多模態之輸出：由前所述，我們已知共振腔會造成等頻率間距之多模態輸出，其輸出的模態數量與共振腔長，該頻率之增益頻寬有關係。由例題我們已知可藉由縮短共振腔長來選擇單模輸出，但如此同時會降低增益的作用尺度，因此並非是一個適當的方式。
3. 單模態輸出：最常使用的單模態的輸出方式是在共振腔內或腔外再形成另一個共振腔，利用兩者之交集以取得單一共振模態的輸出。在 Innova 90-5 雷射中所使用的方式即在共振腔中加入一個易特龍(Etalon)共振腔，或稱為費比-拍若(Fabry-Perot)共振腔。

費比-拍若共振腔是由兩個高度平行之高品質半反射鏡所組成，其原理類似雷射的兩個反射鏡，而其共振腔長度的變化會影響到共振的頻率。因此藉由對該共振腔長度的控制便可選擇不同的共振頻率。在 Innova 90-5 雷射中，使用的易特龍共振腔之腔長是藉由溫度來控制。在開機之後，溫度控制器會將易特龍共振腔之溫度提昇至室溫以上，再藉由精密的溫度控制器，可將輸出頻率控制在相當窄的範圍之內，即可達到單一模態的輸出。圖 4-12 為上三種操作之示意圖。

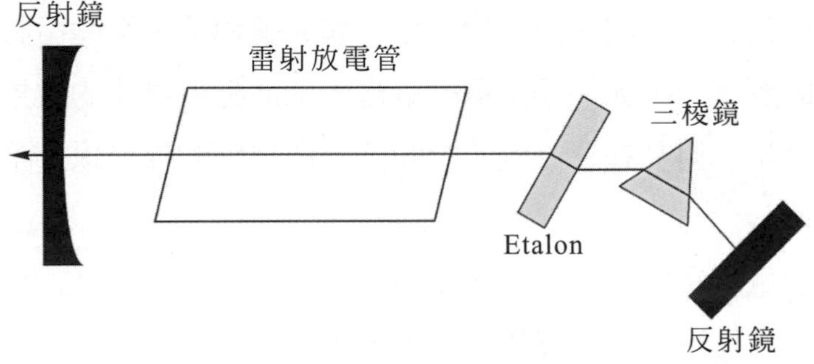

圖 4-12　單一縱模輸出之三種操作示意圖

Example

氬離子雷射使用石英玻璃所製之易特龍共振腔，若其頻率偏移對溫度改變的比率為 5×10^9 Hz/℃，則當輸出頻率偏移量被要求在 50 MHz 時，則溫度控制之精確度為何？

解

$$\Delta t \le \frac{\Delta \nu}{5\times10^9\,\text{Hz}/^\circ\text{C}} = \frac{50\times10^6}{5\times10^9}\,^\circ\text{C} = 0.01^\circ\text{C}$$

此精確度在今日的溫控上可輕易達到。

4-3.2 指向性

雷射光最明顯的一個特性就是指向性特別的高。相較於一般的傳統光源，雷射光束的發散角非常小，如圖 4-13 所示，發散角之大小與雷射光束之波長與光腰之直徑 D 有關，可表示如下：

$$\phi = \frac{1.27}{D}\lambda \tag{4-14}$$

(4-14)式恰可鑑別之角與(4-15)式極為相似。

$$2\theta_R = \frac{2.44}{D}\lambda \tag{4-15}$$

在(4-15)式中，$2\theta_R$ 代表的是遠場繞射時光束由孔徑至輸出平面之中央亮帶所張開的角度。上二式之所以相似是因為在雷射共振腔內，雷射光在輸出之前是經過多次反射而成，因此，其輸出就像是一個遠場繞射的結果，而其光腰的大小相當於等效的繞射孔徑。由於雷射光之光腰可由共振腔的兩個光反射鏡之曲率來決定，若波長亦可改變的話，則其光束之發散角也可由此二者來控制。以一個典型 He-Ne 雷射而言，其光腰大小約為 0.5 mm，波長為 0.6328μm，則其發散角為1.6×10^{-3} radion，也就是該光束在每傳輸 100 公尺遠，其寬度會加大 1.6 公分，可見其指向性之高。

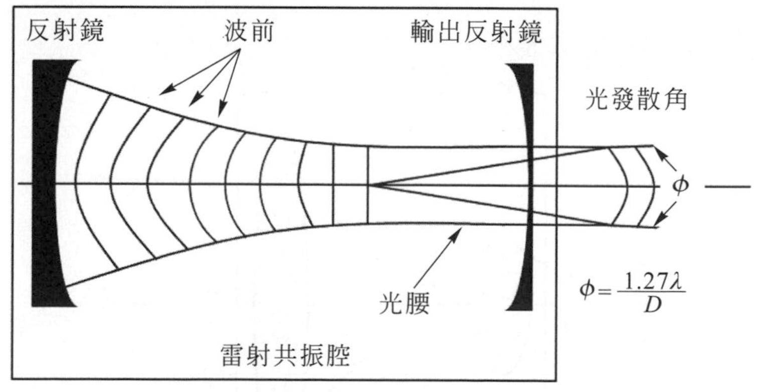

圖 4-13　雷射共振腔與發散角示意圖

雷射光之發散角與光腰大小除可由雷射本身設計參數之改變來控制外，更簡單的是可以由外加之透鏡來改變。如圖 4-14 所示，若以一透鏡將該雷射聚焦，則假設該透鏡在繞射極限的情形下，其聚焦點之大小可表為

$$d \cong f\phi \tag{4-16}$$

由(4-16)式，我們可以很簡單地估算出聚焦點之大小，假設透鏡之焦距為 10 公分，而雷射光的發散角為10^{-3} radion，則聚焦點之大小約為 10 μm。

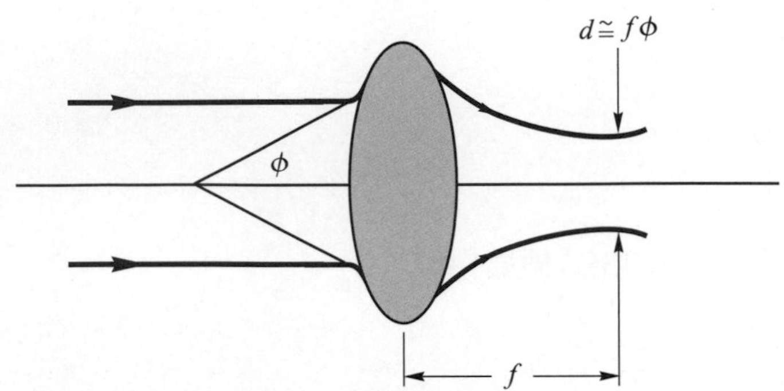

圖 4-14　雷射光通過繞射極限之透鏡聚焦點大小

(4-16)式也可看出既然光腰的大小可藉由透鏡來改變，那麼經由類似的方式也可改變發散角。如圖 4-15，當使用兩透鏡，而其距離正好等於兩焦距之和時，除了可將雷射光擴束外也同時改變了其發散角，其關係為

$$\frac{f_2}{f_1} = \frac{W_2}{W_1} = \frac{\phi_1}{\phi_2} = R_{be} \tag{4-17}$$

R_{be} 稱為擴束比(Beam Expansion Ratio)。因此，我們可藉由外加之透鏡組合將雷射光之光束寬度與發散角調至所需之大小。

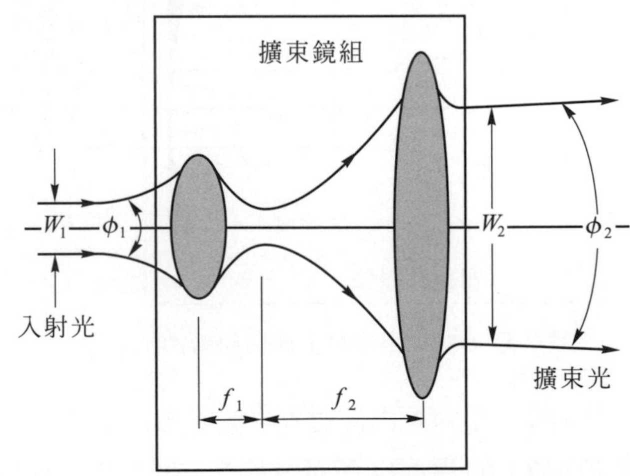

圖 4-15　雷射光經擴束鏡組之光束寬度及發散角大小關係圖

4-3.3　高強度

雷射光由於具有相當小的發散角，因此其輸出之光強度會較一般光源大許多。假設現有一寬頻之熱光源，其面積爲 $2\times10^{-3}\text{cm}^2$ ，直徑爲 0.5 mm，其中心波長與 He-Ne 雷射同爲 0.6328μm，且波長寬度爲 100 nm，在1000°K 的溫度下，可算出其每秒會發射出 10^9 個光子。若其發射之立體角爲 2π sr (即半個面)，則此光源在 2×10^{-6}sr 之立體角中，其每秒流通之光子數爲 320 個。比較一具低功率之 1 mW 的 He-Ne 雷射，其光腰同爲 0.5 mm，發散角正好爲 2×10^{-6}sr 之立體角，則其每秒流通之光子數爲 10^{16} 個。由此可知雷射光的確具有一般光源難以匹敵之高強度特性，但這並非代表雷射光之總輸出功率或總輸出能量就很大，而是因爲雷射光具有很高之指向性，雖然總能量不高，但因都聚在很小的面積當中，因此，其單位面積之光子數大大地超過一般光源，甚至於比太陽更高。所以，當人的眼睛直視一般光源，頂多是刺眼，直視太陽一下子也許就很不舒服，但若是被 1 mW 的雷射光直接射入，則有可能會導致眼睛中該入射點的永久失明。

4-3.4　高斯分佈

由於雷射光在輸出之前已在共振腔內經過多次之來回反射，所以其輸出光之強度分佈爲一特別的形式，即爲高斯分佈，我們可以將之表示如下：

$$I(\rho,z)=I_0\left[\frac{W_0}{W(z)}\right]^2\exp\left[-\frac{2\rho^2}{W^2(z)}\right] \tag{4-18}$$

(4-18)式中

$$\rho=(x+y)^{1/2} \tag{4-19}$$

$$W_0=(\frac{\lambda z_0}{\pi})^{1/2} \tag{4-20}$$

$$W(z)=W_0\left[1+(\frac{z}{z_0})^2\right]^{1/2} \tag{4-21}$$

其中I_0與z_0為由該雷射邊界條件所決定之參數。(4-18)式中可看出雷射光在橫向上之分佈為高斯分佈。若我們只看雷射光在軸向上(即$\rho = 0$)之光強度分佈，可以將(4-18)式簡化為

$$I(0,z) = I_0\left[\frac{W_0}{W(z)}\right]^2 = \frac{I_0}{1+(z/z_0)^2} \tag{4-22}$$

我們可以發現在軸向上的光強度會隨著傳播距離之增長而減小，當$z >> z_0$，(4-22)式可簡化為

$$I(0,z >> z_0) = \frac{I_0 {z_0}^2}{z^2} \tag{4-23}$$

則光強度與傳播距離之平方成反比，此特性與球面波是一樣的。圖 4-16 為根據(4-22)式之作圖。

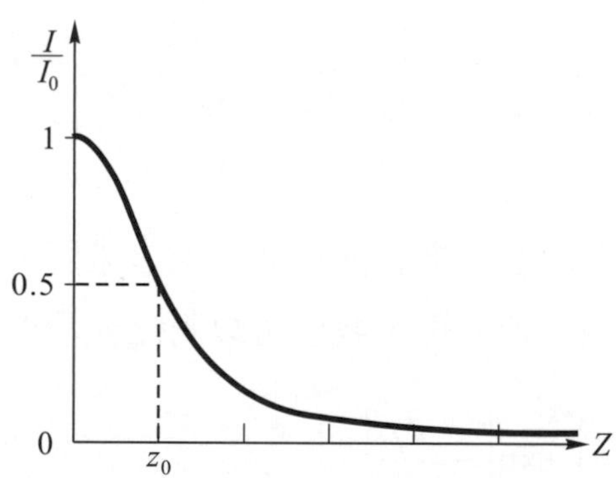

圖 4-16　光強度與傳播距離關係圖

4-4　雷射種類

雷射發展至今，被發表之種類已多不勝數，依歸類可分為固態雷射、氣態雷射、液態雷射與半導體雷射等。由於半導體雷射近年來發展非常迅速，應用也漸廣泛而重要，因此特別將之留至下一章再作詳細的介紹，其他較具代表性的雷射則於本章作較深入的介紹。表 4-1 是幾種常見且具代表性的雷射。

表 4-1　具代表性之雷射及其特性

名稱	型態	波長	可達輸出能量或功率	輸出型式	效率
C^{6+}	電漿	18.2nm	2mJ	脈衝	10^{-5} %
KrF 準分子	氣態	248nm	500mJ	脈衝	< 1%
N_2	氣態	337nm	300mW	脈衝	< 0.1%
He-Cd	氣態	325mm；442nm	40mW	連續	0.1%
Ar 離子	氣態	488nm；514.5nm	20W	連續	< 0.1%
染料	液態	400~900nm	800mW	脈衝或連續	10～20%
He-Ne	氣態	632.8nm	80mW	連續	0.1%
紅寶石	固態	694nm	500mW	連續	0.5%
GaAs	半導體	780~900nm	40mW	連續	20%
Ti^{3+}：Al_2O_3	固態	0.66~1.18μm	5J	脈衝	0.1%
Nd^{3+}：YAG	固態	1.064μm	600W	連續	< 2%
CO_2	氣態	10.6μm	10^3W	連續	< 15%

本欄所列僅供參考，非絕對之參數。

4-4.1　紅寶石雷射

紅寶石雷射是第一個被發表的雷射。其介質為在氧化鋁中摻雜鉻離子 Cr^{3+}以取代部分鋁離子的位置。其能階轉移為三階型式如圖 4-17。其中能階一為基態，而能階二則包括兩個緊密的分立能階，其中較低的能階轉移至基態時可放出 694.3nm 之波長，亦即紅寶石雷射之輸出波長。能階三則由兩組中心波長各為 400nm(紫色)與 550nm(綠色)之能帶所構成，這兩個吸收能階也是造成紅寶石看起來呈粉紅色之原因。本雷射之泵浦方式可見圖 4-5，當介質受到泵浦光之輻射時，鉻離子會躍遷至能階三，然後在瞬間(約為10^{-12} 秒)又由能階三再轉移到能階

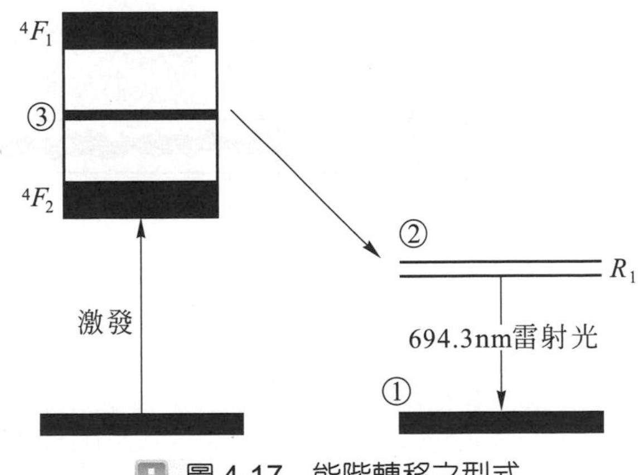

圖 4-17　能階轉移之型式

二，由於在能階二之半衰期長至 3×10^{-3} 秒，因此數量反轉即於能階二與能階一之間達成。

4-4.2 氦氖雷射

氦氖雷射是第一個被發明之氣體雷射，由於波長為紅色，不刺眼，加上體積小，重量輕及維護容易，在過去被大量使用於教學、光學量測與光資訊應用上，但近來有被半導體雷射取代之趨勢。氦氖雷射之結構圖如圖 4-18 所示，圖中之布魯斯特窗的原理可參考 1-7.2 節。氦氖雷射之所以需要兩種混合氣體的原因是氦原子之 2^1S 及 2^3S 有較大泵浦吸收效率，而且其能階又與氖原子之 $3S$ 及 $2S$ 能階帶相當接近，如圖 4-19。因而很容易由互相碰撞而將能階轉移至氖原子。由於在 $3S$ 及 $2S$ 能帶至 $3P$ 與 $2P$ 之能帶可形成數量反轉，因此，在此區之能階移轉即可產生雷射光。因為能階移轉不為單一，故可產生之雷射光波長也不唯一，共有 3.39μm、632.8nm 及 1.15μm 等三個波長，其中 632.8nm 為紅色光。由於可見光之應用範圍較廣，因此在設計上會將 3.39μm 及 1.15μm 之雷射光消除以增加 632.8nm 之紅光的輸出效率。常見的方式是選擇窄頻寬之反射鏡以濾掉其它不要的雷射光。

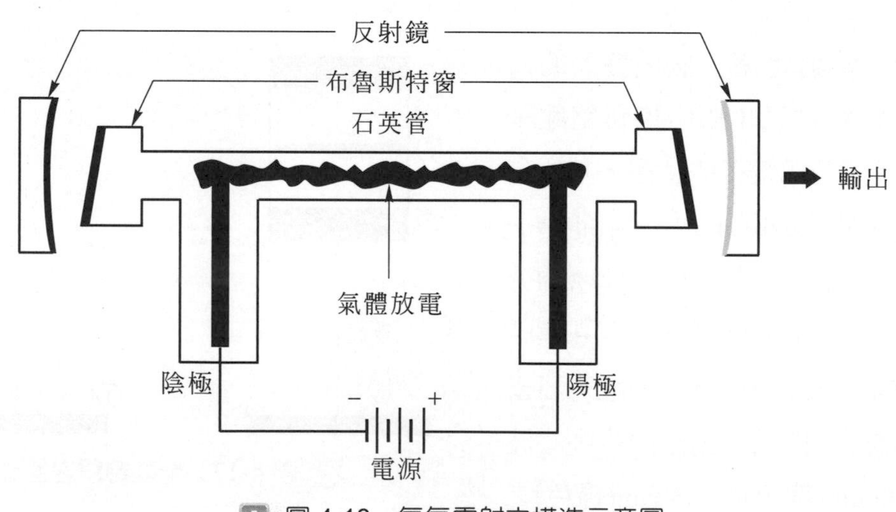

圖 4-18　氦氖雷射之構造示意圖

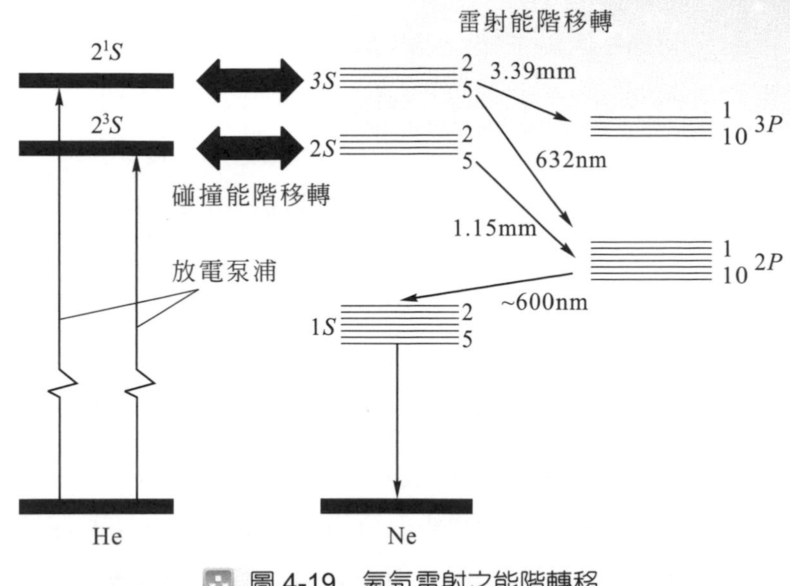

圖 4-19　氦氖雷射之能階轉移

4-4.3　染料雷射

染料雷射之介質爲用來染衣服之有機染料，由於是液態，其電子能階因分子之振動與轉動而變爲一能帶，雷射光發生之能階轉移是發生於能帶與能帶之間，因此，雷射光之波長分佈爲一連續帶，所以可藉由調變而選擇輸出波長。由於染料之吸收帶與發光帶幾乎皆位於可見光區，因此染料雷射之輸出波長亦在可見光區內，而泵浦光源選擇藍紫光或近紫外光區之雷射。以可調變之 Rhodamine-6G 染料雷射爲例，通常是以氬離子雷射來泵浦，其輸出雷射光波長可在 560nm 至 640nm 之間調變。若要使輸出波長涵蓋較大之範圍，則可藉由更換染料種類及調整共振腔來達成。

4-5　雷射之應用

由於雷射光具有波長高純度性、同調性、指向性與高強度性等，使得雷射之應用愈來愈廣泛，以下將依其特性與相關應用分別作一個簡單的介紹。

1. 窄頻寬：由於雷射光之波長具有窄頻寬的性質，又加上雷射光之頻率較一般無線電通信之電磁波高出許多，因此以雷射爲光源之光纖通信便具有高容量之特性。在此部分半導體雷射扮演重要角色。

2. 同調性：雷射光的高度同調性使得干涉系統的光源不再難求。由於干涉條紋具有高度之穩定性，因而容易被記錄於物質內，而衍生出全像術的發展，信用卡右下方之雷射仿僞標籤即爲其產物。除此之外，尚發展出干涉量測術與即時性的光學資訊處理，甚至可藉由雷射光在晶體內的干涉而將大量複雜的圖形記錄於晶體之中。此部分之應用以氬離子雷射與氦氖雷射爲主。
3. 指向性：雷射光之高度指向性使得雷射光就像是一根無限延伸的指揮棒。目前在市面上已可見到雷射指示器便是本性質之最佳代表產品；另外雷射印表機中以雷射來作掃瞄亦是本特性最好的發揮。在軍事上，雷射光之指向性也使得雷射可用於雷射雷達，雷射導引炸彈、雷射測距與雷射武器之產品。
4. 高強度性：雷射光的高強度性使得雷射可用於特殊物體之切割或燒焊。較常見的有二氧化碳雷射切割機、雷射手術刀與發展中之雷射核融合。

除了上述之應用外，雷射光尚可應用於光譜學之研究、雷射顯示器、雷射醫療與雷射藝術等。隨著科技之發展與雷射之積體化，未來之發展將無可限量。

習題

1. 試述雷射光之特性。
2. 試述雷射形成的必要條件。
3. 雷射的泵浦方式有哪幾種？
4. 某固態雷射之增益頻譜頻寬爲 2GHz，若其折射率 $n = 2.5$，且輸出縱向模數有 10 個，則其共振腔長度爲何？
5. 某雷射輸出光之發散角爲 2°，且光腰爲 1mm，若經由擴束比爲 5 的透鏡組之後，其發散角與光腰各變爲多少？
6. 試述氬離子雷射單一縱模輸出的操作原理。

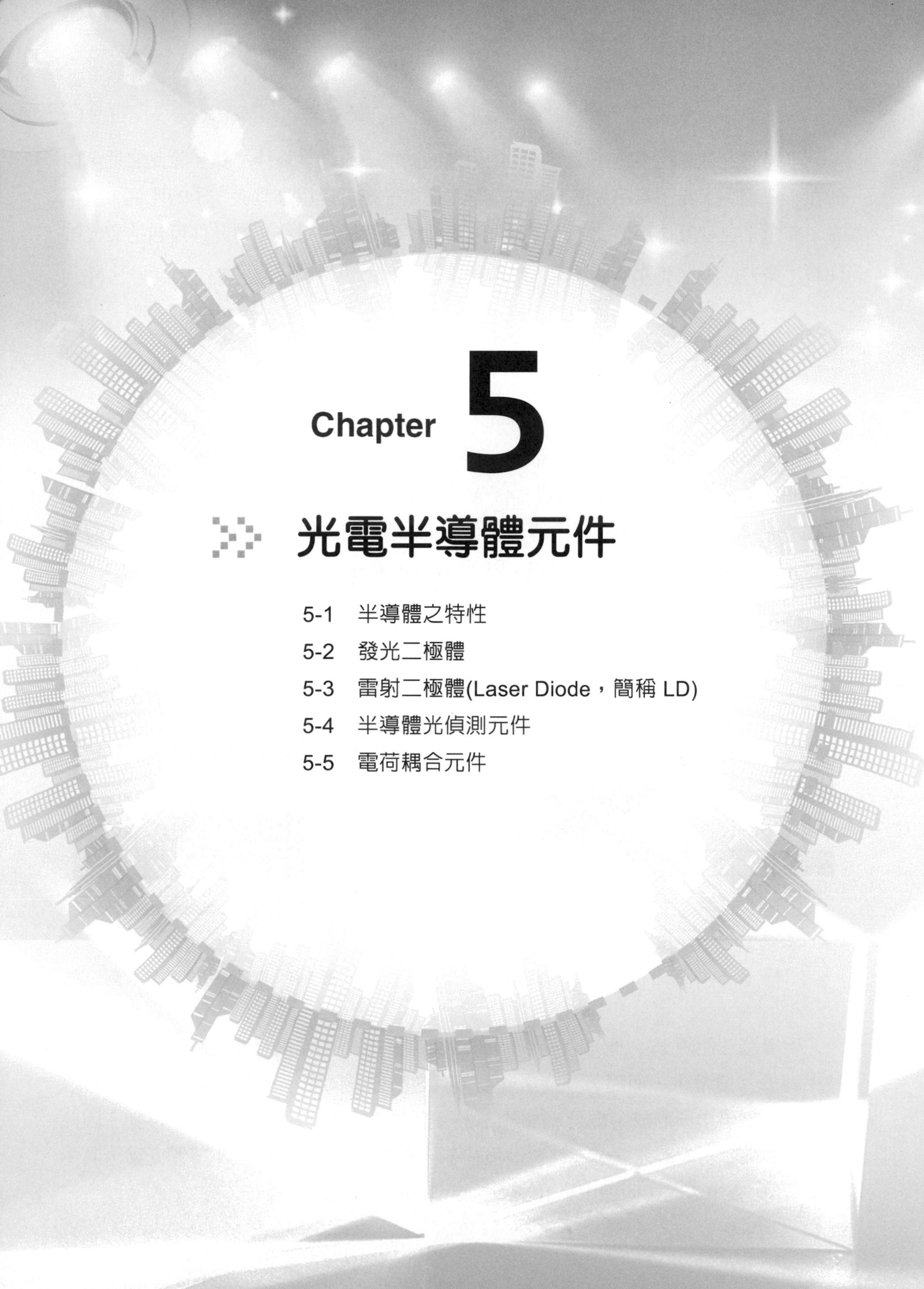

Chapter 5

光電半導體元件

半導體元件是現今電子工程技術中用來控制電子流動之最佳工具。除此之外，由於在半導體中，光子可用來激發傳導電子，而電子亦可以用來激發光子的產生，這種光子與電子之交互作用促使了半導體之光電元件的發展。這些光電元件可包括發光二極體，雷射二極體、光偵測器及太陽能電池等。以下將依序探討之。

5-1 半導體之特性

在半導體中，由於原子之緊密排列，原本在單獨原子中分開獨立的能階變成由許多緊密能階組成的兩個分開的能帶。如圖 5-1 所示，當兩相鄰矽原子被拉近至形成其鑽石晶格(Diamond Lattice)之距離 5.43 Å 時，兩獨立能階由變成一連續能帶至變成二個獨立能帶。上面的能帶稱為傳導帶(Conduction Band)，而下面能帶則為共價帶(Valence Band)，其間之距離 E_g 則稱為能隙(Band Gap)。

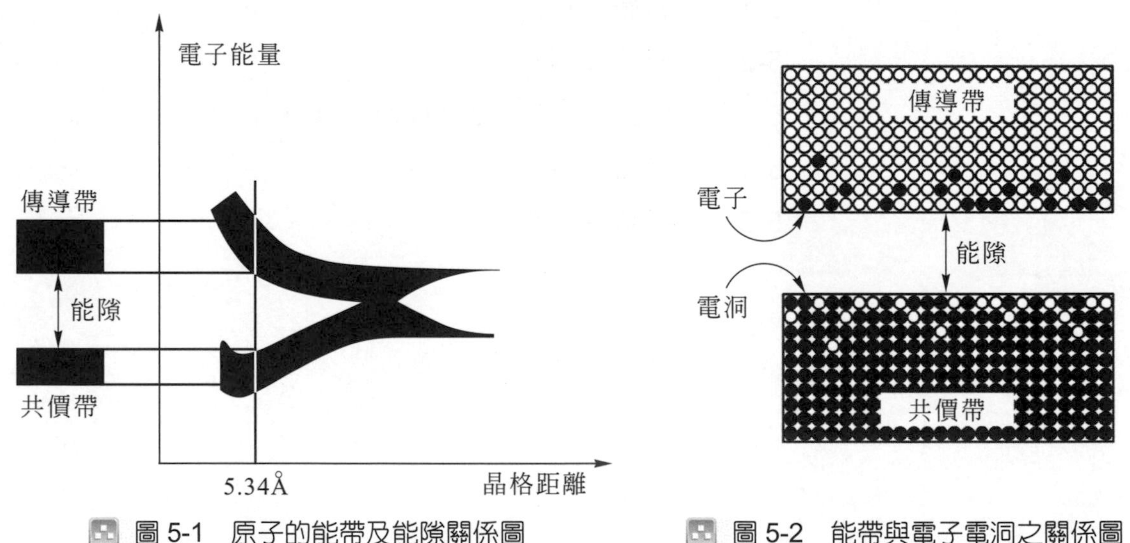

圖 5-1 原子的能帶及能隙關係圖

圖 5-2 能帶與電子電洞之關係圖

半導體之能隙 E_g 大概是介於 0.1～3 eV 之間，在絕對溫度為 0°K 時，所有的電子被束縛於共價帶中，而隨著溫度之升高，有愈來愈多的電子因熱激發而躍升至傳導帶，在共價帶中則形成了電洞，如圖 5-2。電子與電洞皆可因外加電場而移動，因此當溫度升高時，半導體之導電性會增強許多。表 5-1 為週期表中之半導體元素，其中由第 III-V 族半導體，同理由第 II 與 VI 族可組成 II-VI 族半導體。

表 5-1　週期表中之半導體元素

II	III	IV	V	VI
	Al	Si	P	S
Zn	Ga	Ge	As	Se
Cd	In		Sb	Te
Hg				

表 5-2　半導體之特性

名稱	能隙(eV)	型式	相對波長(μm)
InSb	0.73	直接	7.3
InAs	0.36	直接	3.5
Ge	0.66	間接	1.88
GaSb	0.73	直接	1.7
Si	1.11	間接	1.15
InP	1.35	直接	0.92
GaAs	1.42	直接	0.87
AlSb	1.58	間接	0.75
AlAs	2.16	間接	0.57
GaP	2.26	間接	0.55
AlP	2.45	間接	0.52

5-1.1　直接與間接能隙

在自由空間中，自由電子之動量可表爲

$$E = \frac{P^2}{2m} \tag{5-1}$$

(5-1)式中，E 爲能量，P 爲動量，m 爲質量。然而在半導體之晶格中，由於晶格之位能的影響，(5-1)式將改寫爲

$$E = \frac{P_c^{\,2}}{2m_e} \tag{5-2}$$

P_c 爲晶體動量，而 m_e 爲等效電子(或電洞)之質量。圖 5-3 爲矽(Si)與砷化鎵(GaAs)之能量與晶格動量關係圖。由該圖可發現在 Si 中，傳導帶之最低能量與共價帶之最高能量分別具有不同之晶體動量，此種情形稱爲非直接能隙(Indirect Gap)；相對地，在 GaAs 中，傳導帶之最低能量與共價帶之最高能量則具有相同之晶體動量，此稱爲直接能隙(Direct Gap)。在非直接能隙的情形下，電子在共價帶與傳導帶之能隙轉移時，必須伴隨著晶體動量的改變，這種情形使得具有非直接能隙的半導體材料無法直接用來製作高效率之發光元件。

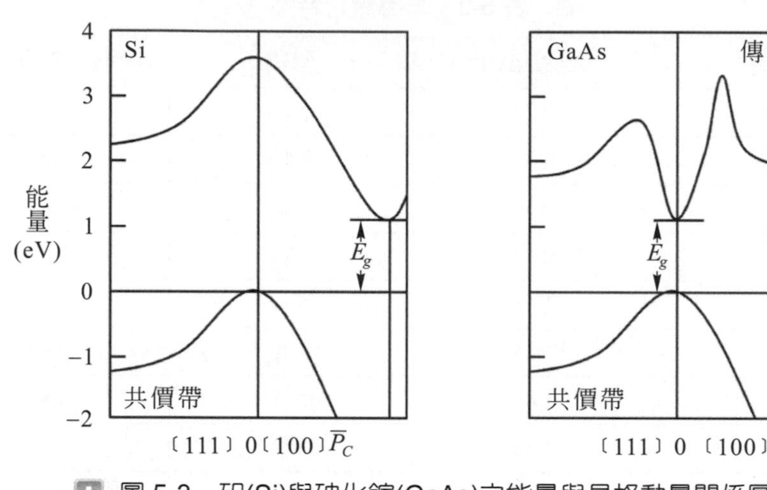

圖 5-3 矽(Si)與砷化鎵(GaAs)之能量與晶格動量關係圖

5-1.2 掺雜半導體

在半導體中，若將第 III 或第 V 族的半導體以雜質的型式摻入第 IV 族的半導體中，則該半導體稱爲摻雜半導體(Doped Semiconductor)；反之，無任何摻雜之半導體者稱爲純質半導體(Intrinsic Semiconductor)。以矽爲例，若在矽中摻入少量之砷原子，則每個砷原子之四個電子會分別與鄰近四個矽原子之電子形成共價鍵，留下第五個電子便成爲傳導電子，此時砷原子便是供給者(Donor)，而此摻雜半導體則形成 n 型半導體。若將硼原子摻入矽中，則硼原子的三個原子與三個矽原子形成共價鍵後。第四個鄰近之矽原子將空留一個電洞，硼原子在此稱爲接受者(Acceptor)，而此半導體則爲 p 型。在純質半導體中，電子與電洞的濃度皆相等，即 $n = p \equiv n_i$，此處 n 爲電子濃度，p 爲電洞濃度。然而摻雜半導體中，電子濃度與電洞濃度不再相同，若以 N_A 表接受者之濃度，N_D 爲供給者濃度，則在電中性的原則下

$$n + N_A = p + N_D \tag{5-3}$$

在 n 型半導體中，因 $N_D \gg N_A$，因此 $n \gg p$；同理在 p 型半導體中 $N_A \gg N_D$，因此 $p \gg n$。但無論半導體為 n 型或 p 型，皆遵守質量作用定率(Mass Action Law)，即

$$np = n_i^2 \tag{5-4}$$

(5-4)式可用來計算摻雜半導體中電子與電洞之濃度。以一 n 型之半導體為例。$n \cong N_D$，則由(5-4)式可知電洞之濃度為 $p = \dfrac{n_i^2}{N_D}$。

5-1.3　費米能量

為了了解電子與電洞之分佈與能量的關係，經由統計力學可導出在某能階視能量為 E 時被電子所佔據之機率為 $f(E)$，則 $f(E)$ 可表為

$$f(E) = \frac{1}{\exp\left[\dfrac{(E-E_f)}{k_B T}\right]+1}, \tag{5-5}$$

而 $1-f(E)$ 即電洞之分佈。(5-5)式顯示，在絕對溫度為 T 時，電子在 $E = E_f$ 之能階的機率為 $\dfrac{1}{2}$，此 E_f 即為費米能量(Fermi Energy)。在一個純質半導體中，由於電子與電洞之濃度相同，因此費米能量將等於 $\dfrac{1}{2}E_g$，而費米能階正好位於傳導帶與共價帶之中間如圖 5-4 所示。

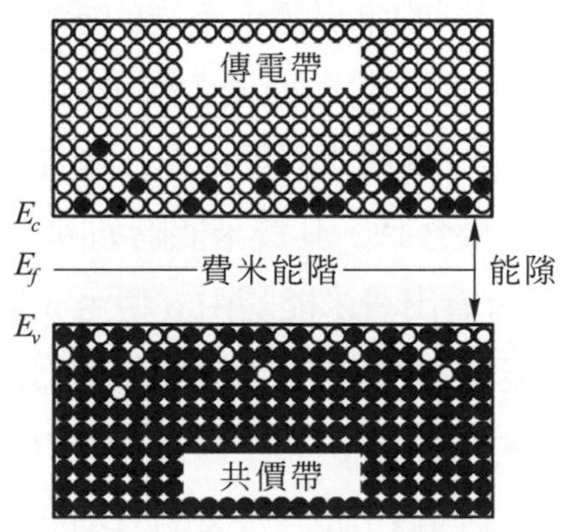

圖 5-4　費米能階與能帶之關係圖

在一個 n 型半導體中，由於電子濃度遠甚於電洞，因此費米能階會較靠近傳導帶如圖 5-5；反之，在 p 型半導體中，費米能階會較靠近共價帶如圖 5-6。費米能階也是溫度的函數，當溫度升高時，由於被熱所激發的電子電洞濃度會大量地增加，使得摻雜半導體內之多數載子(在 n 型者為電子，在 p 型者為電洞)之濃度與少數載子之濃度差距變小，隨著溫度之升高，摻雜半導體最後會愈來愈接近純質半導體，此時費米能階也會愈來愈接近 $\frac{1}{2}E_g$ 處。

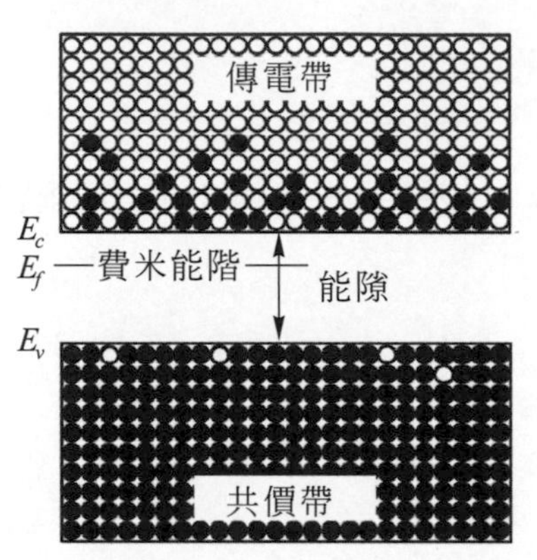

圖 5-5 n 型半導體之費米能階與能帶關係圖

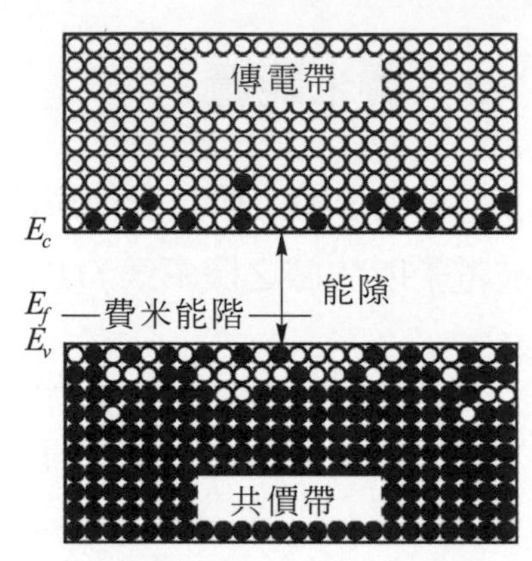

圖 5-6 p 型半導體之費米能階與能帶關係圖

5-1.4 界面

在半導體之界面，依界面兩側的材料性質可分為同質界面(Homojunction)與異質界面(Heterojunction)。前者是由相同的半導體但不同的摻雜所構成的，如同樣以矽為基板之 n 型及 p 型所構成之 pn 界面即是；而後者則是由完全不同的兩種半導體所構成之界面，如由 n 型之 InP 與 GaAs 構成之界面即是。因此以下僅就是 pn 界面介紹之。

當 n 型與 p 型半導體在未接合時，其費米能階如圖 5-7(a)所示，是分開的。而當兩者接合之後，如圖 5-7(b)，可看出費米能階由 p 型至 n 型是維持一直線，但是 pn 界面兩邊之共價帶與傳導帶之能階卻相差一能障。此能障之成因如下：在界面兩側，n 型半導體中之多數載子電子會擴散至 p 型半導體中與其多數載子電洞結合，反之亦然，其結果便在界面兩側之一小區段形成一空乏區(Depletion Region)。在空乏區內，p 型之一側遺留下接受者而帶負電，n 型一側則留下供給者而帶正電，於是由 n 型區至

p 型區內便產生一電場，即爲內建電場(Built-in Field)。此內建電場對電荷之移動形成了一個能障。

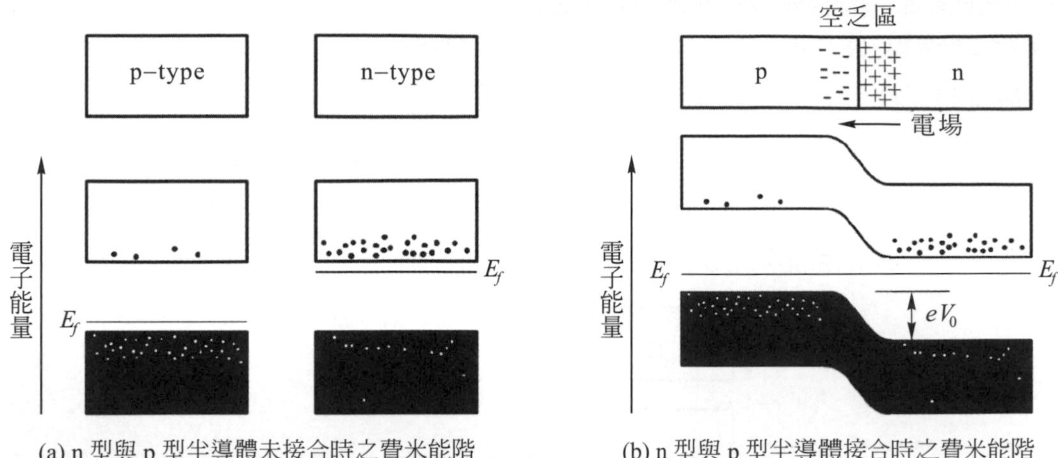

(a) n 型與 p 型半導體未接合時之費米能階　(b) n 型與 p 型半導體接合時之費米能階

圖 5-7

當在具有 pn 界面之半導體上外加一順向電壓 V 時，如圖 5-8 所示，界面之能障會減少，因而使得流過該界面之電流增加。若外加一逆向偏壓 $-V$ 時，則因能障增加而阻礙界面電流之流通。pn 二極體之電壓－電流關係如圖 5-9，若 i_s 爲逆向電流，則電流與電壓之關係式爲

$$i = i_s\left[\exp\left(\frac{eV}{k_B T}\right) - 1\right] \tag{5-6}$$

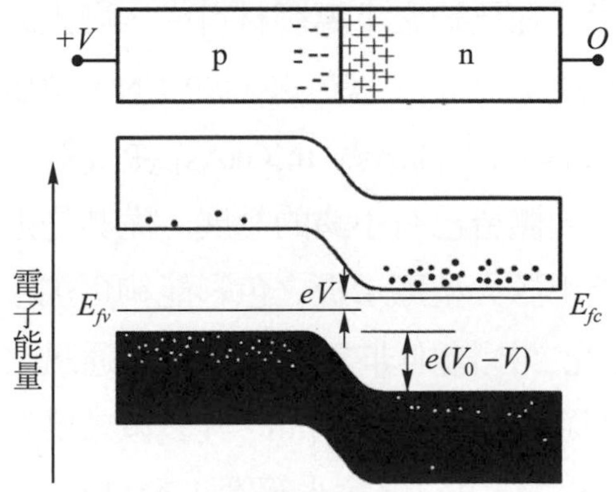

圖 5-8　pn 界面之半導體上外加一順向電壓 V 之能障

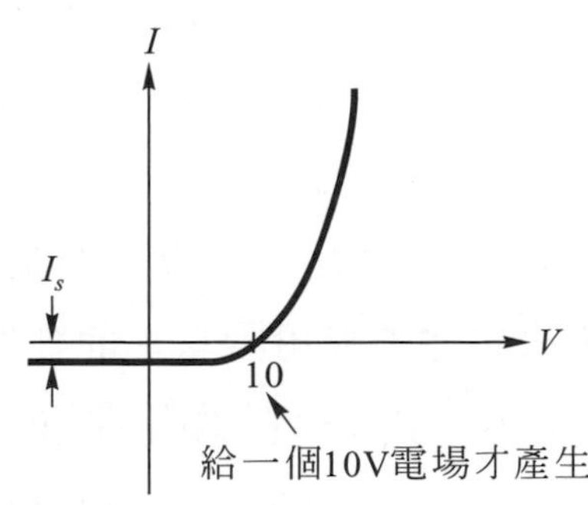

圖 5-9　pn 二極體之電壓－電流關係圖

5-2 發光二極體

發光二極體，英文簡稱 LED(Light-Emitting Diode)是目前光電半導體中構造最簡單應用最廣的元件。發光二極體之工作原理就是一個操作在順向偏壓的 pn 界面。當順向偏壓時，在 p 型區注入大量的電洞，在 n 型區則注入大量之電子。這些電洞與電子會在空乏區中各向另一區做少數載子注入，於是大量地與該處之多數載子結合並瞬時輻射放出相當於能隙能量之光子，如圖 5-10 所示。

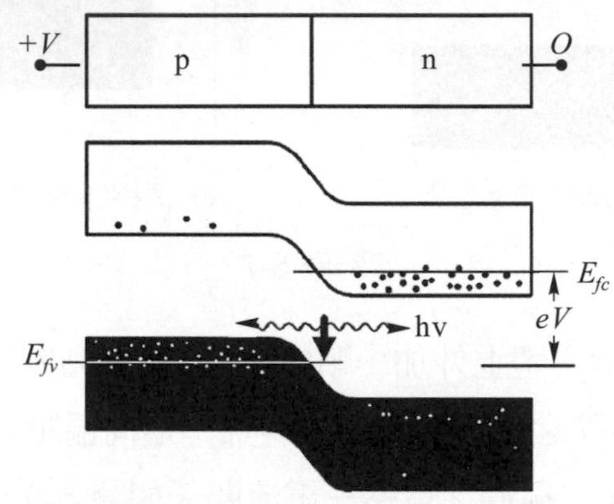

圖 5-10　發光二極體之工作原理

發光二極體之半導體材料以直接能隙之半導體爲主，這是因爲在電子與電洞結合時，所放出的光子只能滿足能量守恆而無法有效地提供在非直接能隙材料中所需要的動量轉移；因此非直接能隙之材料必須經過特殊處理才可有較大的發光效率，如在 $GaAs_{1-y}P_y$ 中加入 N 即可大幅地改善其發光效率。在已知之半導體材料中，發光之範圍可從紫外光至近紅外光區，如紫色之 GaN，藍色之 SiC，綠色之 GaP：N，黃橙色之 $GaAs_xP_{1-x}$ 紅色之 GaP：ZnO、$GaAs_{0.6}P_{0.4}$ 與近紅外之 GaAs、$In_yGaAs_{1-y}P_{1-x}$ 等。在可見光區，由於組成紅、綠、藍三原色之發光二極體皆已有不錯的發展，尤其是近年來在藍色發光二極體上的發展，已使發光二極體用於大型顯示板之色彩能夠更加接近原色，未來之發展無可限量。而紅外光區之發光二極體則非常適用於光纖通訊之光源。由於光纖之製作材料爲高純度的矽，透光區從 0.8 μm 至 1.6 μm，其衰減效應爲與波長之四次方成反比，當波長爲 0.8 μm 時，$In_yGa_{1-y}As_xP_{1-x}$ 之發光範圍 1.1～1.6 μm 符合。

發光二極體之發光機制為瞬時輻射，因此發光之方向只受到結構設計的限制，其種類可分為面發射與邊發射如圖 5-11。一般而言，面發射之發光效率較佳。在面發射型的設計上，對於不同特性的基板也會有不同特色，以 $GaAs_xP_{1-x}$ 為例，其在紅光之發射區時為直接能隙，必須以 GaAs 為基板如圖 5-12 所示。但是 GaAs 之能隙小於其所發射之光子能量，因此射向 GaAs 之光子會被吸收；相對的，在橙、黃、綠之發光區時為非直接能隙，是以 GaP 為基板，如圖 5-13 所示，由於 GaP 之能隙大於上述波段之光子能量，光子不會被吸收，因此若在 GaP 後面鍍上一層反射面即可將光子反射回去而增加發光效率，因為效率高，此種元件尤其適合作為光纖之光源。

發光二極體之發光有效角度與其封裝有關，圖 5-14 為一典型發光二極體之封裝示意圖。在二極體之外緣前端有一透鏡可用來控制發光之有效角度，圖 5-15 為三種常見的型式與其所對應的發射角度範圍。

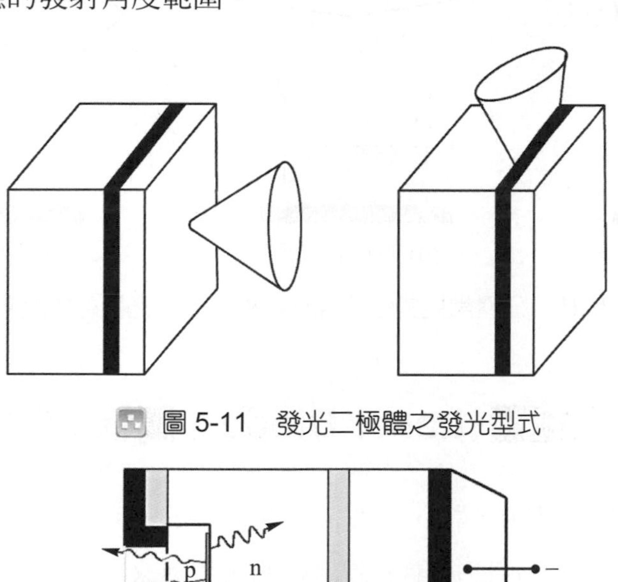

圖 5-11　發光二極體之發光型式

圖 5-12　以 GaAs 為基板之面發射型設計

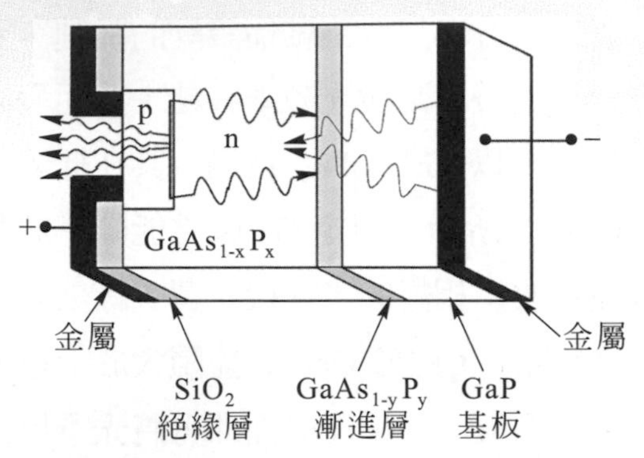

圖 5-13 以 GaP 為基板之面發射型設計

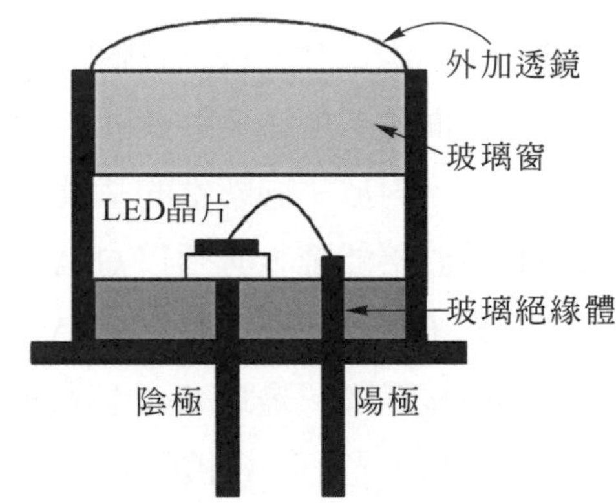

圖 5-14 典型發光二極體之包裝示意圖

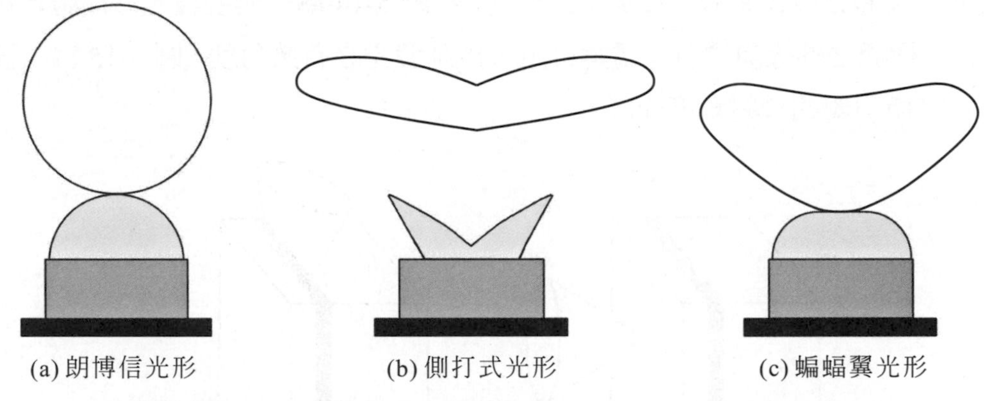

圖 5-15 三種常見的型式與其所對應的發光發射角度範圍

5-3 雷射二極體(Laser Diode，簡稱 LD)

雷射二極體如一般的雷射一樣，其光波具有高度的指向性與同調性，但是卻具有更小的體積與更高的效率；這使得半導體雷射的應用愈來愈廣泛。同時，也由於在高頻的調變性佳，半導體雷射也成爲光纖通訊上不可缺少的重要元件。

雷射二極體之機制與一般雷射無異，同樣具備了雷射之必備條件：數量反轉(具有增益的介質)，光學共振腔與受激輻射。在構造上，雷射二極體與發光二極體類似，但後者之發光機制爲瞬時輻射。雷射二極體之材料必須是直接能隙者，GaAs 是最早被發現的，一般是III-V族複合半導體爲主，如 $Al_xGaIn_yGa_{1-x}As_ySb_{1-y}$ 及 $Ga_xIn_{1-x}As_yP_{1-y}$ 是最普遍的兩大材料族群，其發光波長範圍則與元素組成比例有關，此點可由圖 5-16 看出。

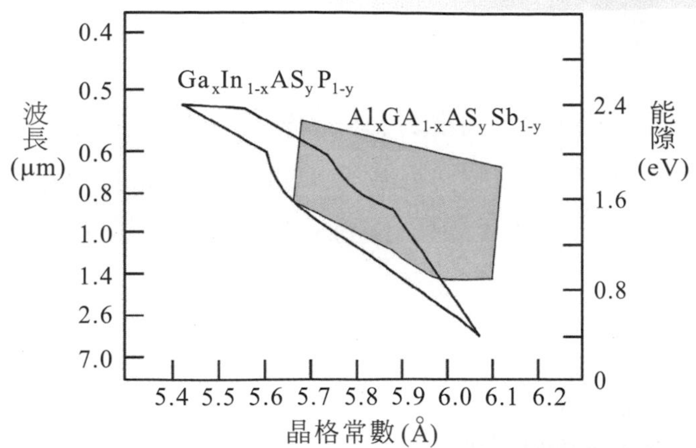

圖 5-16　複合半導體之發光波長範圍與能隙關係圖

5-3.1　數量反轉

為達到數量反轉，雷射二極體與發光二極體之不同點有二：第一是不論 p 型或 n 型之部分，其摻雜濃度要夠大，使得費米能階在 p 型者必須低於共價帶之最高能階，而在 n 型者則必須高於傳導帶最低能階，如圖 5-17 所示。其次，必須在較大之順向偏壓的情形下，使得在界面附近注入相當數量之少數載子。如此，在同一區域中，於傳導帶之電子及共價帶之電洞之濃度皆相當高，而達到數量反轉。

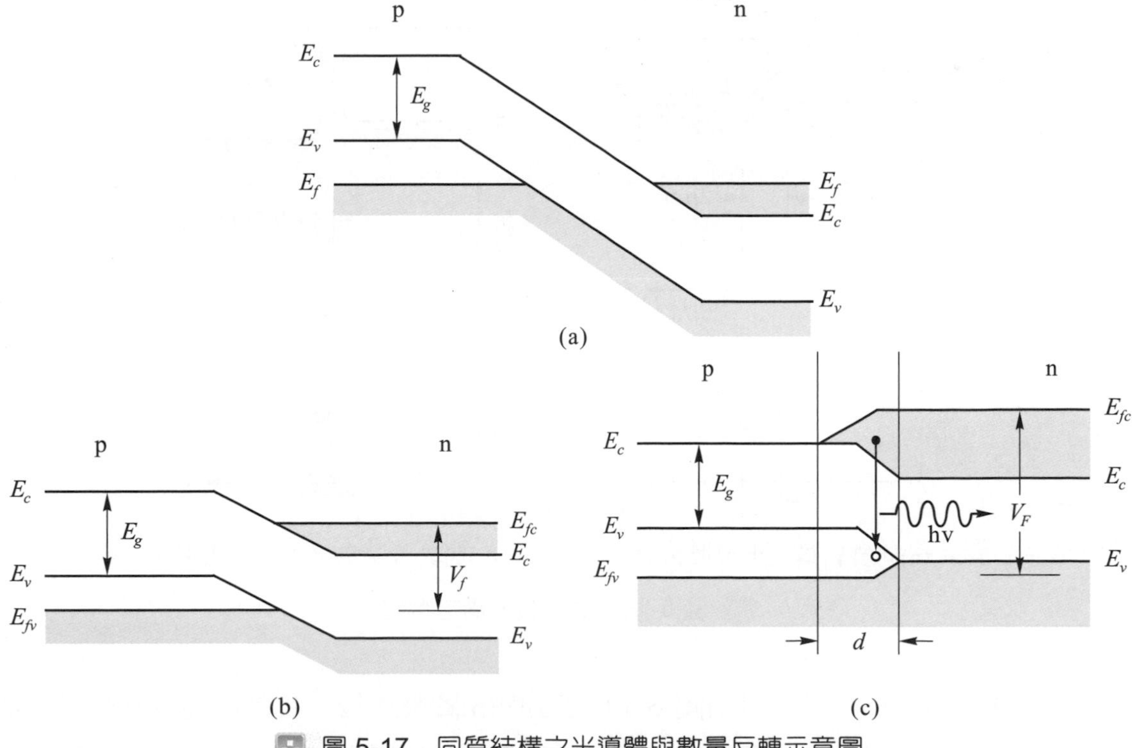

圖 5-17　同質結構之半導體與數量反轉示意圖

5-3.2 異質結構

在半導體雷射之結構設計上，可概分爲同質結構及異質結構。前者如圖 5-17 便是，而後者則是在前者之間多加一個異質結構，如圖 5-18 所示，此種異質結構一般爲雙異質結構(Double-Heterstructure，簡稱 DH)。在雙異質結構之半導體雷射中，具有下列操作上的優異：

1. 可利用加入之異質層來控制作用區之折射率，使光能侷限其中，以增加效率，而此異質層便如同一光波導管。
2. 異質層可使少數載子被侷限其中，因無法擴散至附近的區域，因此在相同的電流下，雙異質結構具有比同質結構更高的增益。
3. 由於異質層之能隙低於其他兩層，其輻射之光子不會被吸收，因此可以減少損失。

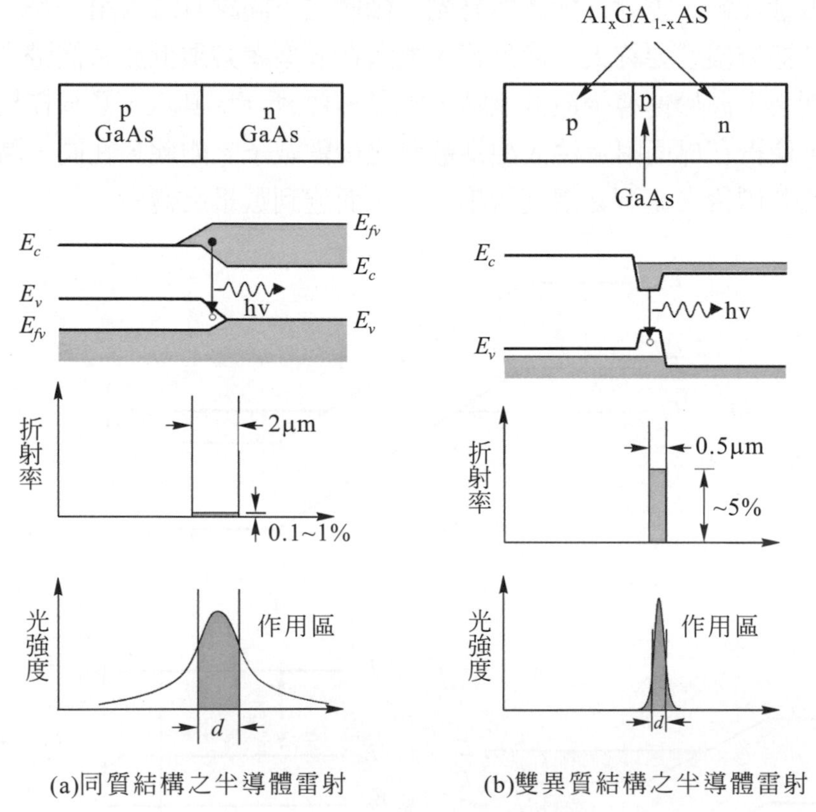

圖 5-18 雙異質結構之特性

上述雙異質結構之特性可由圖 5-18 之(a)與(b)圖來比較。我們可發現異質層便是雷射之作用區，大量之少數載子可被侷限其內，而異質層之折射率因高出旁邊甚多，因此光波也被侷限在裡面，如此，在增益更大而損失更小的情況下，雙異質結構明顯優於同質結構。

5-3.3　共振腔

半導體雷射的共振腔具有兩大特色：

1. 共振腔之反射鏡是由兩端晶體之整齊斷面所構成。其反射率可表為

$$R=\left(\frac{n-1}{n+1}\right)^2 \tag{5-7}$$

n 為作用區之折射率。由於半導體之折射率較大，因此其反射率也比一般材料之斷面大，如 GaAs，其折射率 $n = 3.6$，$R = 0.32$。而此反射率比起傳統雷射而言，則太小了，幸好一般半導體雷射之增益夠大，正好可彌補反射率之不足。

2. 由於作用區之折射率大於鄰近區域，因此作用區便形成一光波導管。此波導之特性可由設計結構來控制。比如雙異質結構便優於同質結構。圖 5-19 為狹型雙異質結構與同質結構之比較。在圖(a)中，W 為電極之寬度，改變電極之寬度便可改變共振腔寬度，而改變雷射光在近場之寬度。此技術在將雷射光耦合進入光纖中極為有用。

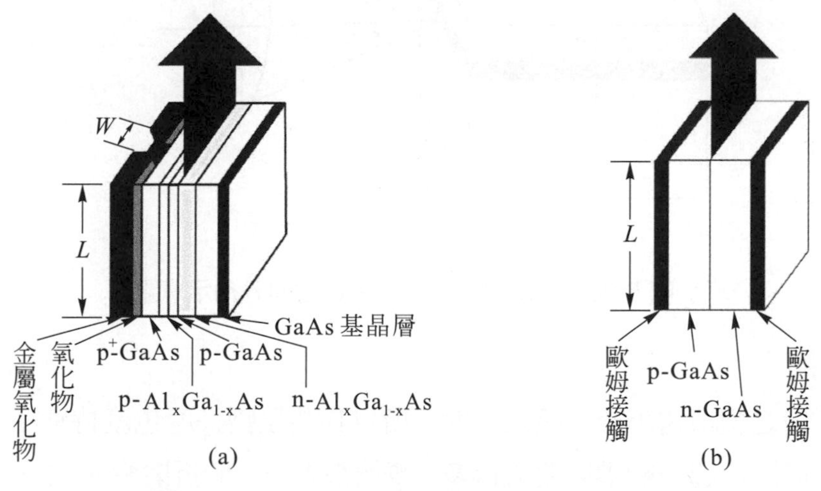

圖 5-19　狹型雙異質結構與同質結構之比較

5-3.4 輸出特性

半導體雷射之體積小於一般之雷射，因此其雷射光之輸出特性較為特別，以下就空間與頻率之分佈性質加以討論：

一、空間分佈

半導體雷射光之遠場空間分佈與作用區之大小有關。如圖 5-20 所示，令作用區高為 a、寬為 b，而輸出之遠場分佈所復的角度分別為 α 與 β 時，則

$$\alpha \cong \frac{\lambda_0}{a}$$

$$\beta \cong \frac{\lambda_0}{b} \tag{5-8}$$

若 $a = 2\ \mu\text{m}$，$b = 8\ \mu\text{m}$ 而輸出波長為 $\lambda = 0.6\ \mu\text{m}$，$\alpha$ 與 β 分別約為 17°與 4°，因此雷射光之橫截面看起來為橢圓形，當 a 與 b 相差越多時，此橢圓形之長軸與短軸也相差得愈大。

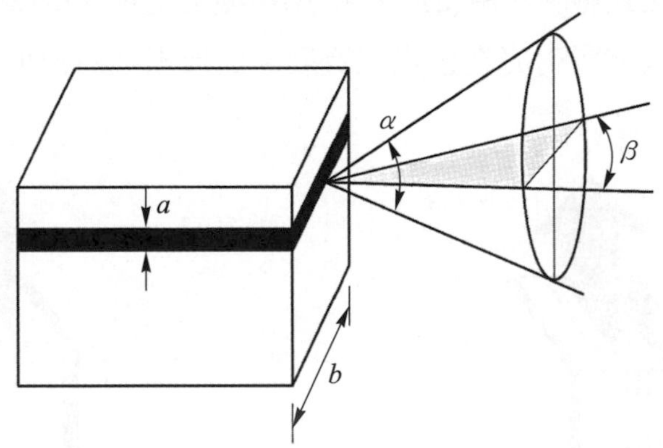

圖 5-20 半導體雷射光之遠場空間分布示意圖

二、頻率分佈

半導體雷射之體積遠小於一般之雷射，所以其共振腔長度也就特別小，這使得其縱向模之頻率間隔比起一般雷射要大得多。舉例來說，一個折射率 $n = 3$，共振腔長度為 0.5mm 之半導體雷射與同波長且長度為 550mm 之 He-Ne 雷射比起來，其縱向模之頻率間隔為後者 333 倍。儘管如此，半導體雷射之輸出光波中，仍含有許多縱向模，

此乃半導體雷射之能階轉移是在帶與帶之間而非一般雷射之兩分立的能階間，因此具有高增益之頻寬也較寬。

Example

一半導體雷射作用區之長為 0.5mm，$n=3.5$，且頻寬為 1kHz，則其輸出頻率中有多少縱向模？

解 $\Delta\nu=\dfrac{v}{2\ell}=\dfrac{c}{2n\ell}=\dfrac{3\times10^{8}}{2\times3.5\times0.5\times10^{-3}}=0.086\times10^{12}$

$$n_{\Delta\nu}=\frac{1\times10^{12}}{0.086\times10^{12}}\cong11.6$$

因此會有 11 個縱向模。

Example

上例中，若只有一個縱向模輸出，則作用區長度應做何改變？

解 只有一個縱向模時，$\Delta\nu$ 必須增大至

$$\Delta\nu'=\Delta\nu n_{\Delta\nu}$$

作用區長度則必須縮小至

$$\ell'\cong\frac{\ell}{n_{\Delta\nu}}=43\ (\mu\text{m})$$

三、縱向模之選擇

由於單頻雷射具有許多使用上的優點，尤其在光纖通訊上更是重要，因此，某些特殊的結構或特別設計用來使半導體雷射能只輸出單一個縱向模。由上例的計算可知，最簡單的方式即是將半導體雷射之共振腔長縮短即可。但如此則可能會犧牲掉光在共振腔中所跑的距離，在增益不夠大的情形下，會影響到輸出之功率。其它尚有幾種方式如下：

1. 外加頻率選擇之反射鏡：

   一般傳統之雷射可藉由反射鏡上鍍上一層具有頻率選擇性之薄膜來選擇輸出頻率。但因半導體雷射體積太小，本方法不可行。

2. C^3 雷射(分段耦合雷射，Cleaved-Coupled-Cavity Laser)：

C^3 雷射是由兩個標準之雷射二極體所組成。此二個雷射二極體之作用區極為接近(約 0.5mm)，並且很嚴格地排成一直線如圖 5-21 所示。所以在 C^3 雷射中有兩個共振腔，由於兩共振腔長度不同，使得兩個二極體雷射之縱向模之頻率間隔也不同。其結果，在兩個共振腔內都能同時共振的頻率便是兩者之交集，其他的縱向模則被濾掉。因此，可藉由兩個不同的共振腔長度之設計而使輸出為單一個縱向模，只是此種雷射在製作上較為困難，同時對溫度之變化也較敏感。

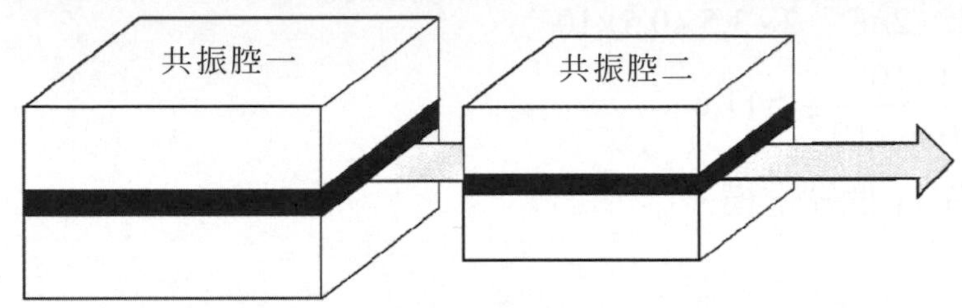

圖 5-21　分段耦合雷射之作用區示意圖

3. DFB 雷射(分佈回饋雷射，Distributed Feedback Laser)：

此種雷射在基本原理上與 C^3 雷射一樣具有二個共振腔，只是將之合而為一。如圖 5-22 是在雷射二極體之作用區界面的二端植入週期性的結構，由於此種結構相當於一體積式的光柵，若其空間週期為 Λ，則只有在波長滿足

$$\lambda = \frac{2\Lambda}{m}\text{，}m\text{ 為整數} \tag{5-9}$$

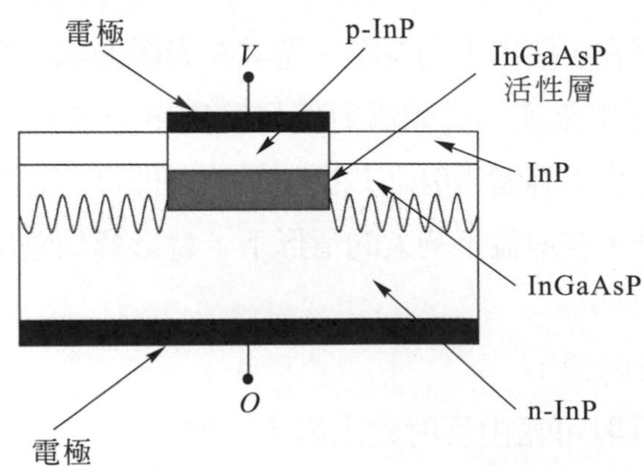

圖 5-22　雷射二極體之作用區界面的二端植入週期性的結構示意圖

之光波方能反射，因此，該光柵便如同一頻率選擇器。圖 5-23 則是將光柵佈滿整個共振腔，如此不但可輸出單一個縱向模，其頻寬也更窄。由於此種植入光柵之折射率不易隨溫度變化，因此輸出波長之溫度係數相當小，約為一般半導體雷射之 $\frac{1}{6}$ 以下。目前單模之雷射二極體多為 DFB 雷射。

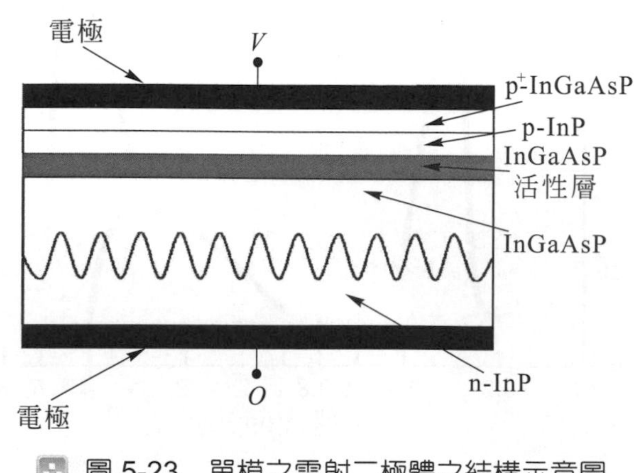

圖 5-23　單模之雷射二極體之結構示意圖

5-4　半導體光偵測元件

半導體之光偵測元件與發光元件是兩種機制相反的元件；前者是將光能轉為電能，而後者則為將電能轉為光能。在半導體中，影響光偵測元件表現的因素可大致歸納為量子效率(Quantum Efficiency)，敏感度及反應速率。

量子效率代表一個光子可打出多少比率的有效電子-電洞對(或稱光載子)，可表為(5-10)式

$$\eta = k(1-R)\left[1-\exp(-\alpha\ell)\right] \tag{5-10}$$

(5-10)式中，k 為電子-電洞對可貢獻於電流之比率，R 為半導體界面之反射率，α 為半導體之光吸收係數，ℓ 為半導體之深度。由於 α 是波長的函數，因此相同的半導體對不同的波長之量子效率亦不同，圖 5-24 即為幾種常見之半導體對不同波長之量子效率。由圖可知，不同的半導體各有不同之吸收峰波長。若波長太短，則大多在表面吸收，光載子在表面卻很容易被再結合，因此效率不佳。若波長太長，則因光子之能量

小於能隙，因此無法打出電子-電洞對，自然無效率可言；但若是在半導體中加入雜質，則可有效降低所需之光子能量。

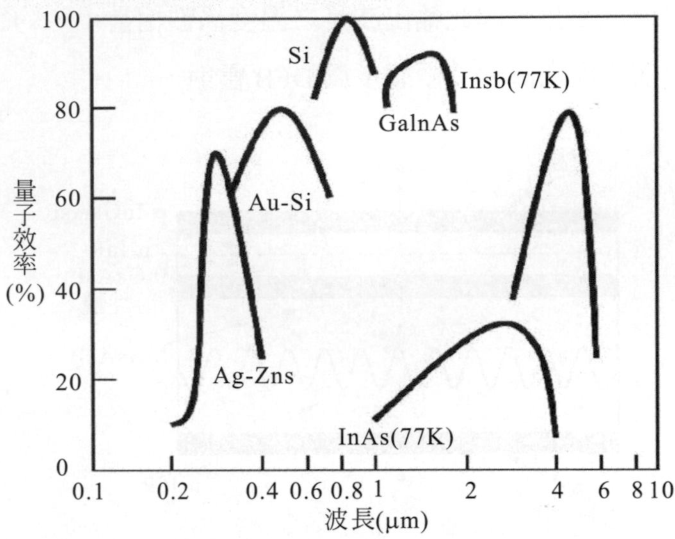

圖 5-24　常見半導體對不同波長之量子效率關係圖

敏感度定義爲光電流與入射光功率之比值，所考慮的因素是在半導體中，光載子並非都能有效地形成電流的輸出，我們可將之表示如下：

$$RP = \eta \frac{\lambda}{1.24} \tag{5-11}$$

(5-11)式中，波長 λ 之單位爲 μm，而敏感度之單位爲 $\frac{A}{W}$。若不考慮 η 之因素，$RP \propto \lambda$，此乃在同樣能量時，波長較長之光子數較多，可產生較多之光載子之故。

在反應速率方面，由於光載子可分電洞與電子，前者之速度比後者慢，因此速度之限制即爲電洞之速度，由圖 5-25 可看出，當半導體之受光區長爲 d 時，其反應時間受限爲 $\frac{d}{v_h}$。若外加電場，則光載子之漂移速度可表爲

$$v = \mu E \tag{5-12}$$

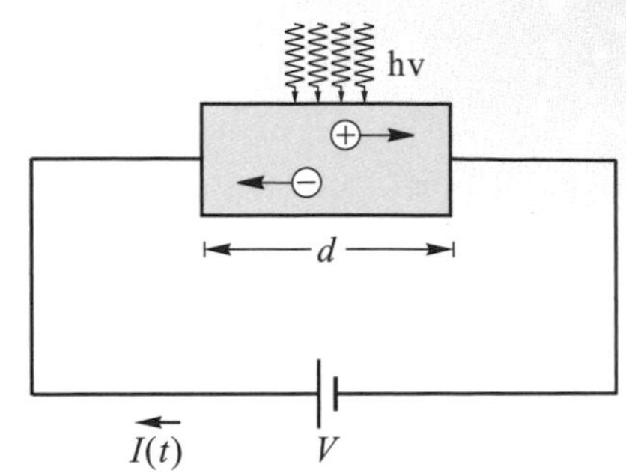

圖 5-25　半導體之光偵測元件受光後，電子與電洞之移動方向

μ 爲移動率(Mobility)。在電場之趨使下，反應速度會較快。不過除此之外，眞正的反應速度尚需考慮到半導體與外加電路之電阻與電容所產生之效應。

5-4.1　光導體

光導體(Photoconductor)爲一塊狀之半導體材料，本身即爲受光區，兩端連接於外加電壓，如圖 5-26 所示。當在受光區產生電子-電洞對後，會使導電率增加而使電流放大。

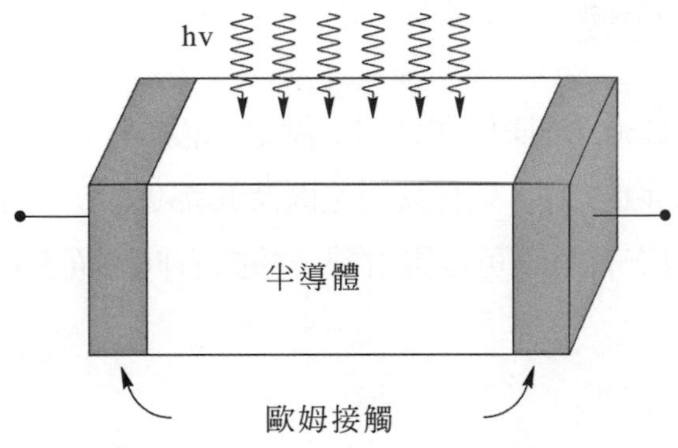

圖 5-26　光導體之結構示意圖

假設光載子之壽命爲 τ_{ph} ，則單位體積光載子之總生成率爲

$$G=\frac{n}{\tau_{ph}}=\frac{I_{ph}}{qV} \tag{5-13}$$

(5-13)式中，n 爲單位體積光載子數，q 爲電量，V 爲體積，I_{ph} 爲原始之光電流，且最後之光電流 $I_p=\eta n_{ph}$，n_{ph} 爲光子數。當受光體內有電場 E 時，其兩端點之光電流 I_p 爲

$$I_p = q\mu nE\ \frac{V}{d} \qquad (5\text{-}14)$$
$$= qnv\ \frac{V}{d}$$

由(5-13)及(5-14)式可得

$$I_p = I_{ph}\ ,\ \frac{\mu\tau_{ph}E}{d} \qquad (5\text{-}15)$$

我們可定義光電流之增益 G 爲

$$G \equiv \frac{I_p}{I_{ph}} = \frac{\mu\tau_{ph}E}{d} = \frac{v\tau_{ph}}{d} = \frac{\tau_{ph}}{t_{ph}} \qquad (5\text{-}16)$$

t_{ph} 爲光載子傳輸之時間。爲提高增益，縮減光載子傳輸的時間可以以較短之半導體長度或提高電場來達成。

5-4.2 受光二極體

受光二極體(Photodiode)是操作在逆向偏壓之二極體。當光照在此二極體受光區會產生電子-電洞對，但如圖 5-27，只有在空乏區及其鄰近段方能有效地產生光載子，這是因爲只有在空乏區內方有電場可以導引載子移動方向，而其結果便是在外電路上產生電流。

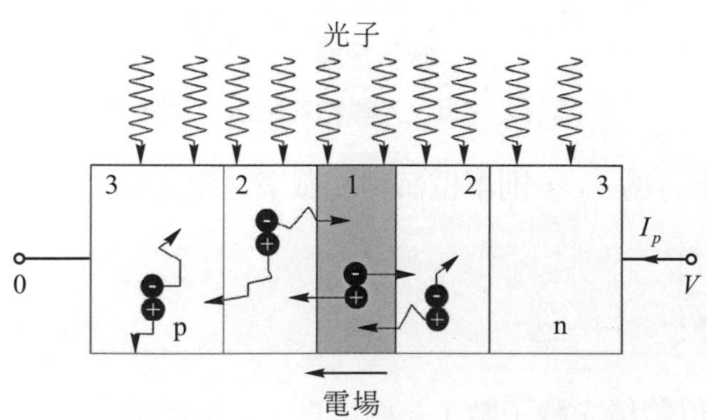

圖 5-27 受光二極體之運作示意圖

受光二極體之反應速度受到三項因素的影響，分別是空乏區之電容，空乏區外載子之擴散及空乏區內載子之漂移。爲了降低空乏區電容，空乏區之長度必須拉長，但如此則加長了空乏區內載子漂移的時間。因此，空乏區之長短必須要最佳化，一般所得的結論是載子在空乏區中傳輸的時間爲外加高頻信號週期的一半，若頻率爲 1GHz 時，當載子之速度爲10^7 cm/s，空乏區之寬度爲$\frac{1}{2}\times10^{-9}\times10^{7}\,\text{cm}=50\ \mu\text{m}$ 。

在實用上，受光二極體大多操作在較強的逆向偏壓下，其理由是：

1. 強的逆向偏壓可以拉長空乏區，致使空乏區電容降低。
2. 強的逆向偏壓可以在空乏區內造成更強的電場，可使載子之漂移速率增加而提高反應速度。
3. 強的逆向偏壓可增加受光面積，增加光載子之收集。

圖 5-28 爲受光二極體在逆向偏壓且外加負載之操作情形。在選擇適當的操作點下，可以在高頻下做爲一個線性之光通信元件。

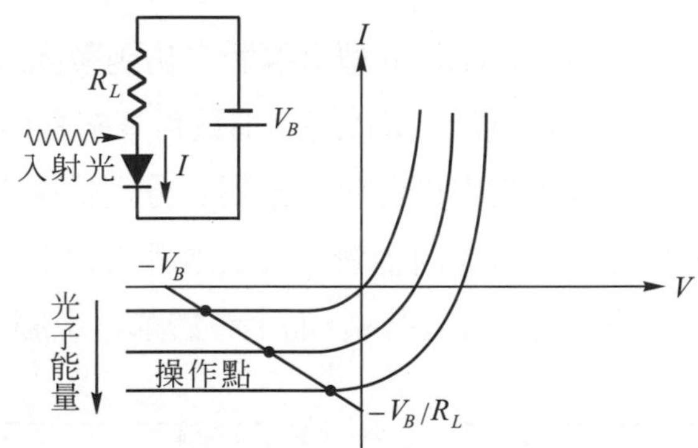

圖 5-28　受光二極體在逆向偏壓且外加負載之操作示意圖

5-4.3　p-i-n 受光二極體

p-i-n 受光二極體之結構如圖 5-29 所示。在原本之 pn 界面中多加一純質半導體，其功能爲使空乏區之寬度可調至最佳的長度以獲得良好的量子效率與反應速度。我們將其優點歸納如下：

1. 大幅地增加受光面積，可以收集更多之光載子。
2. 降低空乏區電容，減少 *RC* 時間常數。
3. 增加空乏區所佔的比例，使得大多數的光載子是以漂移而非擴散來行動，可增加反應的速度。

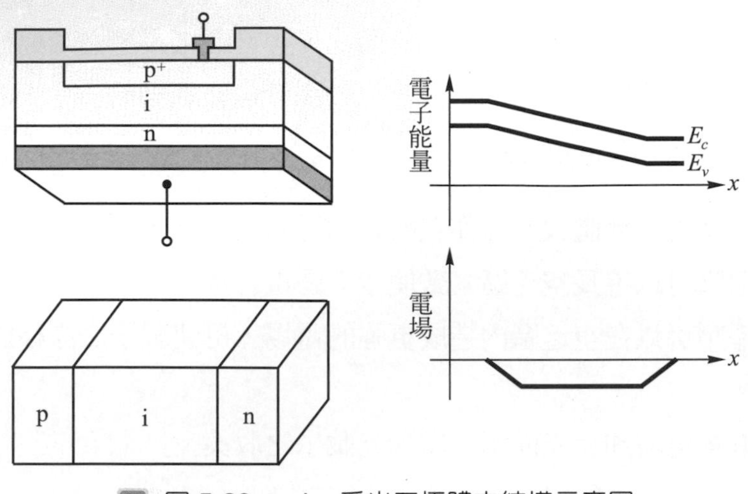

圖 5-29 p-i-n 受光二極體之結構示意圖

5-4.4 金屬-半導體受光二極體

當金屬的功函數(Work Function)比 n 型半導體之功函數高或比 p 型半導體的功函數低時，金屬與此種半導體的界面會形成能障，稱爲肖基勢壘(Schottky Barrier)。如圖 5-30 所示，當金屬與 n 型半導體尚未接合前，ϕ_m 與 ϕ_s 分別爲兩者之功函數。當兩者接合後，由於 n 型半導體中之電子會流向金屬，直至兩者之費米能階相同爲止，如此便如圖(b)所顯示的，在界面處形成了肖基勢壘，而半導體鄰近金屬一側則形成了空乏區。

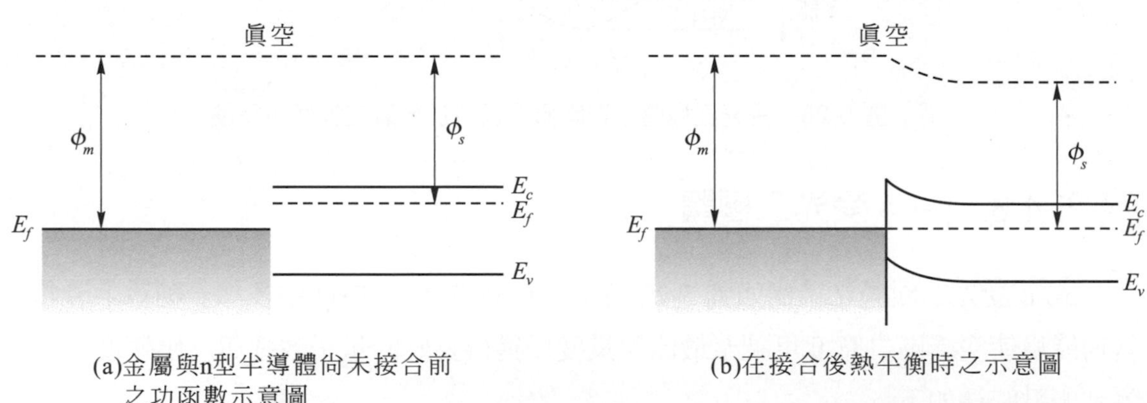

(a)金屬與n型半導體尚未接合前之功函數示意圖

(b)在接合後熱平衡時之示意圖

圖 5-30 金屬與 n 型半導體尚未接合前之功函數示意圖

上述之金屬-導體界面之元件若用來作爲受光二極體時，特別適合可見光與紫外線區的波長，這是因爲光子能量必須超過肖基勢壘方能有所感應，故對短波長的感應度較佳。金屬-半導體受光二極體有下列好處：

1. 由於空乏區位於界面處，可避免在半導體表面處光載子容易再結合的缺點，此特點尤對可見光及紫外光之波長特別重要。
2. 由於在空乏區附近之光載子是以擴散進入空乏區，速度較慢，是 pn 及 p-i-n 受光二極體速度的限制之一。而金屬–半導體受光二極體之擴散區則少了一區，且另一邊是電阻極小之金屬層，因此速度自然較快，同時也可用在高頻之操作環境。

5-4.5　異質界面受光二極體

異質界面用於受光二極體，是在一低能隙之半導體上長一層高能隙之半導體。由於上面高能隙之半導體對低能量之光子而言是透明的，如同是一個窗戶般，入射光可以透過而直達空乏區，可因此而提高量子效率。異質界面二側所選擇之半導體材料必須要能晶格匹配，才不致於產生大的漏電流。常見的組合有中紅外光區的 $Hg_xCd_{1-x}Te$ 與 CdTe，波長範圍爲 0.7～0.87 μm 之 $Al_xGa_{1-x}As$ 與 GaAs，及波長範圍爲 0.9～1.7 μm 之 $In_{1-x}Ga_xAs_{1-y}P_y$ 與 InP 或 $Ga_{1-x}Al_xAs_ySb_{1-y}$ 與 GaSb 等。

5-4.6　累增受光二極體

累增受光二極體(Avalanche Photodiode，簡稱 APD)是操作在強烈的逆向偏壓下。當二極體在強烈的逆向偏壓下，空乏區增長，電場增大，此時若有光載子產生，電子-電洞對會因電場的趨使而反向運動並且加速如圖 5-31。當電子或電洞得到足夠的動能時可將中性的原子撞擊成游離態而產生更多之電子-電洞對，其結果只需少數的入射光子便能在外加電路上得到大的電流。

由於累增受光二極體中，中性原子被游離之程度對元件的特性有極大的影響，因此我們定義 α_h 與 α_e 分別爲電洞與電子在單位長度對中性原子之游離機率。其比值 R_i 爲

$$R_i \equiv \frac{\alpha_h}{\alpha_e} \tag{5-17}$$

當 $R_i = 1$ 時，表電子與電洞具有相同的游離能力。在此情形下，如圖 5-31 所示，當在空乏區內產生一電子-電洞對時，電子向右跑，並游離出另外的電子-電洞對，而該電洞則向左跑又游離出新的電子向右跑，於是到最後會無止境地繼續下去。上述的狀況對此元件極爲不利，因爲耗時、雜訊多且容易產生界面的累積崩潰。因此在選擇

材料上，儘可能使 $R_i \to 0$ 或 $R_i \to \infty$；前者是由電子來擔任游離的任務，而後者則是由電洞來擔任此任務。除此之外，累積二極體不適合操作於高溫下，因為溫度的增高會增加碰撞機會而使載子無法持續加速以累積足夠游離中性原子所需之動能。

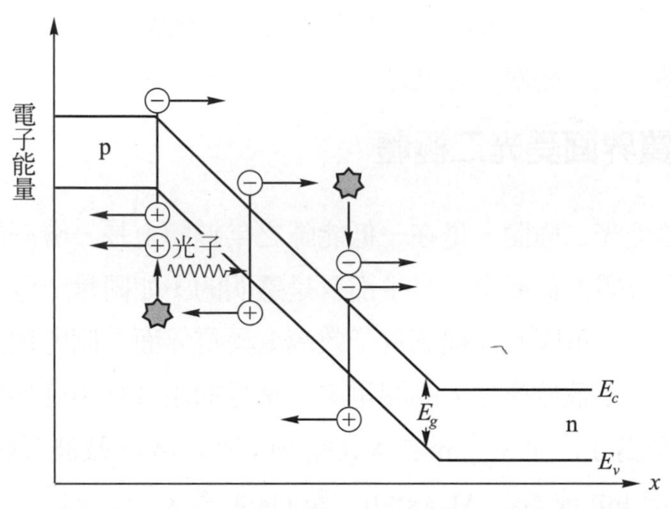

圖 5-31　二極體於強烈逆向偏壓之特性示意圖

5-4.7　太陽能電池

太陽能電池是將光能轉換成電能之有效元件。當具有大於能隙能量之光子照射空乏區時，如圖 5-32，其電流為

$$i = i_s(e^{qV/kT} - 1) - i_p \tag{5-18}$$

其中 i_s 為二極體之飽和電流，i_p 為光載子之流動所產生的電流。由於 i_p 與光子之數量成正比，因此當光通量愈大時，電流愈大，若操作在開路時，則會在二極體上量得一開路電壓 V_p。

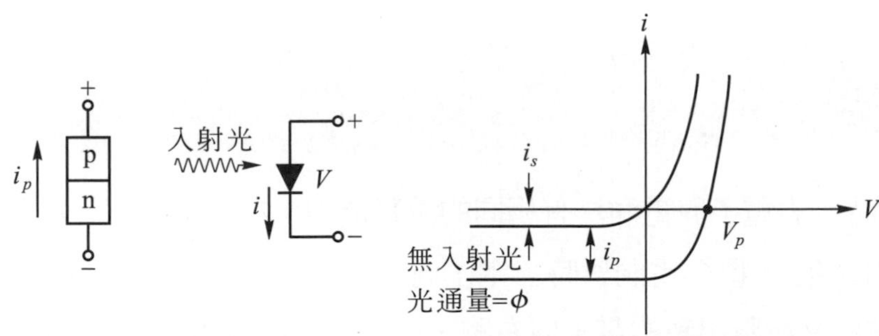

圖 5-32　太陽能電池運作以及特性示意圖

5-4.8 光電晶體

光電晶體可說是一個由受光二極體與放大器所結合之元件。事實上，光電晶體與一般電晶體結構無異，如圖 5-33 所示。不同處是在基極與集極之空乏區爲受光區。其等效電路可由圖 5-33(a)表示，其射極電流可表示爲

$$I_E = (I_P \pm I_B)(h_{FE} + 1) \tag{5-19}$$

其中，I_P 爲光電流，I_B 爲基極電流，h_{FE} 爲電晶體之直流增益。

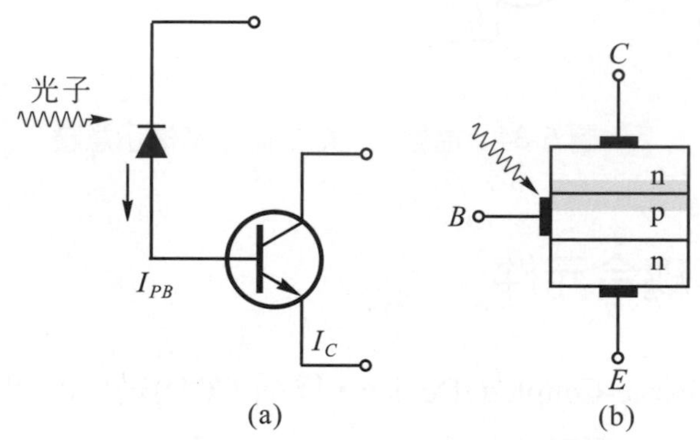

圖 5-33　光電晶體之結構示意圖

光電晶體本身具有增益，因此比起受光二極體要靈敏得多，其靈敏度受到電流增益 h_{FE} 與受光之空乏區面積所影響，當受光區爲逆向偏壓時，可能會造成較大之暗電流，可表示爲

$$I_{CEO} = h_{FE} I_{CBO} \tag{5-20}$$

在室溫下，典型的光電晶體其受光區在 10 V 之逆偏壓下，溫度每增高 10 度，則暗電流會增加一倍。

爲了提高光電晶體之靈敏度以用於極弱光之檢測，會將兩個光電晶體串接而成達靈頓光電晶體，如圖 5-34。若電晶體之電流增益皆甚大於 1 時，其輸出射極電流可表示爲

$$I_{E2} = (I_{P1} \pm I_B) h_{FE1}\, h_{FE2} \tag{5-21}$$

達靈頓光電晶體具有甚高的靈敏度，但是其反應速度卻較慢，此外暗電流也會較大。

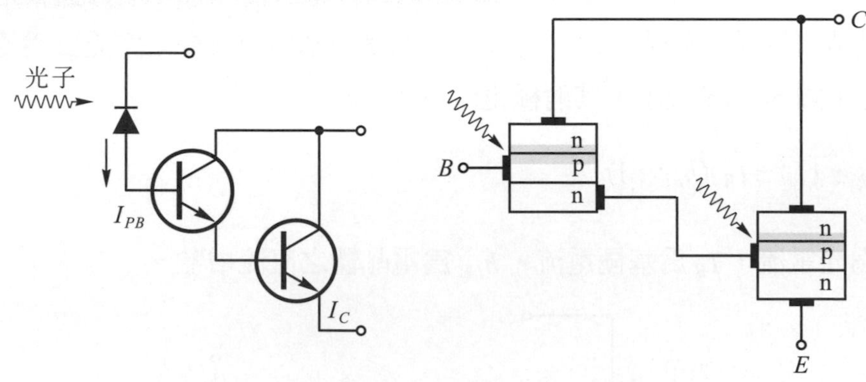

圖 5-34　達靈頓光電晶體之結構示意圖

5-5　電荷耦合元件

電荷耦合元件(Charge-Coupled Device，簡稱 CCD)是目前即時性攝像裝置中最重要性的元件。CCD 之工作原理可分爲二部分，分別是儲存電荷與傳送電荷，以下將詳細探討。

5-5.1　MOS 電容器

MOS 爲英文金屬氧化半導體(Metal-Oxide-Semiconductor)之簡稱。如圖 5-35 所示爲一典型之 MOS 元件，閘極爲金屬導體，氧化膜是使用 SiO_2，半導體則爲 p 或 n 型的 Si。以 p-Si 爲例，在熱平衡下金屬閘極與 p-Si 有很高的能障存在如圖 5-36，除非外加極大電壓，否則無法有電流通過。當在閘極加上一電壓時，根據電壓的大小與極性，可歸納出三種操作狀態如圖 5-37。圖 5-37(a)爲外加負電壓時，p-Si 在靠近界面處會感應正電荷，於是電洞便集中於該處，此時稱爲儲存態；圖 5-37(b)爲外加一正電壓時，電洞會被排斥到另一端，因此在閘極正下方的界面附近，無電洞存在，此時爲空乏態；圖 5-37(c)爲外加正高壓時，其能帶之變化如圖 5-38，在 p-Si 靠近界面處，傳導帶會向下彎，而產生一空乏區，當此區受光激發而產生電子-電洞對時，電洞會在電場之趨使下離開此區，而電子會被侷限在此區中，此區便有如一 n 型通道般，電子成了多數載子，而被儲存於其中，此時稱爲逆轉態。

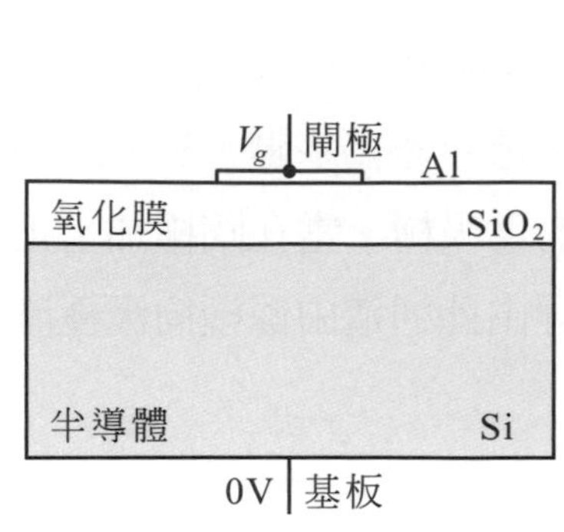

圖 5-35　以 SiO_2 為氧化模之 MOS 元件示意圖

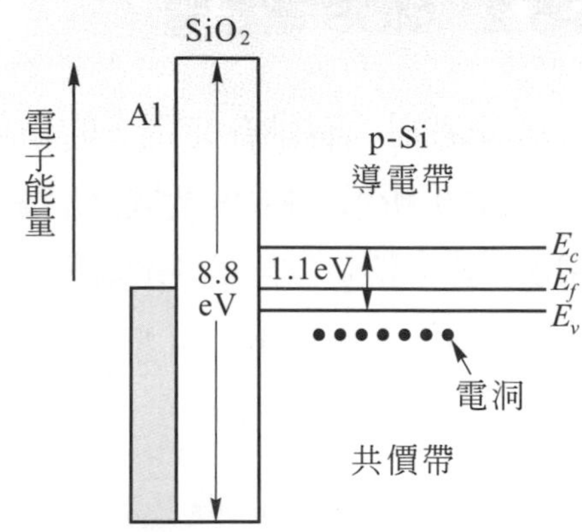

圖 5-36　熱平衡下金屬閘極與 p-Si 之能障

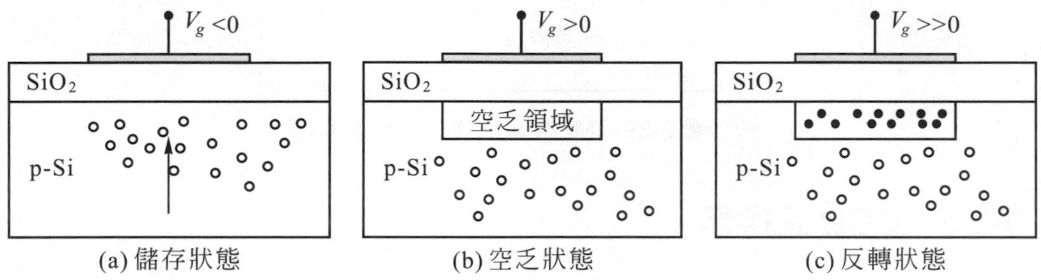

圖 5-37　閘極加上不同大小與極性之電壓所對應之三種操作狀態。(a)為外加負電壓；(b)為外加一正電壓；(c)為外加正高壓

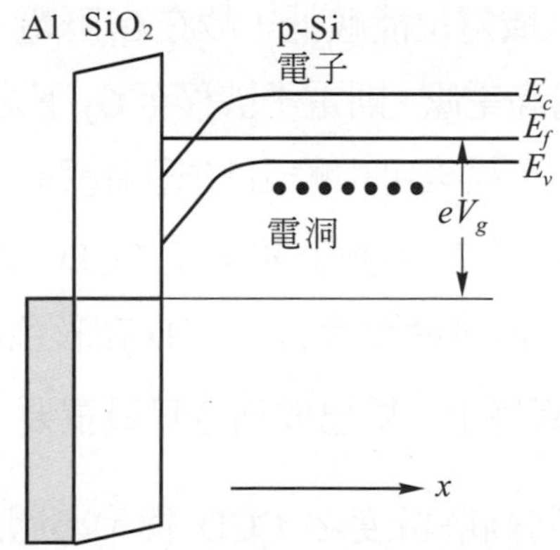

圖 5-38　閘極外加正高壓時，其能帶之變化圖

5-5.2 MOS 電晶體

MOS 電容器具有儲存光載子的功能，而 MOS 電晶體則同時兼具傳輸的功能。

如圖 5-39 所示，MOS 電晶體之結構是以 MOS 電容器爲基礎，另在兩側各加上 n-Si 區塊，其中接負電壓的稱爲源極，外加正電壓的爲汲極。當在閘極加上正高電壓時，會在源極與汲極間形成 n 型通道，而允許電子經由此通道由源極向汲極流動，因此被儲存的電荷便被取出。

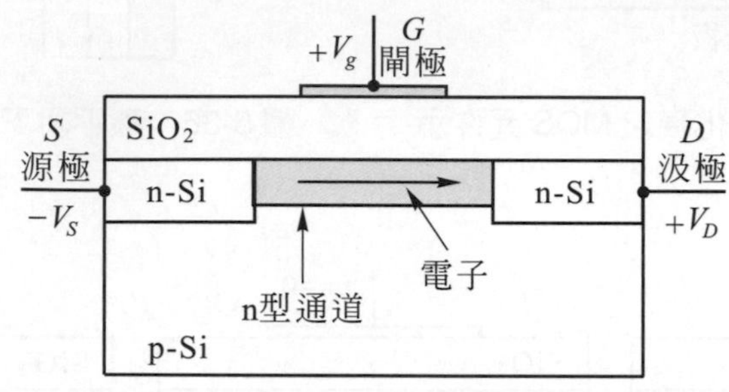

圖 5-39 MOS 電晶體之結構示意圖

5-5.3 CCD 之操作

CCD 之操作原理如圖 5-40 所示，G_1、G_2 與左右之輸入與輸出形成一個單元，在此單元中，只有 G_1 可以受光而產生相對之儲存電荷。當 G_1 上的電壓爲高電壓且 G_2 之電壓爲 0 時，因爲在 G_1 之區域電位能較低，故在 G_1 下電子可被儲存其中；然後 G_1 之電壓降爲 0 而 G_2 之電壓變爲高電壓，則電子被移至 G_2 下之低電位能井中，如此，在 G_1 下之光載子便被趨使至 G_2 區，最後可由輸出電極將電荷取出。

圖 5-40 只爲 CCD 操作之簡單示意圖，事實上 CCD 之驅動脈波與信號輸入及輸出各有許多方法，在此不贅述。而發展至今日，CCD 在彩色取像上現已發展至畫面尺寸只有 $\frac{1}{3}$，解析度平均在 400 條以上，早已成爲今日最重要之動態攝影元件。由於 CCD 的解析度一直在提昇，因此將高解析度之 CCD 與半導體記憶元件組合而成之數位式照相機，在未來勢必會逐漸取代傳統鹵化銀底片式之照相機。

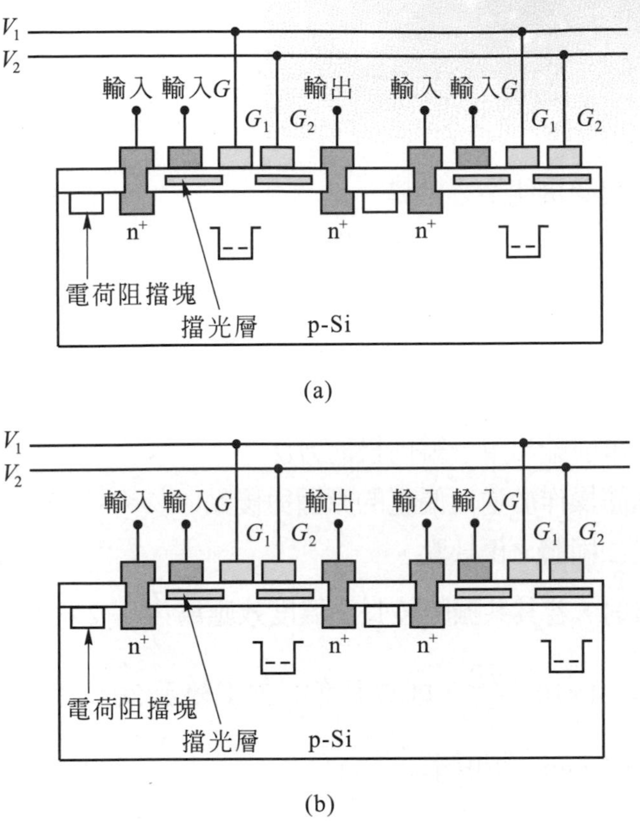

圖 5-40　CCD 之操作原理示意圖

習題

1. 試述直接能隙與間接能隙之差異。
2. 試述半導體雷射之數量反轉的機制與條件。
3. 試述雙異質結構在半導體雷射之設計上有何優點？
4. 若一半導體雷射體之折射率為 2.5，則其共振腔內的光束每來回一趟之增益至少要大於何值？
5. 試述使半導體雷射輸出單一縱向模的方法。
6. 試述受光二極體操作於逆向偏壓的原因與優點。
7. 試述累增受光二極體之優缺點。
8. 某一半導體雷射，若其共振腔腔長之溫度效應為 $\frac{d\ell}{\ell}=2\times10^{-2}\frac{dT}{T}$，且折射率之溫度效應為 $\frac{dn}{n}=-4\times10^{-2}\frac{dT}{T}$，則當溫度由 25℃變至 30℃時，其頻率漂移量為何？(原共振腔長為 1 mm，折射率 $n=3$)

Chapter 6

光纖

6-1　光纖的基本原理

6-2　傳輸模態

6-3　光纖通信

6-4　光纖檢測

光纖是一種以 SiO_2 爲材料製成之纖維，其直徑約只有頭髮的十分之一，大約爲 10 μm～150 μm。光纖是一種波導管，可將光波導引至很遠的距離而只有很小的損耗，這個功能使得光纖極適合應用於通訊上。由於光波之頻率高，光纖在每秒傳遞的資料可高達 10^{10} bits，如果比擬光纖傳輸的速度如高速磁浮列車，那麼傳統之電波傳輸只能說是慢車了，所以未來有線通訊可以想像必然是光纖世界。光纖的用處不只在通訊，在醫療與在感測方面也甚具重要性。本章將以簡單的理論來描述光波在光纖中傳輸的現象與形成的模態，並且也將對光纖在通訊與感測上之用途做一簡略之介紹。

6-1 光纖的基本原理

光纖的基本原理是利用光在光纖維管中不斷地形成全反射而能高效率地讓光波傳輸很長的距離。爲了形成全反射的條件，在光纖內必須要有一個比外面折射率大的介質，如此形成了光纖之基本構造如圖 6-1。在圖 6-1 中，光纖之橫截面最裡層爲纖核，往外側則是另一個同心圓層，稱之爲纖覆，更外面則是塑膠層，用來保護光纖本體，並使光纖具有較佳之柔軟性及抗外擾性。

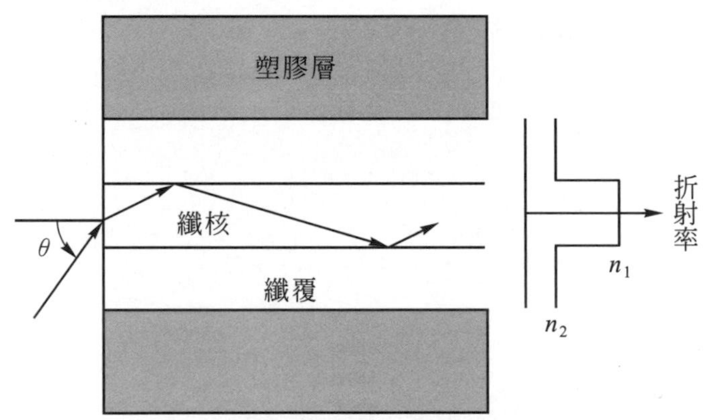

圖 6-1 光入射光纖內全反射傳遞過程與折射率關係圖

爲了要產生全反射，假設入射角爲 θ，纖核之折射率爲 n_1，纖覆之折射率爲 n_2，則全反射之條件爲

$$\theta_{\max} = \sin^{-1}\sqrt{n_1^2 - n_2^2} \tag{6-1}$$

(6-1)式中之 θ_{max} 表示光波在光纖中傳輸並產生全反射之臨界角時，最大之外入射角。所以在空氣中，只有入射角小於 θ_{max} 之光線才可在光纖中產生全反射。由於 $n_1 \cong n_2$，其差距大約只有 0.01 左右，故(6-1)式，可以改寫爲

$$\theta_{max} \cong \sqrt{n_1^2 - n_2^2} \quad (6\text{-}2)$$

我們定義一參數，數値孔徑 NA(Numerical Aperture)爲

$$\mathrm{NA} = n_0 \sin\theta_{max} \quad (6\text{-}3)$$

則在 $n_0 = 1$(空氣)時由(6-2)、(6-3)式可得

$$\mathrm{NA} \cong \sqrt{n_1^2 - n_2^2} \quad (6\text{-}4)$$

因此 NA 可視爲是最大入射角之徑度值，是光纖參數中極重要的一個。光纖之參數亦可用相對折射率差 Δ 來表示，其定義爲

$$\Delta = \frac{n_1^2 - n_2^2}{2n_1^2} \cong \frac{n_1 - n_2}{n_1} \quad (6\text{-}5)$$

由(6-4)、(6-5)式可得 NA 與 Δ 之關係爲

$$\mathrm{NA} \cong n_1\sqrt{2\Delta} \quad (6\text{-}6)$$

Example

若一光纖之纖核折射率 $n_1 = 1.5$，且 $\Delta = 1\%$，則 NA 値爲多少？其最大外入射角爲多少？

$$\mathrm{NA} = 1.5\sqrt{2 \times 0.01} = 0.21$$

$$\theta_{max} = 0.21 \times \frac{180^\circ}{\pi} = 12^\circ$$

(6-2)及(6-4)式可用來作爲光纖集光性質的指標，這個指標在纖核直徑不小於 8 μm 時皆成立，當纖核直徑過小時，由於光波本身會自相干涉，因此上二式就

不能完全再適用了。此外，我們可由上二式發現，最大之外入射角與數值孔徑與光纖纖核直徑之大小是無關的。

6-2 傳輸模態

在光纖中傳輸之光波，必須符合傳輸模態才能傳輸，這是因光纖為一波導管，經由電磁理論的推衍，只有滿足該波導管之模態才能在其間傳輸。因此，並非所有達到全反射條件之入射角的光波皆可在光纖中傳輸。

如圖 6-2，我們可將光纖中光波傳輸的波向量寫成為

$$\vec{k} = \vec{k}_x + \vec{k}_z \tag{6-7}$$

其中

$$k_x = n_1 k \sin\phi \tag{6-8}$$

$$k_z = n_1 k \cos\phi \tag{6-9}$$

k 為光波在真空中之波數，ϕ 為光波在光纖中傳輸的角度。根據(6-7)到(6-9)式，當光波在光纖中傳輸時，k_z 為其縱向等效傳輸波數，而 k_x 為橫向波數。隨著光波沿縱向前進時，其橫向分量在光纖中來回振盪，當每來回一次時，其光程正好等於波長整數倍，或是其相位差正好為 $2m\pi$，且 m 為整數。此光波在橫向上可形成駐波，其能量便因此可在長距離的傳輸中被保持住，如此則形成了傳輸模態。

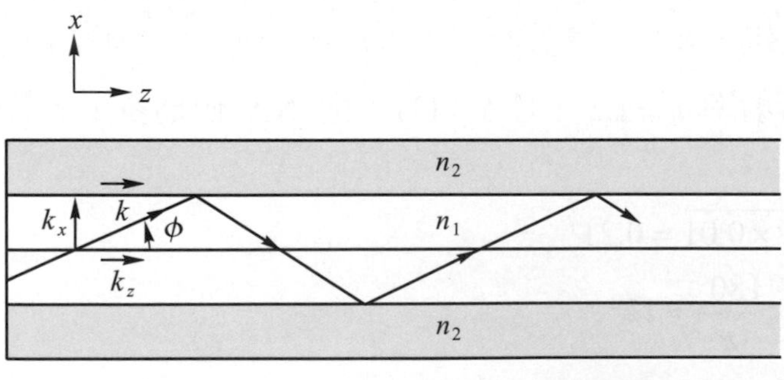

圖 6-2 光波在光纖中之傳輸模態

要更詳細地描述傳輸模態，必須得借助較複雜之電磁理論與計算，然這不在本書範圍內，為簡化起見，假設光纖纖核之半徑為 a，我們定義以下幾個參數

$$A = a\sqrt{n_1^2 k^2 - k_z^2} \tag{6-10}$$

$$B = a\sqrt{k_z^2 - n_2^2 k^2} \tag{6-11}$$

及正規化頻率 V

$$V = \sqrt{A^2 + B^2} = ka\sqrt{n_1^2 - n_2^2} \tag{6-12}$$

$$= \frac{2\pi}{\lambda} a(NA)$$

$$= \frac{2\pi}{\lambda} an_1\sqrt{2\Delta}$$

正規化頻率一般也簡稱爲 V 參數或光纖值，在光纖傳輸模態之數目的計算上扮演極重要的角色。

6-2.1　步階式光纖

步階式光纖(Step Index Fiber)是指纖核與纖覆之折射率值分佈如步階一般，如圖 6-3 所示。

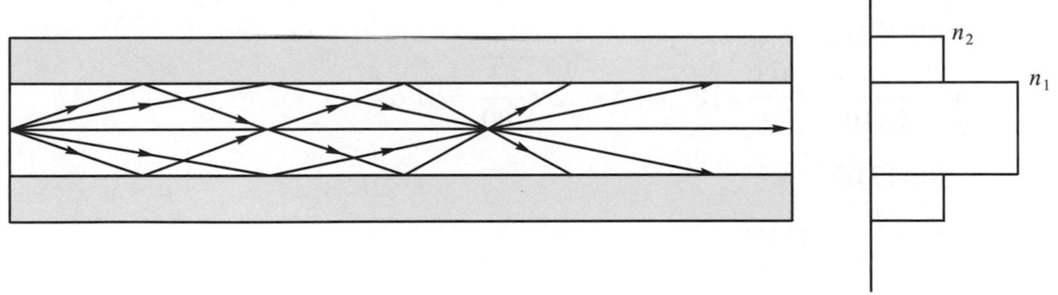

圖 6-3　步階式光纖折射率分布之傳遞模態

在此種光纖中，傳輸的模態與光纖纖核、纖覆之折射率及纖核之半徑皆有關。其傳輸模態之總數可以(6-13)式表之

$$M_S \cong \frac{V^2}{2} \tag{6-13}$$

由於單模之光纖在現代之光纖傳輸上愈見重要，因此可藉由 V 值之改變來達到單模態傳輸之條件。單模態之條件爲

$$0 \le V < 2.405 \tag{6-14}$$

為了使V值達到(6-14)式之要求，最簡單的方式即縮短纖核之半徑，如圖 6-4 所示。

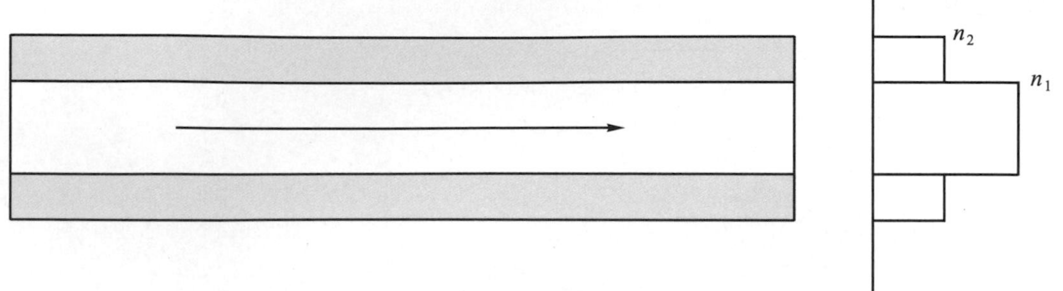

圖 6-4　縮短纖核後步階式光纖之傳遞模態

Example

若有一光纖之相對折射率差為 1.5%，纖核折射率為 1.5，操作波長為 1 μm，則(1)當纖核直徑為 100 μm 時，其傳輸模態數有多少？(2)若為單模傳輸時，其最大之纖核直徑為何？

解 (1)由(6-12)式

$$V = \frac{2\pi}{1\times10^{-6}} \times \frac{100}{2} \times 10^{-6} \times 1.5 \times \sqrt{2\times\frac{1.5}{100}} = 81.6$$

由(6-13)式

$$M_S \cong \frac{V^2}{2} = 3331$$

約有 3300 個模態可以傳輸。

(2)由(6-14)式，我們可以定義單模V值之上限V_{01}

$$V_{01} \equiv 2.4$$

由(6-12)式

$$a = \frac{\lambda V_{01}}{2\pi n_1\sqrt{2\Delta}} = \frac{1\times10^{-6}\times2.4}{2\pi\times1.5\times\sqrt{2\times\frac{1.5}{100}}} = 1.47\ (\mu\text{m})$$

故單模光纖之直徑不得超過$2\times1.47 = 2.94$ μm

Example

同上例(2)，若將該光纖之相對折射率降爲 0.1%，則最大之纖核直徑上限爲何？

解 $V_{01}=2.4=$ 常數

故 $a \propto \Delta^{-\frac{1}{2}}$

所以 $a=1.47\times\sqrt{\dfrac{\frac{1.5}{100}}{\frac{0.1}{100}}}=5.69$

單模光纖、纖核直徑上限爲 $5.69\times 2=11.39\ \mu\text{m}$。

6-2.2 漸層式光纖

漸層式光纖(Graded Index Fiber)之纖核之折射率與步階式光纖不同，其折射率爲漸進式的分佈如圖 6-5。我們可將此種光纖之折射率分布表示爲

$$n(r)=\begin{cases} n_1[1-2\Delta(\frac{r}{2})^{\beta}]^{1/2} & ，r<a\ ，纖核 \\ n_1(1-2\Delta)^{1/2}=\mathrm{n}_2 & ，r\geq a\ ，纖覆 \end{cases} \quad (6\text{-}15)$$

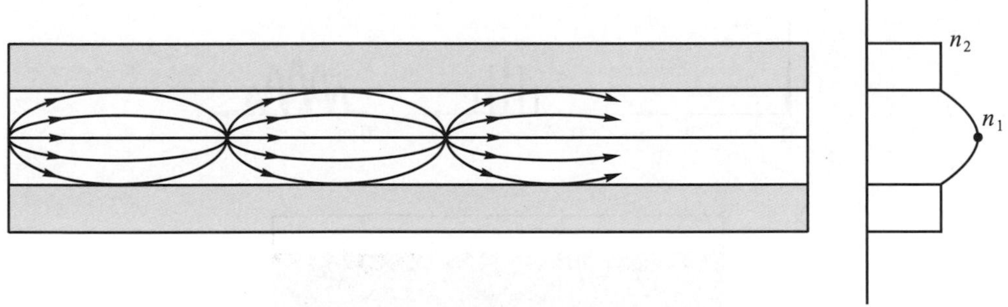

圖 6-5 漸層式光纖之傳遞模態

(6-15)式中，β 爲折射率之分佈參數。若 $\beta=1$ 時，其分部型式爲三角型，而當 $\beta=\infty$ 時，其分佈形式則爲步階型。當 $\beta\cong 2$ 時，其分佈爲拋物線式(如圖 6-6)，此種分佈在多模傳輸之應用上比步階型光纖具有更多的優點。在步階式光纖中，不同模態之光波，其入射角皆不同，但是在纖核中之傳輸速度卻是一樣的，於是會造成不同的模態有色散差(Dispersion)。如圖 6-7 所示，若使一脈衝進入一多模步階式光纖中，且有 M 模態傳輸，則光波經由 L 之距離傳輸後，會變成 M 個子脈衝抵達。假設這些子脈衝之縱向速

度介於 v_{max} 與 v_{min} 之間，則其傳輸時間差為 $L(\frac{1}{v_{min}}-\frac{1}{v_{max}})$，我們可定義其 rms 之脈波時域寬為

$$t_d = \frac{L}{2}(\frac{1}{v_{min}}-\frac{1}{v_{max}}) \cong \frac{n_1 L\Delta}{2C} \tag{6-16}$$

也就是說原脈衝之時域寬度被拉長了。

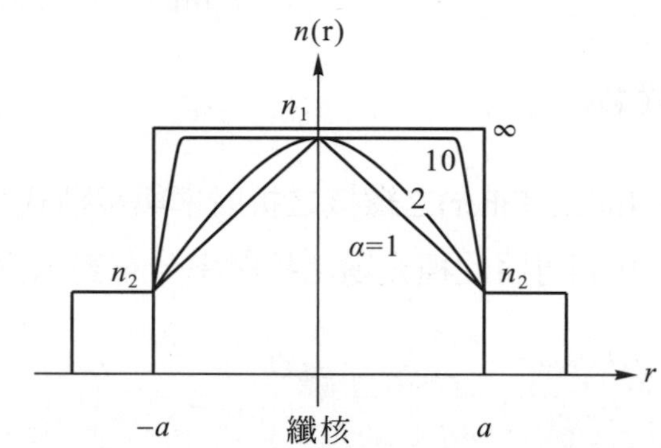

圖 6-6　不同折射率變化之光纖種類

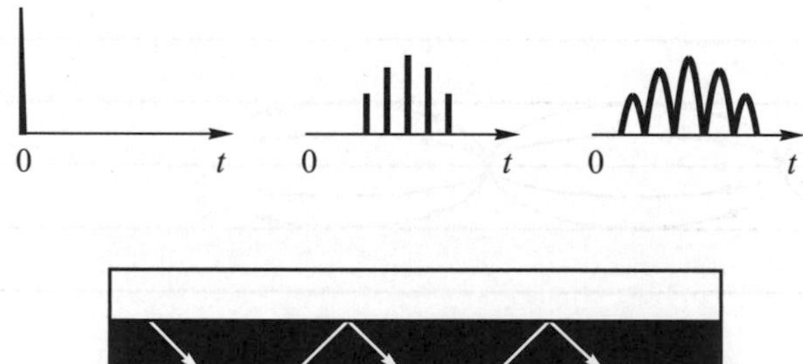

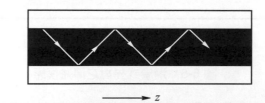

圖 6-7　脈衝進入多模步階式光纖之傳輸模態

色散差之問題在漸層式(尤其是 $\beta \cong 2$ 時)光纖中小得多了。其原因是不同的模態的反射點也不同，如圖 6-8 所示，當入射角愈大時，產生全反射的位置離核心愈遠，所以其光程較長，但因為外圍的折射率值較小，所以其速度較快。其結果是經過一段距離之傳輸後，傳輸時間差比步階式光纖小得多。其 rms 之脈波時域寬可表為

$$t_d = \frac{n_1 L \Delta^2}{4C} \tag{6-17}$$

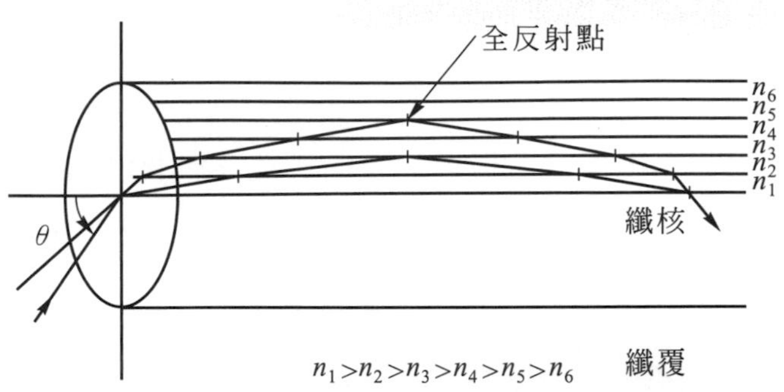

圖 6-8　不同折射率於不同位置所對應之全反射點

Example

若一光纖之纖核折射率 $n_1 = 1.5$，相對折射率差 $\Delta = 1\%$，若傳送距離為 100 km，則為(1)步階式光纖；(2)漸層式光纖($\beta \cong 2$)

(1)步階式光纖：

$$t_d = \frac{100 \times 10^3 \times \frac{1}{100} \times 1.5}{2 \times 3 \times 10^8} = 2.5\ \mu\text{s}$$

(2)漸層式光纖：

$$t_d = \frac{10 \times 10^3 \times (\frac{1}{100})^2 \times 1.5}{4 \times 3 \times 10^8} = 12.5\ \text{ns}$$

除了在色散差之問題上，漸層式光纖比步階式光纖優良外，在傳輸光波之頻寬上，前者亦優於後者。而在多模態傳輸上，漸層式光纖之傳輸模態數與折射率之分佈參數 β 有關，可表示如下：

$$M_g \cong \frac{\beta V^2}{2(\beta + 2)} \tag{6-18}$$

由(6-18)式，當 $\beta = 2$，$M_g = \frac{V^2}{4}$，而當 $\beta = \infty$ 時，也就是步階光纖時，(6-18)式與(6-13)式相同，為前者之二倍。

漸層式光纖亦可作爲單模態光纖，其V參數之上限值可表爲

$$V_{gc} = 2.405\sqrt{1+\frac{2}{\beta}} \tag{6-19}$$

由於纖核半徑與V參數成正比，因此當$\beta = 2$時，V_{gc}爲同條件之步階式光纖之V參數的$\sqrt{2}$倍，因此最大纖核半徑亦爲$\sqrt{2}$倍；而當$\beta = 1$時，爲三角形分佈時，更可達$\sqrt{3}$倍。

Example

一拋物線型折射率分佈之漸層式光纖之纖核直徑爲 100 μm，且其 NA = 0.2，若傳輸波長爲 1 μm，則(1)有多少傳輸模態？(2)若爲單模光纖，則其最大之纖核直徑爲多少？

解 拋物線型折射率分佈，$\beta = 2$

(1) $V = \dfrac{2\pi}{\lambda}a(NA) = \dfrac{2\pi \times \frac{100}{2} \times 10^{-6} \times 0.2}{1 \times 10^{-6}} = 62.8$

$M_g \cong \dfrac{V^2}{4} = 987$

故約有 987 個傳輸模態

(2)單模之條件爲(6-19)式

$V < V_{gc}$

由(6-19)式

可令$V = 2.4\sqrt{1+\frac{2}{2}} = 3.39$

由(6-12)式

$$a = 3.39 \times \frac{\lambda}{2\pi(\text{NA})}$$

$$= \frac{3.39 \times 1 \times 10^{-6}}{2\pi \times 0.2}$$

$$= 2.7\mu\text{m}$$

因此可知其纖核直徑不得大於$2.7 \times 2 = 5.4$ μm

6-3　光纖通信

光纖通信包含三個基本要素，分別爲積體化光源、低傳輸損失與低色散差之光纖及光接收器。以下分敘述之。

6-3.1　光纖特性的影響

光纖性質影響光纖通信甚大，而光纖之性質可以簡化爲傳輸損失性與色散差等兩者。對於傳輸損失性，其與光纖材質對光波之吸收有關；而對於色散差，則與光纖型式，傳輸波長有關，其表現出來的則爲調變頻率的限制。所以前者限制了光纖傳輸的遠近，而後者則影響了傳輸的容量。

在傳輸損失方面，以石英玻璃光纖爲例，如圖 6-9 所示，在短波長時，主要是受到萊利散射(Rayleigh Scattering)所限制，其散射光強度與光頻率之四次方成正比，亦即與波長四次方成反比。而在長波長時，能量之損失則主要爲石英玻璃對紅外光之吸收。上述的能量損失與光纖本身之特性有關，但是當石英玻璃中夾雜有雜質時便會產生多餘的吸收帶，這其中又以 OH 雜質爲甚。圖 6-9 可看到其影響，也因此造成了兩個吸收極小值區，第一個爲 1.3 μm，第二個爲 1.55 μm，後者爲吸收最小區，兩者之吸收各爲 0.3 dB/km 及 0.16 dB/km。而在色散差方面，在波長 1.312 μm 時爲 0，而在波長爲 1.55 μm 時爲 17 psec/km-nm。由以上數據可知，1.3 μm 與 1.55 μm 爲光纖通信之最佳操作波長，後者之傳輸損失小於前者，但是傳輸時間差卻大於前者。

在光纖通信中，頻寬之大小是一個極重要的參數，而頻寬之大小與傳輸時間差有關。傳輸時間差除與光纖型式有關(參考 6-2.2)外，也與光纖材質對不同波長之色散差有關，而其總影響則使脈波變寬，傳輸頻寬變小。假設對一個輸入脈衝，其輸出之脈波變寬爲 t_d，則該光纖之頻寬可表示爲

$$f_{\mathrm{BW}} = \frac{1}{2\pi t_d} \tag{6-20}$$

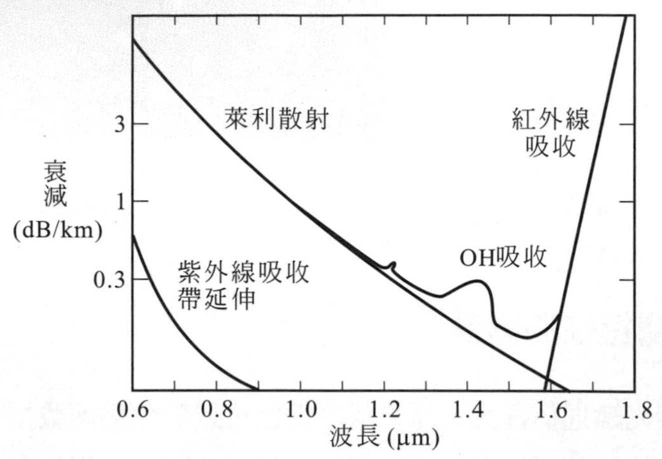

圖 6-9　不同波長入射光纖時所造成之傳遞衰減圖

Example

若光纖之纖核折射率為 $n_1 = 1.5$，相對折射率差 $\Delta = 1.5\%$，其傳送距離為 10 km 與 100 km 時，則為(1)步階式光纖(2)漸層式光纖（$\beta \cong 2$）時，其頻寬各為多少？

(1)步階型光纖：

$L = 10$ km 時，由(6-16)式

$t_d = 0.25$ μs

$$f_{\text{BW}} = \frac{1}{2\pi t_d} = 637 \text{ kHz}$$

$L = 100$ km 時

$t_d = 0.25$ μs

$f_{\text{BW}} = 63.7$ kHz

(2)漸層式光纖：

$L = 10$ km 時，由(6-17)式

$t_d = 0.125$ μs

$$f_{\text{BW}} = \frac{1}{2\pi \times 0.125 \times 10^{-6}} = 1.27 \text{ MHz}$$

$L = 100$ km 時

$t_d = 1.25$ μs

$f_{\text{BW}} = 127$ kHz

6-3.2　光源

光纖通訊之光源必須滿足下列幾點特性：

1. 該波長在光纖中爲低損失與低色散差，因此，最好爲 1.3 μm 或 1.55 μm，且光波之頻寬要小。
2. 功率要足夠大，以使接收器能清楚判讀。
3. 光源之調制頻率要高。
4. 光源必須穩定，雜訊低且抗干擾性要好。

要同時滿足上述之條件並不容易，不過近幾年來在半導體光源之發展上極爲快速，已經有愈來愈理想之光源產生，這些光源大致上可以分爲發光二極體與雷射二極體。比較這兩種光源，在發光二極體方面，具有製造容易、價格低廉、可靠度高與壽命長之優點，但缺點則爲光波之頻寬太大，發散角大以致光強度較弱，同時也比較不適用高頻調變。相對地，雷射二極體之光波頻寬窄、高強度、適用於高頻調變；但缺點爲雜訊多，不穩定及易受溫度的影響等。

在使用的材料上，最早用於光纖光源的發光二極體材料爲 AlGaAs；DH 雷射二極體則爲 AlGaAs / GaAs。由於其波長爲 0.87 μm，在長距離傳輸上有先天上的不便之處，但是因技術最成熟，目前仍廣泛用於光纖之光源上。而在 1.3 μm 及 1.55 μm 這二個波段上，目前使用的發光二極體是以 InGaAsP 爲材料，雷射二極體則爲 InGaAsP/InP 之 DH 結構。由於在 1.3 μm 時之色散差爲最小，因此在此波長之光源之頻寬較無太大之要求；而在 1.55 μm 時，就特別要注意色散差的問題，其光源之光波頻寬必須儘可能窄化。我們由本書 5-3.4 節可知，目前有幾種技術可以用來產生單一縱向模的輸出，其中最常見的便是 DFB 雷射，以後的發展則朝向量子井雷射(Quantum-Well Laser)之開發。

6-3.3　光接收器

在光纖通信使用之光接收器，是以 p-i-n 二極體與 APD 二極體爲主。其中後者本身具有增益，但在通信的頻寬上較受限制。在傳統之 0.87 μm 波段，一般使用的光接收器爲以 Si 爲材料之 APD 二極體。在 1.3 μm 及 1.55 μm 波段，Ge 及 InGaAs 之 p-i-n 二極體較爲常用，而 InGaAs 又因有較低之雜訊與較高之熱穩定性，比較受歡迎。InGaAs 之 APD 二極體雖然一般皆能操作到 2 Gb/s，但衍生之雜訊仍需克服。

6-3.4 光纖通信系統

一個完整系統之光纖通信系統如圖 6-10 所示，具有對稱之元件組合，如光源與光接收器、多工器與解多工器、編碼器與解碼器及調變器與解調變器。而上述元件之特性必須配合光纖本身之特性來使用。

表 6-1 爲針對不同之操作波長，選擇不同之光源、光接收器與光纖型式的組合。其組合的特色是基於光纖本身對不同波長之吸收與傳輸時間差及半導體之光學特性來考量。

目前光纖通信已進入第三代，一般使用的元件是單模式光纖，光源爲操作於 1.55 μm 之 InGaAsP 之 DFB 雷射，具有 560 Mb/s 之高速與每條光纜具有 80,000 通電話之容量。而在發展上，目前已發展出一種摻 E_r^{3+} 之光纖放大器可以用來提昇傳輸之距離與容量，在鋪設之太平洋光纜中，就已使用具有 600,000 通之電話容量且中繼距離約爲 40 km 之光纜。

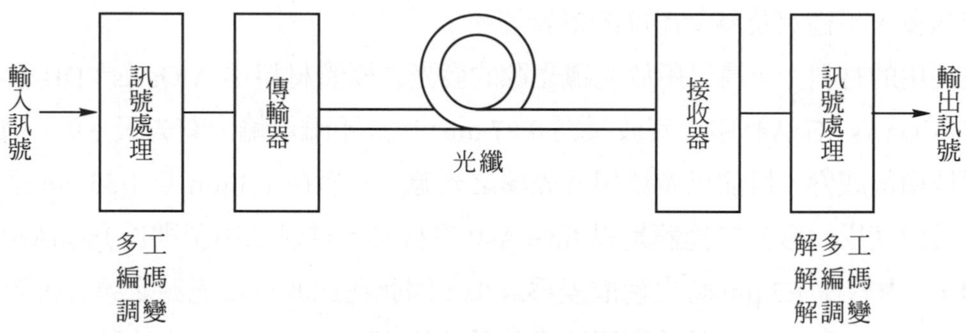

圖 6-10 完整光纖通信系統

表 6-1 在光纖通信中一般之元件選擇

波長(μm)	光源	光纖型式	光接收器
0.87		多模步階式	Si
	AlGaAs (LED)		PIN
1.3		多模進進式	Ge
	JnGaAs (L D)		APD
1.55	AlGaAs (LED)	單模	InGaAs

6-4　光纖檢測

光纖本身是光波傳輸的利器，可用於光感測之訊號傳輸。然而光纖本身也容易受到外界之物理因素的擾動，雖然這對光纖通信而言是不好的，但對於使用光纖本身來當檢測器卻是令人矚目的。也因此，在光纖檢測之發展上，可以分類爲傳輸型與感測型兩種，前者是以光纖來傳輸感測信號，使用的光纖主要爲多模態型的，而後者則以光纖來做爲感測器，使用的光纖主要爲單模光纖。

6-4.1　傳輸型光纖感測器

傳輸型之光纖感測器之架構如圖 6-11 所示，光纖只用作光學訊號之傳輸，圖 6-11(a)所使用的光纖多爲多模態型光纖，爲使不必要的雜訊儘量減低，光源宜用雜訊低的發光二極體，而光接收器則使用溫度特性優異之 p-i-n 二極體。圖 6-11(b)所使用的光纖則是需要使用多模態或單模態之光纖。表 6-2 爲幾種傳輸型光纖感測器與其感測原理。

表 6-2　傳輸型光纖感測器

架構	感測物理量	原理、效應	光波調變	光纖型式
穿透式	溫度	半導體螢光時間常數	光	多模
穿透式	電流、磁場	法拉第效應	偏極化方向	多模
穿透式	電壓、電場	波克爾斯效應	偏極化方向	多模
穿透式	電壓、電場	弗蘭茲－凱迪斯效應	光強度	多模
穿透式	瓦斯濃度	吸收	光強度	多模
反射式	速率、流速	都卜勒效應	頻率	多模(單模)
反射式	位準	發散角	光強度	多模
反射式	表面起伏	反射方向、繞射	光強度	捆束
反射式	微波強度	液晶反射率變化	光強度	紅外光纖
輻射接收式	溫度	紅外線	光強度	捆束
輻射接收式	影像	光傳輸	光強度	捆束

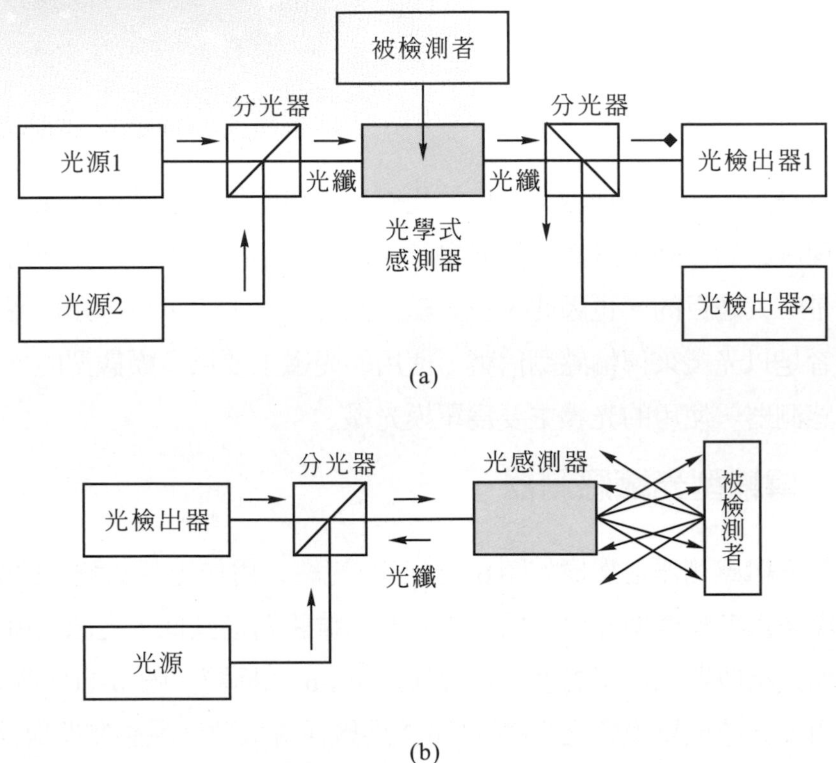

圖 6-11　(a)為光學訊號傳輸之光纖感應器；(b)單模態或多模態之光纖感應器

6-4.2　感測型光纖感測器

感測型光纖感測器式以光纖爲感測元件，這是因爲光纖在受到外界物理因素之擾動時，會產生光波本身強度、偏極方向、相位或頻率之改變，藉由檢測儀器便可將光波擾動的信號解讀出來，再根據光纖本身之物理特性便可以求得擾動源之物理參數，此乃本型感測器之基本原理，如圖 6-12 所示。由於本型感測器是以光纖本體來感測外界之物理參數，因此本感測器之特性與光纖本身之性質有更密切的關係。目前已開發之本型感測器之原理與性質如表 6-3。

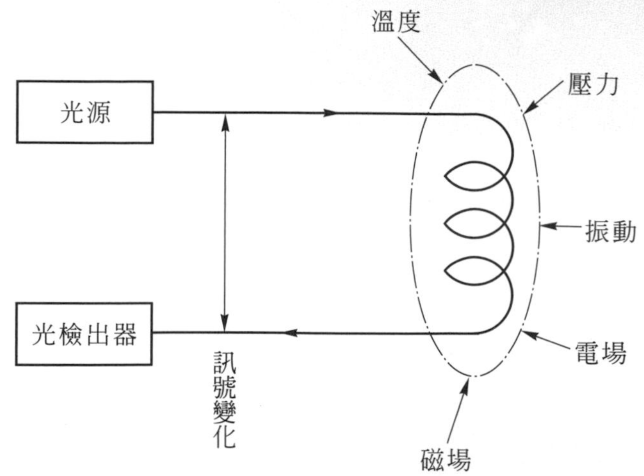

圖 6-12　感測式光纖感應器原理架構圖

表 6-3　感測型光纖感測器

架構	感測物理量	原理、效應	光波調變	光纖型式
邁克生干涉儀	振動、流速、血流	都卜勒效應	頻率	多模(單模)
邁克生干涉儀	電流、磁場	磁畸變效應	相位	單模
馬克、曾德干涉儀	溫度	熱伸縮	相位	單模
馬克、曾德干涉儀	電壓、電場	電畸變效應	相位	單模
馬克、曾德干涉儀	水中音響	彈性光學效應	相位	單模
馬克、曾德干涉儀	電流、磁場	磁畸變效應	相位	單模
環式干涉儀	迴旋角	沙克那克效應	相位	單模
環式干涉儀	電流	法拉第效應	相位	單模
費布里、派洛干涉儀	溫度	熱伸縮	相位	單模(偏極不變)
費布里、派洛干涉儀	流速	振動	振動頻率	單模(偏極不變)
費布里、派洛干涉儀	水中音響	彈性光學原理	相位	單模(偏極不變)
模間干涉儀	溫度	熱伸縮	模間干涉	雙模
模間干涉儀	流速	振動	多模干涉	多模
光損失	水中音響	微彎曲漏光	光強度	多模
光損失	壓力	彎曲漏光	光強度	多模
光損失	溫度	彎曲漏光	光強度	多模

習題

1. 試證明(6-1)式。
2. 某一光纖之最大外入射角為 30°，且 $\Delta = 1\%$ ，則其 NA 值與纖核之折射率各為多少？
3. 某一步階式光纖之 $\Delta = 1\%$ ， $n_1 = 2$ ， $\lambda = 0.5\ \mu\text{m}$ ，則其纖核直徑必須小於何值才可成為單模光纖？
4. 同上題，若光纖直徑為 2 μm， $n_1 = 2.5$ ， $\Delta = 1\%$ ，則此光纖為單模光纖時必須需操作在何種波長範圍內。
5. 某步階式光纖與漸層式光纖($\beta \cong 2$)具有相同的纖核折射率 $n_1 = 1.5$ ，與相同的相對折射率差，若前者脈波時域增寬為後者之 200 倍，則相對折射率差為何？又兩者之脈波時域增寬各為多少？(令長度為 200 km)
6. 試述在光纖感測器中，光纖可扮演的角色。

Chapter 7

繞射光學與全像術

7-1 光波的繞射

當一個點光源照射於一個不透光的物體上時，因光波的傳播向量受到改變，使得相互產生干涉，而可以在觀察平面上觀察光強的變化。觀察平面上的明晰度，如果光強變化是由中心向外逐漸淡出而非突然改變時，表示光的傳遞並不是一個直線傳播，此現象即爲光學繞射。

歷史上科學家爲解釋繞射效應的確花了不少功夫，但也發展出更爲完備的光學波動理論，光波的傳輸與分佈由光的干涉結果決定。光的繞射理論可以解釋成光的傳播非直線行進的現象，但是對應於其他波動的繞射現象，因爲可見光的波長較短，所對應的繞射角度也相對較小，因此觀察到違反幾何光學中的光循直線前進的論述，只有在障礙物較小的情況之下比較容易被觀察，這個現象與光波遇到障礙物的大小及光波的波長有很大的關聯。

在分析光的繞射和分析成像一樣，可利用一個輸入與輸出的光學系統表示。在大多數的情況下，這個系統的理論可以簡單的應用於光學的成像與處理系統，雖然沒有光學系統是完全線性的，但在絕大多數的情形下，光學系統是可以視爲線性的，因此可以使用線性系統理論來分析。光學系統的分析通常涉及線性空間不變的概念，因此在下面的章節中，我們將首先介紹繞射與傳氏轉換，接著繞射效應分析傅立葉轉換技巧，然後介紹繞射極限，最後介紹 4f 系統與全像術。

7-1.1 繞射與傳氏轉換

繞射是光波在傳播後的能量分佈變化的一種效應，而能量的分佈是由於各種波前分量因不同傳播方向使得疊加後的波前產生變化。唯一例外的是平面波，平面波因爲只有一個傳播方向，其能量分佈與波前不會因爲傳播而有所改變，因此平面波並不會在自然空間產生繞射。然而，自然界沒有理想的平面波，因爲所有的波前都是有限延伸的，這意味著是每個光波都具有多個不同傳遞方向，沿著不同的方向傳遞，使得光強能量受到傳播方向不同而有所改變，光強能量分佈與波前的改變即爲繞射光學。

波前可以視爲不同傳遞方向的平面所組合，如圖 7-1 所示。同樣地，一個時間函數可以分解成一組不同頻率的調和函數的組合，在圖 7-2 中，一張照片可以被分解成各種不同傳播方向的正弦光柵。而分解的方法可利用傅立葉轉換。一個特定傳播方向的正弦光柵關係到一個特定平面波。其中的關鍵參數是空間頻率，這相當一個週期性正弦光柵正比於其平面波的傳播角度。我們可以利用傅立葉轉換來預測當光波傳遞過一個空間圖案後的空間繞射圖案，亦即分析光柵的向量分佈以及空間頻率。因此利用傅氏轉換來分析繞射現象稱之為傅氏光學。

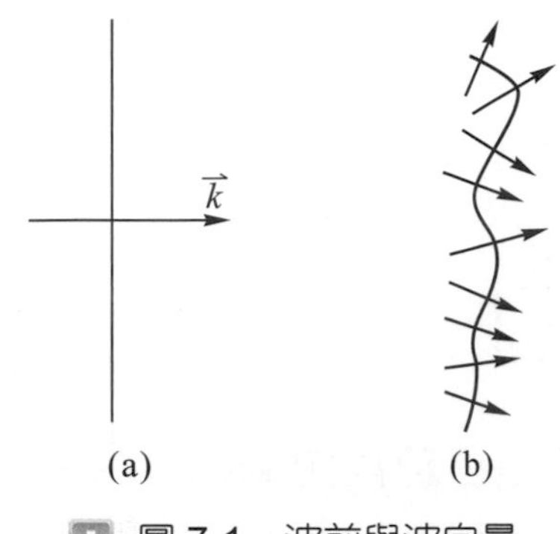

圖 7-1　波前與波向量

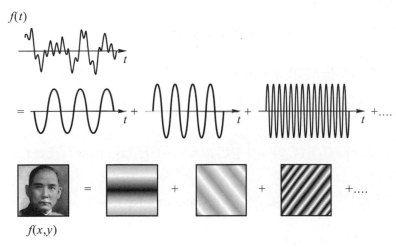

圖 7-2　時間函數與不同頻率的調和函數之組合示意圖

7-2　傅氏轉換

在線性空間不變光學系統中，空間頻率與傅立葉轉換是極為重要的，亦即可以方便地利用傅立葉轉換來進行分析頻率。

在此考慮一個二維之複數函數，可得其傅氏頻譜 $F(f_x, f_y)$如下

$$F(f_x,f_y)=\iint_{-\infty}^{\infty} f(x,y)\exp\{-i2\pi(f_x x+f_y y)\}dxdy \quad (7\text{-}1)$$

其中 (f_x, f_y) 代表空間頻率座標系統。同理 $f(x, y)$ 亦可透過逆傳氏轉換表示爲

$$f(x,y)=\iint_{-\infty}^{\infty} F(f_x,f_y)\exp\{i2\pi(f_x x+f_y y)\}df_x df_y \quad (7\text{-}2)$$

(7-1)式與(7-2)式是傅立葉轉換組，並可表示爲

$$F(f_x,f_y)=\mathcal{F}\{f(x,y)\} \quad (7\text{-}3)$$

$$f(x,y)=\mathcal{F}^{-1}\{F(f_x,f_y)\} \quad (7\text{-}4)$$

其中，$\mathcal{F}$ 與 $\mathcal{F}^{-1}$ 表示傅立葉轉換與反傅立葉轉換。在一般的情況下，$F(f_x,f_y)$ 是由振幅與相位項所組成的複數函數，

$$F(f_x, f_y)=|F(f_x, f_y)|\exp\{-i\phi(f_x, f_y)\} \quad (7\text{-}5)$$

其中 $|F(f_x, f_y)|$ 被稱爲振幅頻譜，$\phi(f_x, f_y)$ 爲相位頻譜，而 $F(f_x, f_y)$ 被稱爲傅立葉頻譜或爲 $f(x, y)$ 的空間頻譜。如給定兩個常數 C_1 與 C_2，可得

$$\begin{aligned}\mathcal{F}\{C_1 f_1(x, y)+C_2 f_2(x, y)\} &= \iint_{-\infty}^{\infty}[C_1 f_1(x, y)+C_2 f_2(x, y)]\exp\{-i2\pi(f_x x+f_y y)\}dxdy \\ &= C_1\iint_{-\infty}^{\infty} f_1(x, y)\exp\{-i2\pi(f_x x+f_y y)\}dxdy+C_2\iint_{-\infty}^{\infty} f_2(x, y)\exp\{-i2\pi(f_x x+f_y y)\}dxdy \\ &= C_1F_1(f_x, f_y)+C_2F_2(f_x, f_y)\end{aligned} \quad (7\text{-}6)$$

由上式可知，傅立葉轉換是一個線性轉換系統，其在數學上代表是可線性疊加與分解的。

傅氏轉換有幾個特殊的轉換，在進行計算時會相當常見，我們將之歸納如下：

$$\mathcal{F}\{f(x)g(x)\}=\mathcal{F}\{f(x)\}*\mathcal{F}\{g(x)\}=F(f_x)*G(f_x)$$

$$\mathcal{F}\{f(x)*g(x)\}=F(f_x)G(f_x)$$

$$\mathcal{F}\{f(x)g(-x)\} = F(f_x)\otimes G(f_x)$$

$$\mathcal{F}\{\mathcal{F}\{f(x)\}\} = f(-x)$$

$$\mathcal{F}^{-1}\{\mathcal{F}\{f(x)\}\} = f(x)$$

$$\mathcal{F}\{\text{rect}(x)\} = \text{sinc}(f_x)$$

$$\mathcal{F}\{\text{sinc}(x)\} = \text{rect}(f_x)$$

$$\mathcal{F}\{\text{tri}(x)\} = \text{sinc}^2(f_x)$$

$$\mathcal{F}\{\text{sinc}^2(x)\} = \text{tri}(f_x)$$

$$\mathcal{F}_\beta\{\text{circ}(x)\} = 2\pi\int_0^1 rJ_0(2\pi r\rho)\,dr = \frac{J_1(2\pi\rho)}{\rho}$$

$$\mathcal{F}\{1\} = \delta(f_x)$$

$$\mathcal{F}\{\delta(x)\} = 1$$

$$\mathcal{F}\{e^{\pm i2\pi f_o x}\} = \delta(f_x \mp f_o)$$

$$\mathcal{F}\{\delta(x\pm x_o)\} = e^{\pm i2\pi f_x x_o}$$

$$\mathcal{F}\{\cos(2\pi f_o x)\} = \frac{1}{2}\{\delta(f_x - f_o)+\delta(f_x + f_o)\}$$

$$\mathcal{F}\{\sin(2\pi f_o x)\} = -\frac{i}{2}\{\delta(f_x - f_o)-\delta(f_x + f_o)\}$$

$$\mathcal{F}\{\text{comb}(x)\} = \text{comb}(f_x)$$

$$\mathcal{F}\{f(ax)\} = \frac{1}{a}F(\frac{f_x}{a})$$

在上式中，$*$稱爲摺合運算或迴旋積分(Convolution)，定義爲

$$f(x)*g(x) = \int_{-\infty}^{\infty} f(f_x)g(x-f_x)df_x \tag{7-7}$$

$\otimes$稱爲關聯運算(Correlation)　，定義爲

$$f(x)\otimes g(x) = \int_{-\infty}^{\infty} f(f_x)g(f_x-x)df_x \tag{7-8}$$

其中的幾個特殊函數定義如下：

rect(x)爲一方形函數，其圖形如圖 7-3 所示，其數學式如下

$$\mathrm{rect}(\frac{x}{x_o})=\begin{cases}\frac{1}{x_o}, & -\frac{x_o}{2}\le x\le\frac{x_o}{2}\\ 0, & \text{其它}\end{cases} \tag{7-9}$$

sinc(x) 為一衰減正弦函數，其圖形如圖 7-4 所示，其數學式如下

$$\mathrm{sinc}(x)=\frac{\sin(\pi x)}{\pi x} \tag{7-10}$$

tri(x) 為一三角錐函數，其圖形如圖 7-5 所示，其數學式如下

$$\mathrm{tri}(x)=\begin{cases}1-|x|, & |x|\le 1\\ 0, & \text{其它}\end{cases} \tag{7-11}$$

circ(x) 為一圓柱函數，其圖形如圖 7-6 所示，其數學式如下

$$\mathrm{circ}\sqrt{x^2+y^2}=\begin{cases}1 & , \sqrt{x^2+y^2}<1\\ \frac{1}{2} & , \sqrt{x^2+y^2}=1\\ 0 & , \text{其它}\end{cases} \tag{7-12}$$

comb(x) 為一梳狀點陣列函數，其圖形如圖 7-7 所示，其數學式如下

$$\mathrm{comb}(x)=\sum_{n=-\infty}^{\infty}\delta(x-n)\text{，}n\text{ 為整數} \tag{7-13}$$

Example

計算 rect(x) 的傅氏轉換。

解

$$\mathcal{F}\{\mathrm{rect}(x)\}=\int_{-\infty}^{\infty}\mathrm{rect}(x)e^{-i2\pi f_x x}dx=\int_{-\frac{1}{2}}^{\frac{1}{2}}e^{-i2\pi f_x x}dx$$

$$=\frac{i}{2\pi f_x}\left(e^{-i\pi f_x a}-e^{i\pi f_x a}\right)=\frac{\sin(f_x)}{\pi f_x}=\mathrm{sinc}(f_x)$$

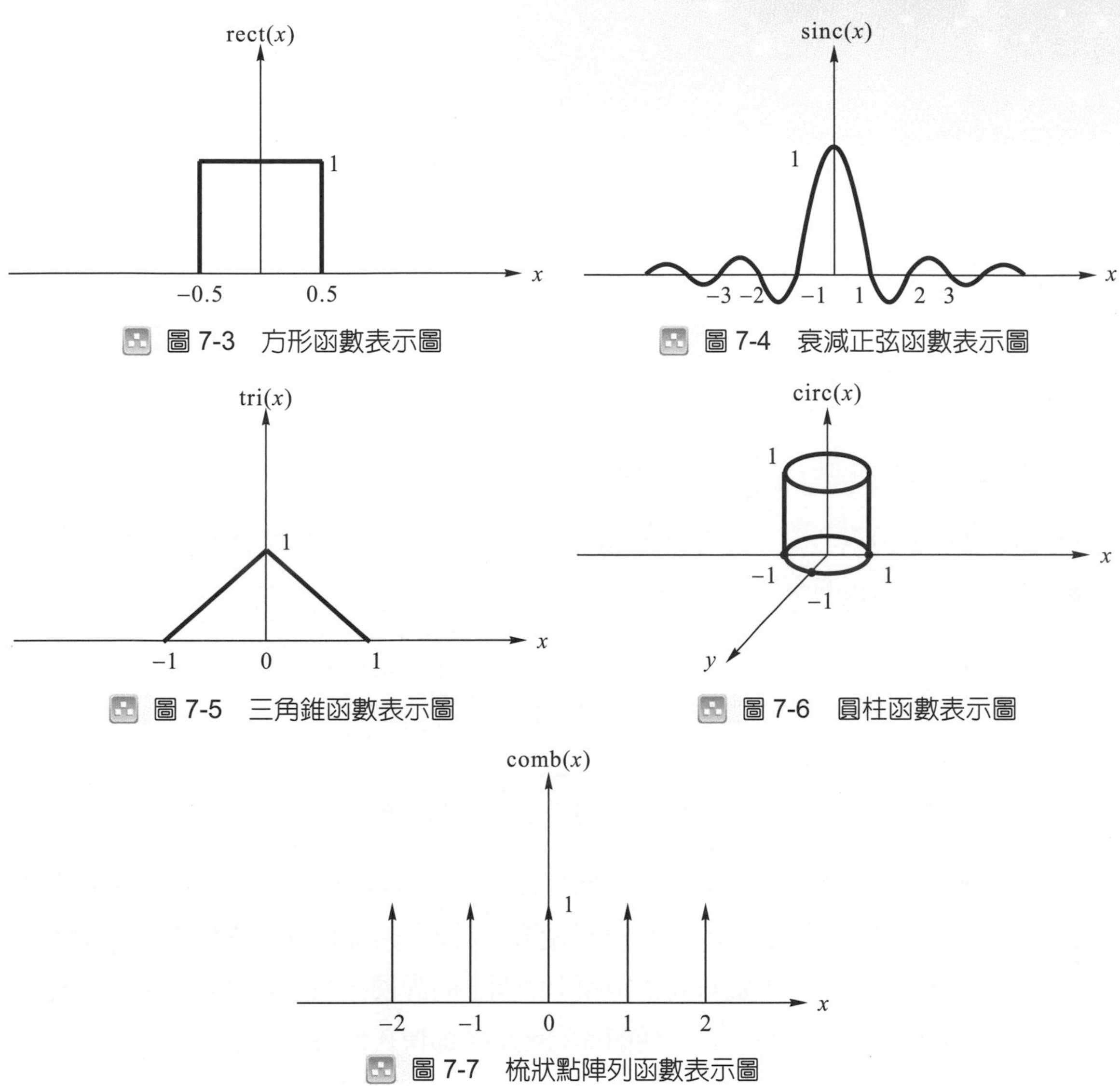

圖 7-3　方形函數表示圖

圖 7-4　衰減正弦函數表示圖

圖 7-5　三角錐函數表示圖

圖 7-6　圓柱函數表示圖

圖 7-7　梳狀點陣列函數表示圖

7-3　線性與位移不變系統

在一個線性系統中，輸入訊號可以分解(Decomposition)成以基礎元素為基底，而其最後的輸出則是這些基底輸出函數的線性疊加(Superposition)。若這些基底在系統的輸出不因所在的位置而改變，這個系統便具有空間不變性或位移不變性(Space Invariance or Shift Invariance)，這樣的系統便可稱為線性與位移不變系統(Linear and Space Invariant System)，簡稱 LSI。在繞射光學的 LSI 中，基底為空間脈衝，即為點光源(Point Source)，其在 LSI 的輸出便稱為脈衝響應(Impulse Response)，若其函數表示爲$h(\alpha, \beta; x, y)$，則如圖 7-8 所示，輸出函數$g(x, y)$與輸入函數$f(\alpha, \beta)$之間的關係可以表示爲

$$g(x, y) = \iint f(\alpha, \beta)h(x-\alpha, y-\beta)d\alpha d\beta = f(x, y) * h(x, y) \tag{7-14}$$

即輸出函數將是輸入函數與脈衝響應的捲積。(7-14)式在自由空間之光波的繞射扮演極爲重要的角色，若我們以系統化的角度來看，便可將(7-14)式改寫爲

$$G(f_x, f_y) = \mathscr{F}\{g(x, y)\} = \mathscr{F}\{f(x, y) * h(x, y)\} = F(f_x, f_y)H(f_x, f_y) \tag{7-15}$$

即輸出函數的頻譜函數$G(f_x, f_y)$等於輸入函數的頻譜函數與系統的穿透函數(Transfer Function)的乘積。系統的穿透函數爲脈衝響應的傅氏轉換，代表一個系統的頻率響應，是該系統的重要的性能指標。

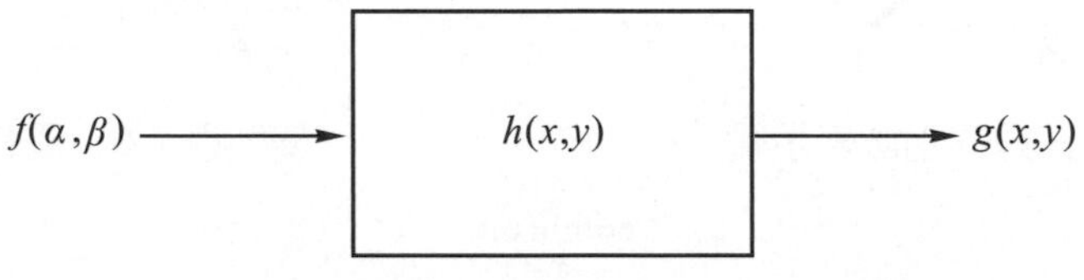

圖 7-8　LSI 輸入與輸出之關聯圖

對一個 LSI，我們可根據(7-14)式與(7-15)式來了解該系統的特性與計算輸出函數。圖 7-9 表示的是在掌握一個系統時，脈衝響應是在正空間上的一個性能評價指標，相對地，穿透函數便是在倒數空間或是頻率空間上的評價指標，更適合以系統的角度來操作，而兩者之間，便只存在一個簡單的數學，即傅氏轉換。

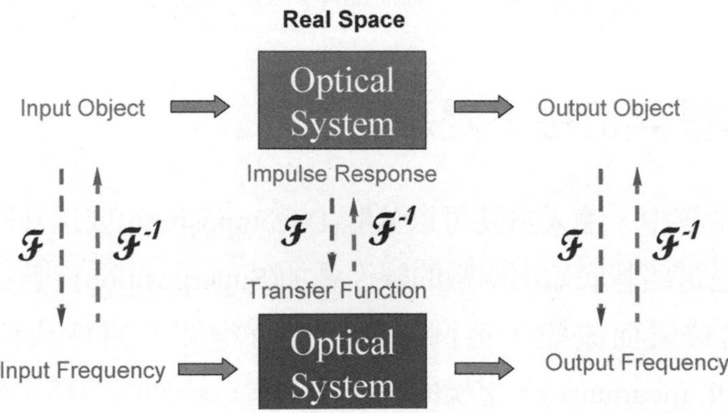

圖 7-9　正空間的脈衝響應與頻率空間的穿透函數皆是一個 LSI 的重要性能指標，二者可以傅氏轉換來連接

7-4　萊利－梭摩費爾德繞射理論

依據在 1-3 節中的海更斯理論，如圖 7-10 中的觀察面座標系統下 $u_2(x, y, z_2)$ 所觀察到的複數振幅，是由位於輸入面座標系統 $u_1(\alpha, \beta, z_1)$ 下的單色光源所造成，其由點光源輻射出來的是一個理想的球面波，其複數光振幅 $h(\alpha, \beta\,; x, y\,; r_{12})$ 可表示為

$$h(\alpha,\beta;x,y;r_{12}) = \frac{1}{i\lambda r_{12}} e^{i(kr_{12}-\omega t)} \tag{7-16}$$

其中為 k 波數，ω 為角頻率，r_{12} 為點光源 p 與觀察點 p' 之間的距離，可表示為

$$r_{12} = \left[{z_{12}}^2 + (\alpha - x)^2 + (\beta - y)^2 \right]^{1/2} \tag{7-17}$$

(7-16)式表示在自由空間到達觀察平面的單色球面波，因為是由點光源輻射而來，因此，自由空間光波傳輸之脈衝響應即為球面波。

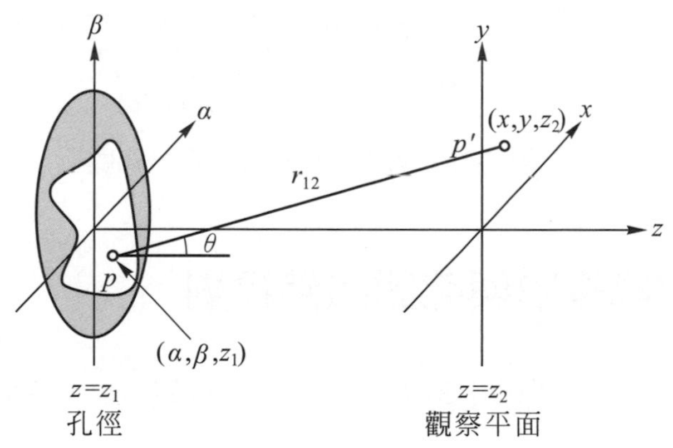

圖 7-10　繞射光場的輸入面與觀察面之相對關係

若在輸入平面上有一個特殊的孔徑，當一個光波通過此孔徑時，其波向量必受到調制，波前即會改變。當光波離開孔徑一個很短的距離時，該光波因孔徑賦予的調制波向量在向前傳輸時可能具有衰減性，而使該波向量對應的光波無法有效傳出，形成消逝波(Evanescent wave)，此時的場域稱為近場(Near Field)。在脫離近場區域後，所有的波向量皆可在自由空間傳輸，同時光波不同電場分量不會互相耦合，因此可以以純量的萊利－梭摩費爾德繞射(Rayleigh-Sommerfeld Diffraction)理論來精確計算傳輸的光場，如圖 7-11 所示。萊利－梭摩費爾德繞射光場可表示如下：

$$u_2(x,y)=\int_{-\infty}^{\infty}\int u_1(\alpha,\beta)\frac{e^{jkr_{12}}}{i\lambda r_{12}}d\alpha d\beta \tag{7-18}$$

(7-18)式中，可以發現如圖 7-8 與(7-16)式所示，$u_2(x, y)$ 即爲 $u_1(\alpha, \beta)$ 與球面波的捲積。(7-18)式中的傳輸距離 r_{12} 因爲出現於相位項，非常敏感，我們可以以泰勒展開式(Taylor Expansion)表示

$$r_{12}=z_{12}\{1+\frac{1}{2z_{12}^2}[(\alpha-x)^2+(\beta-y)^2]+\frac{1}{8z_{12}^4}[(\alpha-x)^2+(\beta-y)^2]^2+\cdots\} \tag{7-19}$$

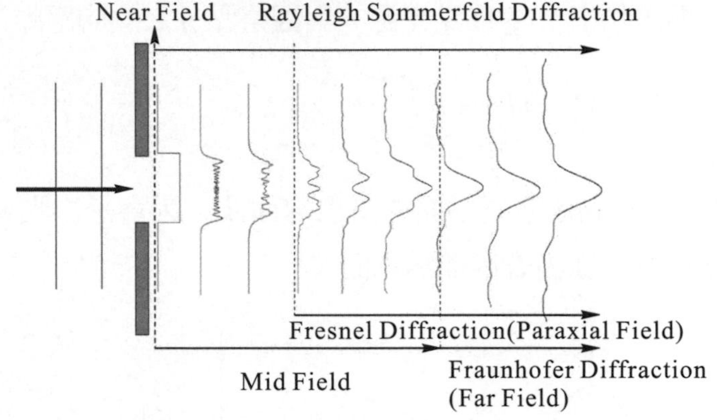

圖 7-11　近場、中場及遠場分布圖

7-5　費耐爾繞射與弗朗哈佛繞射

當觀察點位於觀察面的光軸上附近，並符合近軸條件時，則(7-19)式將可近似爲

$$r_{12}\approx z_{12}\{1+\frac{1}{2z_{12}^2}[(\alpha-x)^2+(\beta-y)^2]\} \tag{7-20}$$

則(7-16)式則可改寫爲

$$h(\alpha-x,\beta-y,z_{12})\cong\frac{1}{i\lambda z_{12}}\exp\left\{ik\left[z_{12}+\frac{(\alpha-x)^2}{2z_{12}}+\frac{(\beta-y)^2}{2z_{12}}\right]\right\} \tag{7-21}$$

此時之繞射場可以重新表示爲

$$u_2(x,y)=\frac{e^{ikz_{12}}}{i\lambda z_{12}}\int\int_{-\infty}^{\infty}u_1(\alpha,\beta)e^{i\frac{\pi}{\lambda z_{12}}\{(x-\alpha)^2+(y-\beta)^2\}}d\alpha d\beta \tag{7-22}$$

此即被稱爲費耐爾繞射(Fresnel Diffraction)，其成立之條件爲

$$\frac{\pi}{4\lambda|z_{12}|^3}[(\alpha-x)^2+(\beta-y)^2]^2<<1 \tag{7-23}$$

在費耐爾繞射中，其線性系統的脈衝響應可簡化爲

$$h(x,y)=C\exp\left[i\frac{k}{2z_{12}}(x^2+y^2)\right] \tag{7-24}$$

其中

$$C=\frac{1}{i\lambda z_{12}}\exp[ikz_{12}] \tag{7-25}$$

(7-25)式代表一個複數係數。

Example

當一道光波長爲 0.5 μm 經過一個有 1 cm 的孔徑，多遠距離可滿足費耐爾繞射條件。並請依據公式(7-23)計算。

解

$$|z_0|^3>>\frac{\pi}{4\lambda}[(\alpha-x)^2+(\beta-y)^2]^2=\frac{\pi(0.5\times10^{-2})^4}{4(0.5\times10^{-6})}=\frac{625\times10^{-6}\times\pi}{2}m^3$$

$$|z_0|>>10\text{cm}$$

在萊利－梭摩費爾德繞射光場中，當觀察面在更遠的距離，不但滿足(7-23)式的條件，更可以滿足

$$\frac{\pi(x^2+y^2)_{\max}}{\lambda z_{12}}<<1 \tag{7-26}$$

則(7-22)式可以改寫爲

$$u_2(x,y)=\frac{e^{i\left\{kz_{12}+\frac{\pi}{\lambda z_{12}}(x^2+y^2)\right\}}}{i\lambda z_{12}}\int\int_{-\infty}^{\infty}u_1(\alpha,\beta)e^{-i\frac{2\pi}{\lambda z_{12}}(\alpha x+\beta y)}d\alpha d\beta \tag{7-27}$$

上式中，輸出的複數振幅正比於輸入複數振幅的傅氏轉換，此即稱為弗朗哈佛繞射(Fraunhofer Diffraction)或遠場繞射(Far Field Diffraction)，我們可以將之簡寫如下

$$u_2(x,y)=B_{12}\mathcal{F}\left\{u_1(\alpha,\beta)\right\}_{f_x,f_y} \tag{7-28}$$

其中 B_{12} 為在輸出面具有球面波相位的複數係數，f_x 與 f_y 為倒數空間的物理量，

$$f_x=\frac{x}{\lambda z_{12}}$$
$$f_y=\frac{y}{\lambda z_{12}} \tag{7-29}$$

為傅氏轉換所需的變數變換。

Example

假設一個單色平面波入射經一個邊長為 W 的方形孔徑的繞射屏幕，計算遠場弗朗哈佛繞射。

方形孔徑傳遞方程式可寫為

$$f(x,y)=\begin{cases}1, & |x|\le\frac{W}{2}\quad and\quad |y|\le\frac{W}{2}\\ 0, & otherwise\end{cases}$$

根據費耐爾－克希荷夫理論，在繞射平面後的光場可寫為

$$g(\alpha,\beta)=\int\int_{-\infty}^{\infty}f(x,y)h_l(\alpha-x,\beta-y)dxdy$$

其中 ℓ 是代表屏幕後的距離，是 $h_l(x,y)$ 代表空間脈衝響應。假設距離 ℓ 與繞射孔徑相比是足夠大的，而光場可表示為[見(7-27)式]

$$g(\alpha,\beta)=C\int_{-\frac{W}{2}}^{\frac{W}{2}}\int_{-\frac{W}{2}}^{\frac{W}{2}}\exp\left[-\frac{ik}{\ell}(\alpha x+\beta y)\right]dxdy$$

其中，C 代表是一個複數的比例常數。分離這個等式，可得

$$g(\alpha,\beta)=C\int_{-\frac{W}{2}}^{\frac{W}{2}}\exp\left(-\frac{ik}{\ell}dx\right)dx\int_{-\frac{W}{2}}^{\frac{W}{2}}\exp\left(-\frac{ik}{\ell}\beta y\right)dy$$

$$=C\left[\frac{\sin\left(\frac{\pi W\alpha}{\lambda\ell}\right)}{\frac{\pi W\alpha}{\lambda\ell}}\right]\left[\frac{\sin\left(\frac{\pi W\beta}{\lambda\ell}\right)}{\frac{\pi W\beta}{\lambda\ell}}\right]$$

$$=C\,\mathrm{sinc}(\frac{W\alpha}{\lambda\ell})\,\mathrm{sinc}(\frac{W\beta}{\lambda\ell})$$

這即爲方形孔徑的傅立葉轉換。

Example

若 $\lambda=0.5$ μm 時，且繞射孔徑之直徑爲 1 cm，則遠場繞射之條件爲何？

解

$$z>>\frac{k(\alpha^2+\beta^2)}{2}$$

$$=\frac{2\pi(0.5\times10^{-2})^2}{2\times0.5\times10^{-6}}=157\text{ m}$$

Example

若有一正方形之繞射孔徑，其邊長爲 a，求在遠場繞射之強度分佈。

解 可令此繞射孔徑如下

$$u_1(\alpha,\beta)=\mathrm{rect}(\frac{\alpha}{a})\mathrm{rect}(\frac{\beta}{a})$$

令 $f_x=\dfrac{x}{\lambda z_{21}}$，$f_y=\dfrac{y}{\lambda z_{21}}$，則

$$u_2(f_x,f_y)\propto\mathcal{F}\{u_1(\alpha,\beta)\}\Bigg|_{\substack{f_x=\frac{x}{\lambda z_{21}}\\ f_y=\frac{y}{\lambda z_{21}}}}$$

$$=a^2\,\mathrm{sinc}(af_x)\,\mathrm{sinc}(af_y)$$

則其光強度 $I_2=|u_2|^2$

$$I_2(x,y)=\frac{a^4}{\lambda^2 z_{21}^2}\mathrm{sinc}^2(\frac{ax}{\lambda z_{21}})\mathrm{sinc}^2(\frac{ay}{\lambda z_{21}})$$

其分佈可表為圖 7-12。

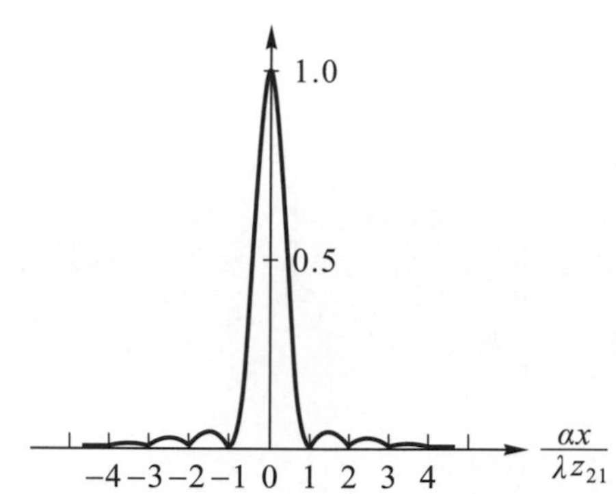

圖 7-12　通過一方型孔徑之遠場繞射光強分布

7-6　空間頻率與繞射光場

上式中的倒數空間的物理量在傅氏光學中具有極為重要的物理意涵，由於其在倒數空間，我們將之稱為光場之空間頻率(Spatial Frequency)，可表示如下

$$f_x=\frac{\alpha}{\lambda z_{12}}=\frac{\sin\theta_\alpha}{\lambda}$$
$$f_y=\frac{\beta}{\lambda z_{12}}=\frac{\sin\theta_\beta}{\lambda} \tag{7-30}$$

其中的 θ_α 與 θ_β 分別為光波傳輸時，其波向量在 $x(\alpha)$ 與在 $y(\beta)$ 的夾角。從(7-30)式中可以了解，空間頻率與波向量的方向有關。當一個光波具有較大的繞射角時，該繞射角會對應一個特殊的空間頻率，其關係就如同(7-30)式所表示。

在傅氏光學中，繞射光場的計算與空間頻率的掌握幾乎是同一件事。在(7-18)式中的萊利－梭摩費爾德繞射公式，是將所有在輸入平面的的波前上的每一個點視為點光源，因此在觀察面上的光場成為這些點光源所造成的球面波的疊加；在(7-22)式中的費耐爾繞射則是當觀察面距離輸入面稍遠或是觀察點在近軸時而符合近軸條件時，其脈衝響應就可以從球面波變為拋物面波；而當傳輸的距離更遠時，脈衝響應的球面波就可近似為平面波，此時(7-27)式表示的正好是一個完整的傅氏轉換，將 u_1 的光場轉換爲u_2的光場方佈。u_1是輸入的光場，其光場的分佈是在空間之中，但是在(7-27)式的轉換之後，以數學來看，其光場是在頻率空間(倒數空間)，此時的(7-29)式便極爲重要，f_x與f_y雖然是空間頻率，但是他們正好對應到觀察面的正空間，因爲f_x與α成正比而f_y與β成正比。這非常有趣，因爲代表的是在遠場繞射時，其繞射場的分佈可視爲空間頻率的分佈，亦即是一個入射場的傅氏轉換分佈，是其各種平面波分量的分佈，亦是該光波的空間頻率的分佈。

圖 7-11 描繪了上述的幾個光場的分佈，其中萊利－梭摩費爾德繞射理論可以涵蓋整個純量繞射光場，即在物理學的近場之後，只要光波是傳輸場，即可以萊利－梭摩費爾德繞射理論做精確分析；費耐爾繞射可稱爲近軸繞射場，其距離涵蓋(7-22)式所限定至無窮遠；弗朗哈佛繞射或遠場繞射則是在更遠的觀察距離，此時的光波各個平面波分量皆已完全分開，光線就像從一個點光源射出般，在遠場繞射平面上各自出現在所對應的頻率空間上，幸運的是，這個頻率空間的分佈正好正比於遠場繞射平面的空間，因此我們可以就繞射場的分佈輕易地觀察出其空間頻率的分佈，這可能是物理學上最容易與直接觀察的倒數空間。

圖 7-11 中，我們發現當光波達到遠場後，其角度場(如輻射光度學中的光度)就不再改變，這是因爲角度場的每個點對應的正是特殊的空間頻率。也因此可以反過來看，當光波未達到遠場時，光線就不會像從一個點光源輻射出而各自分開，此時的光波猶如從一個擴展光源所射出，各種不同的空間頻率的光波會在不同的繞射距離與其他的光波混雜，而使繞射光場的角度場分佈隨著距離的改變而改變，這樣特徵的繞射光存在於所謂的中場(Mid Field)。因此，中場的範圍涵蓋自物理近場之後到遠場之間，亦即萊利－梭摩費爾德繞射場中去除弗朗哈佛繞射繞射場的範圍，中場在照明光學中之驗證上扮演極爲重要的角色，將於 9-4.2 節再做詳細介紹。

Example

由$\mathcal{F}\{1\} = \delta\{f_x\}$來說明繞射角之涵義。

解　若一孔徑之分佈爲$u_1(\alpha, \beta) = 1$，則代表孔徑爲無窮大，因此平面波經由此孔徑在無窮遠時，會在$f_x = 0$之處有一亮點，也就是代表繞射光只有一個方向。

Example

由 $\mathcal{F}\{\cos(2\pi f_0 x)\} = \frac{1}{2}\{\delta(f_x - f_0) + \delta(f_x + f_0)\}$ 可看出其繞射光之方向有幾個？

若 $u_1(\alpha,\beta) = \frac{1}{2}(1+\cos(2\pi f_0 \alpha))$，則代表有一單向光柵其光柵之密度(空間頻率)爲 f_0，則由(7-28)式及原式可得

$$u_2(f_x, f_y) \propto \frac{1}{2}[\delta(f_x) + \frac{1}{2}\delta(f_x + f_0) + \frac{1}{2}\delta(f_x - f_0)]$$

也就是說在 (f_x, f_y) 平面上，在原點及 f_x 方向上對稱位置之 f_0 及 $-f_0$ 處各有一亮點。若換爲 (θ_x, θ_y) 之平面，則可由三個點來了解繞射光共有三個方向，一爲直接透射光，而在其兩側對稱之方向則各另有一個繞射光。

Example

有一個幻燈片，其上有一維的線條陣列，當以 0.5 μm 的雷射筆照射後，於在 5 m 的距離之觀察面上可以看到具有約爲等距的光點，中心光點與其右的光點之距離爲 5 cm，試求該線條陣列的間距。

假設雷射筆所射出的光波爲近似平面波，由(7-29)式可知其空間頻率爲

$$f_x = \frac{5\text{cm}}{0.5\mu\text{m}\cdot 5\text{m}} = \frac{1}{50\mu\text{m}} = 20(\text{mm})^{-1}$$

因此，該線條陣列的間距爲 50 μm，其對應的空間頻率爲每毫米 20 條。

7-7 透鏡的傅氏轉換效應

本章將探討透鏡的傅氏轉換效應。首先我們先假設光波通過一個薄透鏡時所造成的相位延遲與其厚度成正比，如圖 7-13 所示。而厚透鏡的相位項可以表示爲

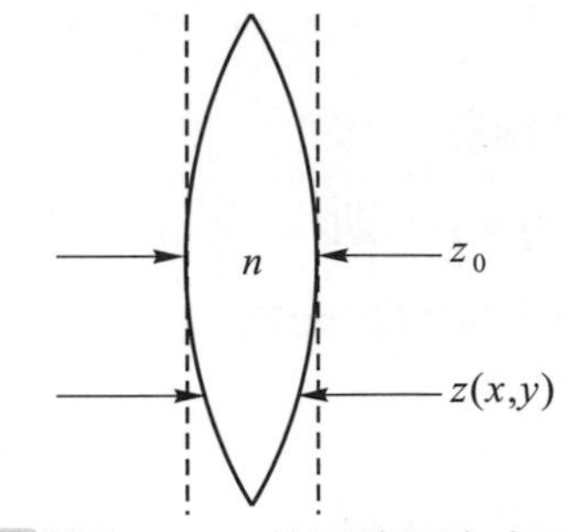

圖 7-13 薄透鏡厚度表示圖

$$\phi(x,y)=k[z_0+(n-1)z(x,y)] \quad (7\text{-}31)$$

其中 $z(x,y)$ 爲透鏡的厚度變化，z_0 代表透鏡的最大厚度，n 代表透鏡的折射率而 k 爲波數。光波穿過薄透鏡後因爲相位的累積，可以得到其複數振幅穿透率

$$T(x,y)=\exp[i\phi(x,y)]=\exp\{ik[z_0+(n-1)z(x,y)]\} \quad (7\text{-}32)$$

爲了更方便了解厚度變化，我們假設薄透鏡是由兩個不同的球面透鏡所組成，將其分爲左右各半，如圖 7-14 所示，左半邊的厚度變化可以表示爲

$$z_l(x,y)=z_{0l}-[R_l-(R_l^2-\rho^2)^{1/2}]=z_{0l}-R_l\{1-[1-\left(\frac{\rho}{R_l}\right)^2]^{1/2}\} \quad (7\text{-}33)$$

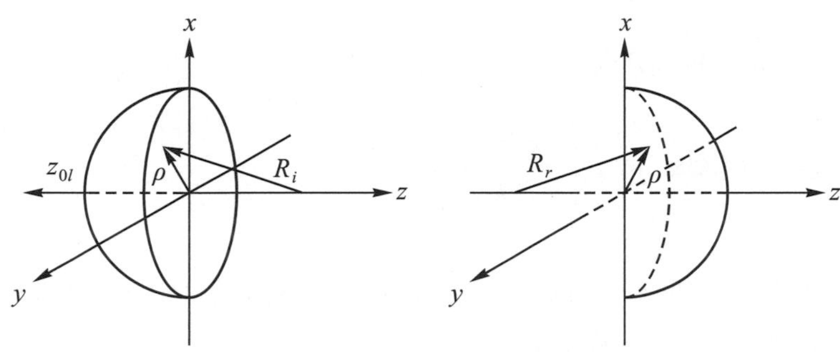

圖 7-14　薄透鏡之分解圖

其中，z_{0l} 代表左半邊透鏡的最大厚度，R_l 表示曲率半徑

$$\rho^2=x^2+y^2 \quad (7\text{-}34)$$

同樣地，右半邊的厚度變化可以表示爲

$$z_r(x,y)=z_{0r}-[R_r-(R_r^2-\rho^2)^{1/2}]=z_{0r}-R_r\{1-[1-\left(\frac{\rho}{R_r}\right)^2]^{1/2}\} \quad (7\text{-}35)$$

其中，z_{0r} 代表左半邊透鏡的最大厚度，R_r 表示曲率半徑。因此，透鏡的總厚度爲(7-33)式與(7-35)式的總和

$$z(x,y) = z_{0l} + z_{0r}$$
$$= z_0 - R_l\{1-[1-\left(\frac{\rho}{R_l}\right)^2]^{1/2}\} - R_r\{1-[1-\left(\frac{\rho}{R_r}\right)^2]^{1/2}\} \tag{7-36}$$

而(7-36)式在近軸近似後可簡化為

$$z(x,y) = z_0 - \frac{\rho^2}{2}\left(\frac{1}{R_l} + \frac{1}{R_r}\right) \tag{7-37}$$

因此，複數振幅穿透率可表示為

$$T(x,y) = \exp(iknz_0)\exp\left\{-ik(n-1)\frac{\rho^2}{2}\left(\frac{1}{R_l}+\frac{1}{R_r}\right)\right\} \tag{7-38}$$

令 f 為該透鏡之焦距，則由造鏡者公式可將上式改寫為

$$T(x,y) = \exp(iknz_0)\exp\left\{-i\frac{k}{2f}\rho^2\right\} \tag{7-39}$$

當光波入射上述的薄透鏡時，如圖 7-15 所示，我們在計算上可如圖 7-15，以線性系統來進行 $f(\xi,\eta)$ 在 P_2 的光場分佈如下

$$g(\alpha,\beta) = C\{[f(\xi,\eta) * h_\ell(\xi,\eta)]T(x,y)\} * h_f(x,y) \tag{7-40}$$

其中，C 是常數，$h_\ell(\xi,\eta)$ 與 $h_f(x,y)$ 分別是透鏡前與透鏡後的空間脈衝響應。

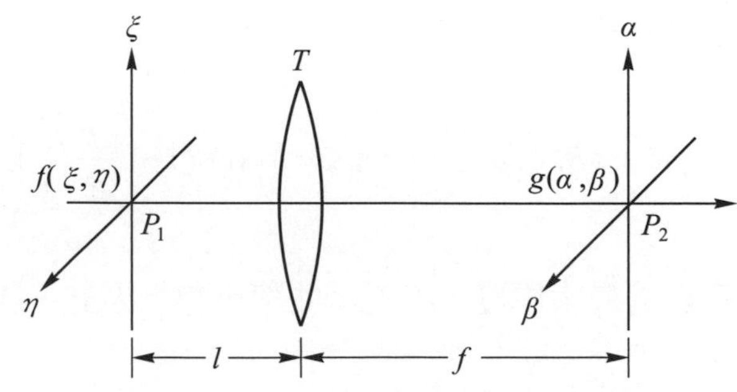

圖 7-15　經過透鏡的座標系統轉換

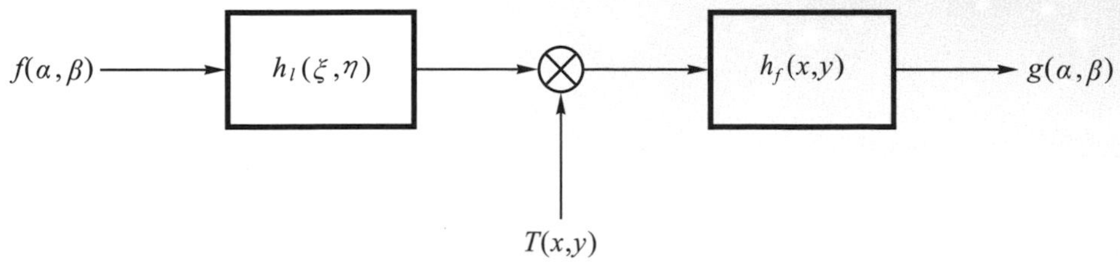

圖 7-16　透鏡的傅氏轉換系統模擬圖

將(7-14)式與(7-38)式代入(7-40)式可得

$$g(\alpha,\beta)=C\iint[\iint\exp(i\frac{k}{2}\Delta)dxdy]f(\xi,\eta)d\xi d\eta \tag{7-41}$$

其中

$$\Delta=\{\frac{1}{\ell}[(x-\xi)^2+(y-\eta)^2]+\frac{1}{f}[(\alpha-x)^2+(\beta-y)^2-(x^2+y^2)^2]\} \tag{7-42}$$

為求簡化，(7-42)可被改寫為

$$\begin{aligned}\Delta&=\frac{1}{f}[\mu\xi^2+\mu x^2+\alpha^2-2\mu\xi x-2x\alpha+\mu\eta^2+\mu y^2+\beta^2-2\mu\eta y-2y\beta\alpha]\\&=\frac{1}{f}[(\mu^{1/2}x-\mu^{1/2}\xi-\mu^{-1/2}\alpha)^2-\alpha^2(\frac{1-\mu}{\mu})-2\xi\alpha\\&\quad+(\mu^{1/2}y-\mu^{1/2}\eta-\mu^{-1/2}\beta)^2-\beta^2(\frac{1-\mu}{\mu})-2\eta\beta]\end{aligned} \tag{7-43}$$

其中 $\mu=\frac{f}{\ell}$

將(7-43)代入(7-41)可得

$$\begin{aligned}g(\alpha,\beta)&=C\exp[-i\frac{k}{2f}(\frac{1-\mu}{\mu})(\alpha^2+\beta^2)]\iint f(\xi,\eta)\exp[-i\frac{k}{f}(\alpha\xi+\beta\eta]d\xi d\eta\\&\quad\times\iint\exp\{(i\frac{k}{2f}[(\mu^{1/2}x-\mu^{1/2}\xi-\mu^{-1/2}\alpha)^2+(\mu^{1/2}y-\mu^{1/2}\eta-\mu^{-1/2}\beta)^2]\}dxdy\end{aligned} \tag{7-44}$$

令 C_1 為合併之係數，(7-44)式可再改寫為

$$g(\alpha,\beta)=C_1\exp[-i\frac{k}{2f}(\frac{1-\mu}{\mu})(\alpha^2+\beta^2)]\iint f(\xi,\eta)\exp[-i\frac{k}{f}(\alpha\xi+\beta\eta)]d\xi d\eta \tag{7-45}$$

在(7-45)式中可以清楚地看到，除了一個空間二次方的相位項外，$g(\alpha,\beta)$ 幾乎是 $f(\xi,\eta)$ 的傅氏轉換。當 $\ell=f$ 時，我們發現該二次相位項消失，亦即當入射光被置於薄透鏡的前焦點處，在後焦點的光波正好是其傅氏轉換。因此，(7-45)可改寫為

$$\mathrm{F}\{f(\xi,\eta)\}=\mathrm{F}(f_\xi,f_\eta)=C_1\iint_{S_1} f(\xi,\eta)\exp[-i2\pi(f_\xi\xi+f_\eta\eta]d\xi d\eta \tag{7-46}$$

其中 $f_\xi=\dfrac{\alpha}{\lambda f}$ 和 $f_\eta=\dfrac{\beta}{\lambda f}$。當 $\ell=f$ 時，(7-46)式所表示的傅氏轉換，表示在後焦平面上可以觀察到在前焦平面的光波的空間頻率分佈，這與遠場繞射極為相似，但是距離近多了。由於以正透鏡可以輕易地展現空間頻率的分佈，可以在該平面上對不同的空間頻率之光波進行處理，因此這種安排經常被用來進行光波的訊號處理。需注意，當 $\ell\neq f$ 的條件下，除了多了相位項外，在後焦平面的光波仍類似其傅氏轉換。

7-8　透鏡成像的繞射效應與繞射極限

在幾何光學中，高斯光學為近軸條件下的理想成像的分析，但是在實際的光學系統中，任何的光學元件皆具有像差，以致於成像的品質無法達到完美。然而即使透鏡無任何像差，由本章的探討，我們可以知道繞射仍是影響成像品質的一個不可忽略的效應。為此，本節將探討繞射對於成像的影響。

我們先假設一個透鏡成像系統是一個線性系統，且其脈衝響應具有位移不變性，即脈衝響應函數與點光源所在的位置無關。因此，幾何光學所預測的成像 $U_i(x_i,y_i)$ 可以表示為

$$U_i(x_i,y_i)=U_o(x_o,y_o)*h(x_i,y_i;x_o,y_o) \tag{7-47}$$

其中 $U_o(x_o,y_o)$ 為物函數，$h(x_i,y_i;x_o,y_o)$ 為該成像系統的脈衝響應，其相當於物平面的點光源在像平面的成像

$$h(x_i, y_i; x_o, y_o) = \kappa\delta(x_i \pm M_T x_o, y_i \pm M_T y_o) \tag{7-48}$$

κ 爲振幅係數，M_T 爲横向放大率。爲了求出其脈衝響應的函數，如圖 7-15 所示，在滿足費耐爾繞射條件下，在透鏡前的光場爲

$$U_l(x, y) = \frac{1}{i\lambda d_o}\exp\left\{i\frac{k}{2d_o}\left[(x-x_o)^2 + (y-y_o)^2\right]\right\} \tag{7-49}$$

經過透鏡後，光場可表示爲

$$U_l'(x, y) = U_l P(x, y) e^{-i\frac{k}{2f}(x^2+y^2)} \tag{7-50}$$

(7-50)式中 $P(x, y)$爲透鏡的孔徑函數。因此，在像平面上，成像的光場可表示爲

$$U(x_i, y_i) = \frac{1}{i\lambda d_i}\iint U_l' \exp\left\{i\frac{k}{2d_i}\left[(x-x_i)^2 + (y-y_i)^2\right]\right\} dxdy \tag{7-51}$$

(7-51)式即爲脈衝響應。將(7-49)式與(7-50)式代入(7-51)式可得

$$\begin{aligned} h(x_i, y_i; x_o, y_o) &= \frac{1}{\lambda^2 d_o d_i}\exp\left\{\frac{ik}{2d_o}(x_o^2 + y_o^2) + \frac{ik}{2d_i}(x_i^2 + y_i^2)\right\} \\ &\iint P(x, y)\exp\left\{i\frac{k}{2}(x^2+y^2)\left(\frac{1}{d_o} + \frac{1}{d_i} - \frac{1}{f}\right)\right\} \\ &\cdot\exp\left\{-ik\left[\left(\frac{x_o}{d_o} + \frac{x_i}{d_i}\right)x + \left(\frac{y_o}{d_o} + \frac{y_i}{d_i}\right)y\right]\right\} dxdy \end{aligned} \tag{7-52}$$

當(7-52)式滿足成像定律時，我們可以進一步改寫(7-52)式如下

$$h(x_i, y_i; x_o, y_o) = \mathrm{M}\iint P(\lambda d_i \tilde{x}, \lambda d_i \tilde{y})\exp\left\{-i2\pi\left[(x_i + M_T x_o)\tilde{x} + (y_i + M_T y_o)\tilde{y}\right]\right\} d\tilde{x}d\tilde{y} \tag{7-53}$$

其中 M 爲係數，

$$\tilde{x} = \frac{x_o}{\lambda d_i} \tag{7-54}$$

$$\tilde{y} = \frac{y_o}{\lambda d_i} \tag{7-55}$$

(7-53)式顯示成像系統的脈衝響應爲透鏡孔徑的傅式轉換，因此，當透鏡的孔徑爲有限大小，其傅氏轉換便不是無窮小的脈衝函數，而是一個具有限寬度的函數。上述的情況即使在無像差的條件下亦然，這使得孔徑大小成爲成像品質的一個物理極限，此即稱爲繞射極限(Diffraction Limited)。

繞射極限在公式的推導上是相當清楚的，而在物理觀念上也不難理解。一個透鏡的孔徑是有限的，因此對於一個理想點光源所發射出的物光，沒辦法能完全將之收集，又因爲只能收集到一部份的光，所以其聚焦光點絕對不會是一個理想的點，如圖 7-17 所示。因此，繞射效應在所有的成像系統中是無所不在的，但是一般的光學成像系統會因爲像差而使得成像品質受到影響，也因此繞射效應不明顯，但是當光學成像系統的成像品質已達幾何光學的極限時，也就是所有的光線皆能精準地會聚至成像點時，其成像品質的極限即受到繞射的限制，我們就稱此系統已達繞射極限，猶如(7-53)式所示，其最小的成像點恰爲透鏡孔徑之傅氏轉換。

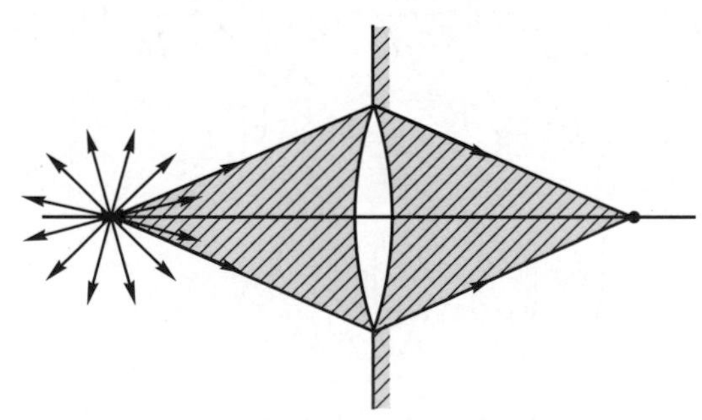

圖 7-17　繞射極限示意圖

圖 7-17 表達了一個珍貴的觀念，即成像品質的極限決定於透鏡孔鏡的大小。若我們以 LSI 來看這個理想的成像系統，加上(7-29)式告訴我們光線離軸角度與該光波的空間頻率成正比，在圖 7-17 中，透鏡的孔徑阻擋的是大角度的光，這代表透鏡的孔鏡徑函數在 LSI 中，其穿透函數爲一個低通濾波器，如果以(7-53)式的脈衝響應來作傅氏轉換，也會得到相同結果。不過上述的情形皆在光波爲時間同調與線性偏振的條件下成立的，此時透鏡的孔鏡徑函數所代表的穿透函數便稱爲同調穿透函數(Coherent

Transfer Function, CTF)。在實際應用上，大多數的情形屬於非同調光的條件，由於非同調光的脈衝響應正比於同調光的脈衝響應的絕對值平方，如(1-13)式所示，因此光學穿透函數(Optical Transfer Function, OTF)便正比於 CTF 的自關聯運算(Auto-correlation)。在一般的應用上，我們將 OTF 進一步取其絕對值而成爲調制穿透函數(Modulation Transfer Function, MTF)。在實用上，MTF 經常用於系統角度的成像品質之評估，可以清楚檢視成像的頻率響應。圖 7-18 爲一個半徑爲 r' 成像距離爲 z_i 之圓形孔徑的 CTF 與 MTF，可以清楚看到，相較於 CTF，MTF 函數中，其響應隨著空間頻率增加而減小，但是其截止頻率(Cut-off Frequency)爲 CTF 截止頻率($f_0 = \dfrac{r}{\lambda z_i}$)的二倍。當該成像系統無像差時，圖 7-18 所繪的 MTF 函數曲線，代表繞射極限之光學成像系統的頻率響應，任何具有像差的光學成像系統，其頻率響應之曲線將隨著像差的增大而越遠離繞射極限之 MTF 函數曲線。

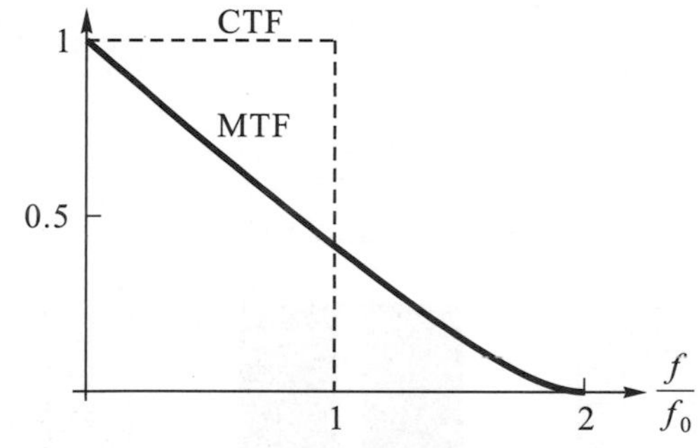

圖 7-18　一個半徑為 r，成像距離為 z_i 之圓形孔徑的 CTF 與 MTF 之比較

7-9　4f 系統

在 7-8 節中我們推導正透鏡在其後焦點上可形成入射光波之弗朗哈佛繞射的能力，亦即將輸入的光波置於前焦點處，其後焦點上的光場即爲該波前之傅氏轉換。根據此特性，一套以二個正透鏡共焦形式排列的 4f 系統被提出(如圖 7-19)，用於光波之信號處理。在 4f 系統中，可將輸入物置於第一個透鏡之前焦點上，其光波經由第一個透鏡的會聚後會在其後焦點上形成傅氏轉換。在後焦點上的分布與輸入光波之空間頻率相關，因此可說該繞射平面是一個頻率空間，因此，越是離軸的光點，對應的是輸入物體高頻的訊號。當該繞射光在進入第二個透鏡後，即會在第二個透鏡的後焦點上形成第二次的傅氏轉換。由 7-2 節中的傅氏轉換公式中可知，連續的二次傅氏轉換的

最後輸出會回歸於正空間，與輸入物體相似，但是其方位改變，即上下顛倒、左右相反。

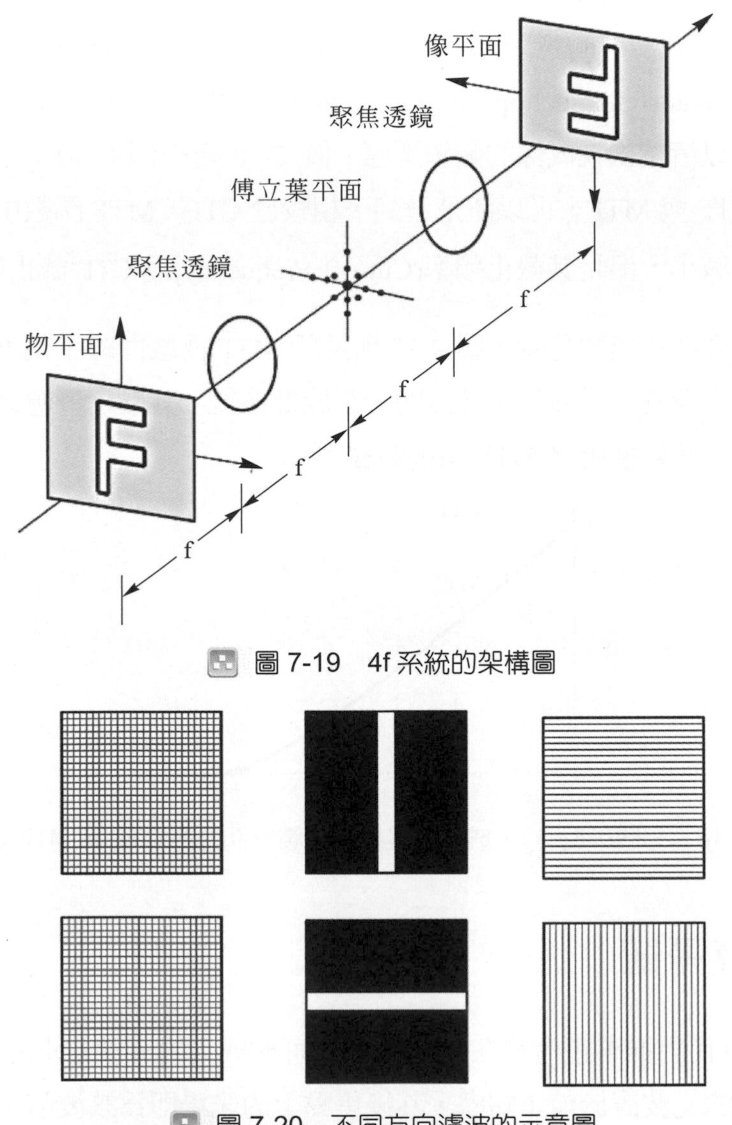

圖 7-19　4f 系統的架構圖

圖 7-20　不同方向濾波的示意圖

4f 系統的特色是在這個前後透鏡的共焦平面上所展現的頻率空間，該處的能量分佈完全與物體光波的空間頻率對應，如此一來，我們可輕易地藉由置入空間濾波器來進行空間頻率的改變，而在最後輸出面上，相對地其輸出的影像的品質會受到調制。舉例而言，如圖 7-20 所示，我們於 4f 系統置入一個網格狀的圖形，該網格由垂直與水平的柵欄所構成，因此其空間頻率的分佈及在水平與垂直方向上。當在頻率空間的濾波器爲一個垂直的寬帶時，水平的空間頻率被濾除，因此其回復的圖形即失去了水平的柵欄；同理，當使用水平的寬帶，會造成垂直空間頻率的濾除，使得回復的圖形不見垂直柵欄。

將 4f 系統用於影像處理上會更顯其神奇之處。圖 7-21 爲影像處理的例子，當在頻率空間置入一個低通濾波器(Low-Pass Filter)時，高頻的空間訊號會被濾除，因此回復的影像會變得模糊；反之，當置入的是一個高通濾波器(High-Pass Filter)時，由於構成影像主要亮度的低頻訊號被濾除，因此只剩邊緣的影像留存，看起來似乎只剩線條處，可說是一個邊緣加強的影像；由於高頻訊號多是來自於影像中亮度劇烈變化之處，因此該結果亦可稱爲空間微分的訊號處理。上述的影像處理相當有趣，也相當可以展現光學物理的眞實與能力，因此成爲高等光學教育的實驗教材，此外，該技術也在二十世紀的光學訊號處理科技上扮演重要角色。

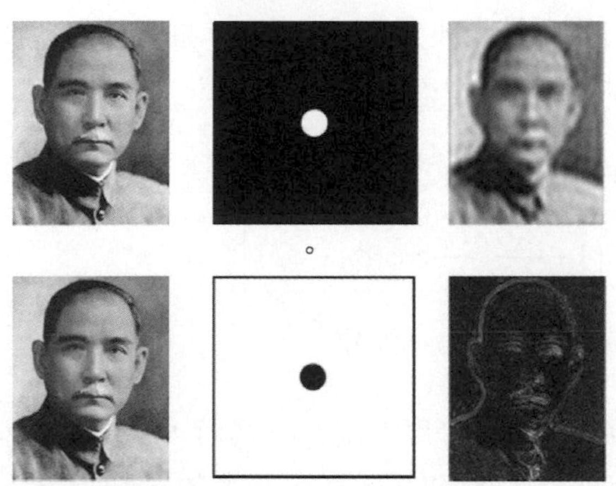

圖 7-21 低通濾波與回復的模糊影像及高通濾波與回復的邊緣加強影像。

7-10　全像光學

全像光學(Holography，或稱爲全像術)是一種紀錄與再生影像之全訊息的技術，由於再生之影像帶有原物之相位訊號，看起來眞實而具有立體感，不同位置看起來是不一樣的，彷彿眞有其物一般，目前已廣泛地被應用於光資訊處理、儲存、顯示和防僞上。

7-10.1 全像術原理

如圖 7-22 所示，假設在全像底片上，經由物體反射而至的光波 $\tilde{O}$ 與另一道參考光 $\tilde{R}$ 因重疊而干涉。其干涉場之強度為

$$I_i = \left| \tilde{O} + \tilde{R} \right|^2 = \left| \tilde{O} \right|^2 + \left| \tilde{R} \right|^2 + \tilde{O}^* \tilde{R} + \tilde{O} \tilde{R}^* \tag{7-56}$$

其中

$$\tilde{O} = \sqrt{I_O} e^{i\phi_o}$$
$$\tilde{R} = \sqrt{I_R} e^{i\phi_R} \tag{7-57}$$

(7-57)式中，ϕ_O 與 ϕ_R 分別為物光與參考式之相位，而 I_O 及 I_R 分別為其光強度，在不考慮其同調性與偏極，則(7-57)式可進一步表為

$$\begin{aligned} I_i &= I_O + I_R + \sqrt{I_O I_R} e^{-i(\phi_O - \phi_R)} + \sqrt{I_O I_R} e^{i(\phi_O - \phi_R)} \\ &= (I_O + I_R)\left[1 + \frac{2\sqrt{I_O I_R}}{I_O + I_R}\cos(\phi_O - \phi_R)\right] \\ &= (I_O + I_R)[1 + m\cos(\phi_O - \phi_R)] \end{aligned} \tag{7-58}$$

(7-58)式中 m 為干涉條紋的調制深度，當 $I_O = I_R$ 時，$m = 1$，此時該干涉條紋之調制深度最佳，也就是亮紋與暗紋之對比度最佳。在上式之 $\cos(\phi_O - \phi_R)$ 便是條紋分佈之函數。

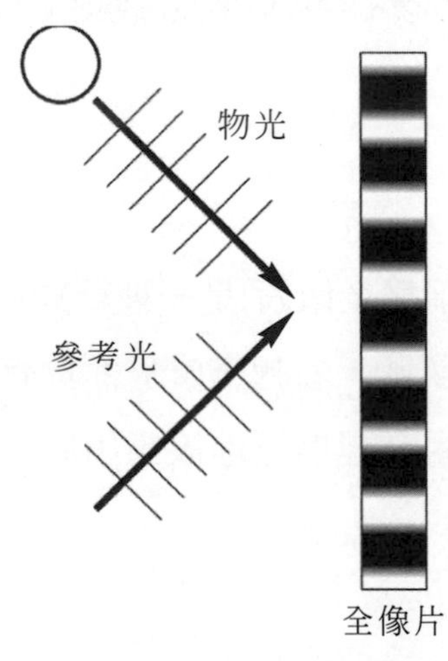

圖 7-22 物光與參考光於全像片所形成之干涉示意圖

假設底片能將該干涉條紋記錄下來，並令其複數穿透振幅函數為

$$t = k_t I_i \tag{7-59}$$

其中 k_t 與全像底片之特性有關。現將已記錄好干涉條紋之全像底片在放回原處，並移除物光，但保留參考光做為重建之入射光，則當參考光穿透該底片後，其振幅函數 $\tilde{R}_t$ 可寫為

$$\begin{aligned}\tilde{R}t &= k_t\tilde{R}[I_O + I_R + \tilde{O}^*\tilde{R} + \tilde{O}\tilde{R}^*] \\ &= c_1\tilde{R} + k_t\tilde{O}^*\tilde{R}^2 + c_2\tilde{O}\end{aligned} \tag{7-60}$$

其中 $c_1 = k_t(I_O + I_R)$，$c_2 = k_t I_R$，$I_R = RR^* = 1$(當 R 為平面波時)。在(7-60)式的第一項便是參考光之直接穿透項，其振幅受到 c_1 之調制；第二項為雜訊，但若 $\tilde{R}$ 一平面波，則此項會帶出物光之共軛波(Conjugate Wave)，而形成一個斜射的實像；第三項是重建該全像的主要目的，即為物光的重現，我們可發現此項帶有物光之所有訊號，即包括振幅與相位訊號，彷彿自物體本身發出，可從全相片觀察到物體彷彿位於原處，此重建的物光虛像如圖 7-23 所示。

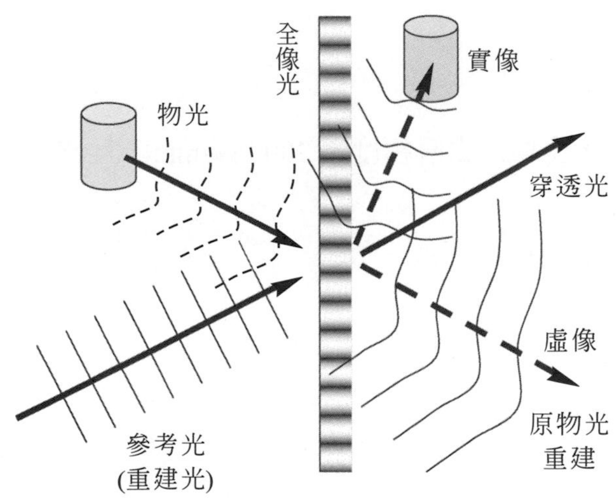

圖 7-23　全像片物光重建示意圖

Example

如圖 7-23 所示，若參考光與 x 軸夾角爲 θ_R 而物光之中心方向與 x 軸夾角爲 $-\theta_0$，則以原參考光入射已記錄之全像片，(7-60)式之第二項所代表之光波會以何型式被繞射出來？

解 可令 $\tilde{R}=e^{jky\sin\theta_R}$

而物光則簡化成只有一傳輸方向(即其中心方向)，則

$\tilde{O}=\sqrt{I_O}e^{-jky\sin\theta_0}$

由(7-60)式之第二項 $k_t\tilde{O}^*\tilde{R}^2=k_t\sqrt{I_O}e^{jky(\sin\theta_0+2\sin\theta_R)}\equiv k_t\sqrt{I_O}e^{jky\sin\theta_2}$

則其繞射方向之夾角 θ_2 爲

$\theta_2=\sin^{-1}(\sin\theta_O+2\sin\theta_R)$

若令 $\theta_O=\theta_R$，則

$\theta_2=\sin^{-1}(3\sin\theta_R)$

當 $3\sin\theta_R\geq 1$，也就是 $\theta_R>19.4°$，夾角超過 90°，故無相對於此項之繞射波。若令 θ_R=15°，θ_2=50.9°，則該項所相對應之繞射方向爲 50.9°，又因其爲物光之共軛光，故會在該方向有一物光之實像產生，有別於(7-60)式之第三項是該物之虛像。

Example

同上題，若 $\theta_O=\theta_R$ 時，全像片之解析度爲 2000 條/mm，且波長爲 0.5 μm，則入射光之最大入射角爲何？

由(7-58)式，干涉條紋可表爲

$I_i\propto 1+M\cos(\phi_O-\phi_R)$

又 $\phi_O=ky\sin\theta_O$，$\phi_R=ky\sin\theta_R$

$$
\begin{aligned}
\phi_O-\phi_R &= ky(\sin\theta_O-\sin\theta_R)\\
&=2ky\sin\theta_O\\
&=2\pi\left(\frac{2\sin\theta_O}{\lambda}\right)\ y\\
&=2\pi f_g\ y
\end{aligned}
$$

上式之 $f_g=\dfrac{2\sin\theta_O}{\lambda}$ 爲干涉條紋之空間頻率，全像片之解析度需能大於該空間頻率，故

$$\frac{2\sin\theta_O}{\lambda} \le 2000$$

$$\theta_O \le \sin^{-1}\left(\frac{2000\times 0.5\times 10^{-3}}{2}\right) = 30°$$

因此，入射角須小於 30°才可以控制干涉條紋的空間頻率比底片的解析度低。由本例題可知，若物光與參考光之夾角變大，則全像片之解析度必須也要夠大才行。

7-10.2 白光重建全像片

全像底片紀錄的是與波長大小相近的干涉條紋，這些條紋會將同樣入射角但不同波長的入射光繞射至不同的角度。舉例而言，一張全像片記錄了由二道平面波分別以 θ 入射角與正射角度入射，如圖 7-24 所示，因此其干涉條紋可表示如下

$$t \propto \left|1+e^{-ik\sin\theta\cdot y}\right|^2 = 2+2\cos k\sin\theta y = 2(1+\cos\frac{2\pi\sin\theta}{\lambda}y) \tag{7-61}$$

我們可將入射光 A 視爲物光，B 視爲參考光。現以 B' 的另一參考光來重建此全像片，其入射光與原參考光 B 一樣正向入射全像片，但其波長爲 λ'，則重建之繞射光爲

$$B't \propto \cos\frac{2\pi\sin\theta}{\lambda}\ y = \cos\frac{2\pi\sin\theta'}{\lambda'}\ y \tag{7-62}$$

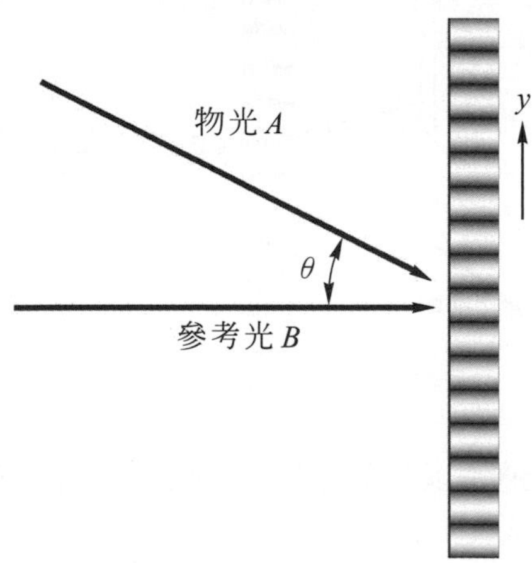

圖 7-24　二道平面波分別以與正射角度入射

則可得關係式

$$\frac{\sin\theta}{\lambda}=\frac{\sin\theta'}{\lambda'} \quad 或 \quad \theta'=\sin^{-1}\frac{\lambda'}{\lambda}\sin\theta \tag{7-63}$$

(7-63)式表示，物光之角度會隨著波長的變化而變化，因此當新的重建光之波長比原參考之波長短時，角度會變小；反之則變大。假設原參考光之波長爲 $\lambda=500\,\text{nm}$，$\theta=15°$，則當重建光之波長爲 $\lambda'=400\text{ nm}$ 時，$\theta'=12.9°$；若 $\lambda'=600\text{ nm}$ 時，則 $\theta'=18.1°$。

由上可知，不同的重建波長會使得重建的物光位置有所改變。若重建的光源是白光(即使用一般燈泡或太陽光)，則由於其光波波長涵蓋整個可見光區，會使得重建的影像依照不同的波長而緊密地重疊而形成模糊的影像如圖 7-25 所示。因此，此種全像片便無法經由白光重建而獲得清晰的影像。

爲了解決上述的問題，使全像片可經由一般光源重建，發展出了所謂的白光全像片。具有白光可重建的全像片有影像全像片(Image Hologram)、彩虹全像片(Rainbow Hologram)及體積全像片(Volume Hologram)。以下分別敘述。

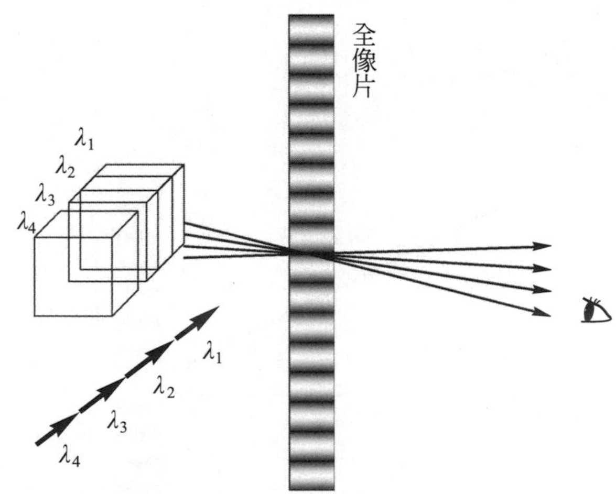

圖 7-25　一般全像片以白光重建時，重建的影像因在空間上分開而模糊

7-10.2.1　影像全像片

根據(7-63)式，不同的波長有不同的重建角度，這表示繞射光會在離開全像片後分散開來。當像的位置距離全像片愈遠，則散開的範圍愈大；反之，若像的位置正好在全像片上，則散開的距離為零，因此便可得到清晰之影像。因此，影像全像片的製法便是將物光的實像會聚在全像片上，如圖 7-26 所示。此種全像片的優點是製作容易，但缺點是只能用於短景深的拍攝，因為只有在全像片本身平面上的像是清楚的，離全像片平面之距離愈遠，像就會愈模糊。此外，由於重建光的角色偏差也會形成像的角度偏差，若重建光的發光體愈大，則其發光的角度就非單一，而有一個範圍，那麼重建的像也會因為由這些重建光造成的像重疊而產生模糊。因此，若利用燈泡來做重建的光源，不可使用磨砂燈泡，使用看得到燈絲的透明燈泡效果較好，發光源的體積愈小愈好，而影像全像片對光源體積大小的容忍度亦較大。

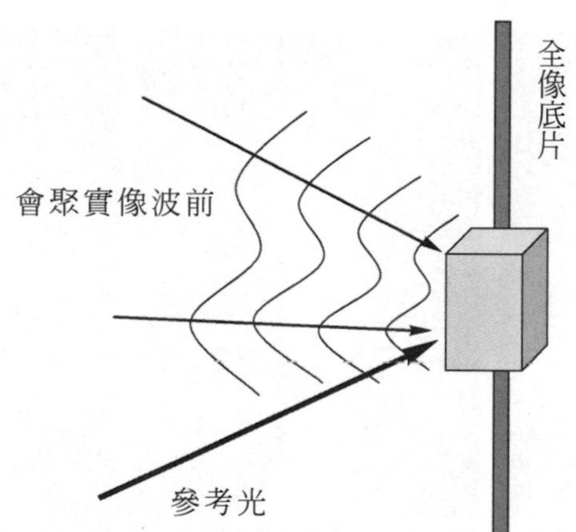

圖 7-26　影像全像片的製法便是將物光的實像會聚在全像片上

7-10.2.2　體積全像片

體積全像的特性就在於全像底片的厚度。Klein 曾提出一個判別全像底片厚度之參數，其定義如下：

$$Q = \frac{2\pi\lambda T}{nd^2} \tag{7-64}$$

(7-64)式中，T 表全像片之厚度，λ 為在真空中之波長，d 為干涉條紋之間隔距離。當 $Q \geq 10$ 時，該全像片可視為體積全像。(7-64)式可將 $Q \geq 10$ 改寫為

$$\frac{T}{d} \geq 1.6\frac{d}{\lambda} \tag{7-65}$$

亦即全像片之厚度與干涉條紋的寬度比要大於干涉條紋寬度與波長之比值。體積全像必然要比一般的全像片之厚度厚，其干涉條紋之縱深較長，繞射光會經由多次反射與干涉才能形成，因此對一種特定之波長在特定的角度方能形成有效的繞射光，此種現象爲布拉格條件(Bragg Condition)。布拉格條件會造成波長與重建光角度有一特定的關係，因此當光源改爲白光時，只有原參考光的波長方能有效地重建出物光。由於其他波長無法同時重建物光，因此重建影像看起來很清晰，只是顏色是單色的而且其波長會與原來拍攝全像片所用之波長相近，如圖 7-27 所示。體積式全像片按照拍攝方式可分爲穿透式與反射式之全像片，若全像片是相位式全像片，則最高之繞射效率理論上可達 100%。

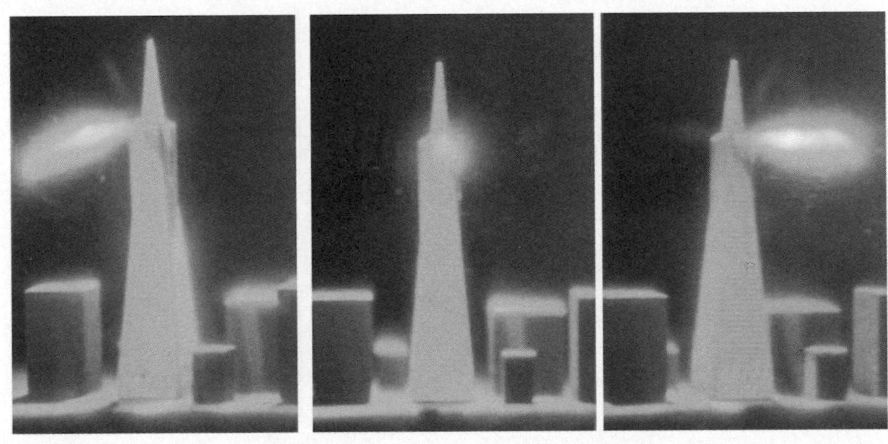

圖 7-27　以白光重建體積全像之立體影像，其顏色與紀錄之雷射光相似

Example

有一全像片之厚度爲 20μm，折射率爲 1.5，拍攝波長爲 0.633μm，若要拍攝體積式全像片，其干涉條紋之最大間隔距離爲何？又物光與參考光之夾角有何要求？

解 (1)由(7-65)式

$$Q = \frac{2\pi\lambda_a T}{nd^2} \geq 10$$

$$d \leq \left(\frac{2\pi \times 20 \times 0.633}{1.5 \times 10}\right)^{\frac{1}{2}} = 2.3\mu m$$

$$(2)\ d = \frac{\lambda_a}{2\sin\theta} \le 2.3\mu\text{m}$$

$$\theta \ge 7.9°$$

7-10.2.3　彩虹全像片

彩虹全像片的製作原理如圖 7-28 所示。全像母片是一張已拍好之全像片，必須用來產生實像，其產生實像的方法與前數產生虛像的方法之差異為使用參考光的共軛光來重建即可。在全像母片之前或後緊貼著一橫向狹縫，使得經由全像母片所產生的實像經過該狹縫而射出。利用此實像與參考光便可在第二張全像底片上拍成彩虹全像片。

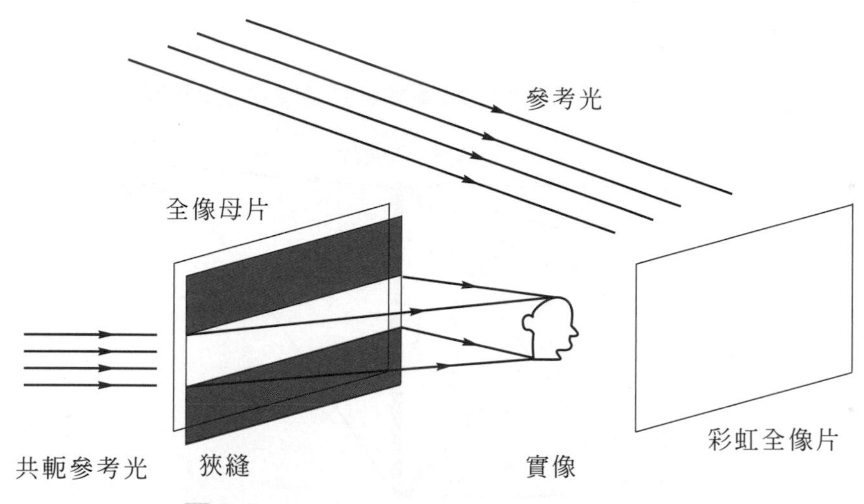

圖 7-28　彩虹全像片製作原理之示意圖

彩虹全像片的不同處就在拍攝中必須使用一個全像母片與一個狹縫，而且狹縫必須在母片所形成實像的前面方才有效。在彩虹全像片拍好之後，我們使用與原參考光方向相反之共軛光來重建該全像片，則會產生一個實像，但是當該光線形成實像後，猶如錄影帶倒帶一般，會收斂成一道狹縫的形狀，若此時我們立於原全像母片的位置之後去看該影像，其感覺像是透過一道狹縫去看狹縫外的物體一般，如圖 7-29 所示。

當重建光為白光時，由於波長的不同造成光柵色散效應，不同色彩的重建光會在不同的角度上重建影像，因此影像會模糊而無法辨識。在彩虹全像片中，由於重建的實像會收斂成一道狹縫的形狀，此時不同的波長所相對的狹縫高度亦有不同，於是便形成圖 7-30 所示的情形，不同的視角會看到不同顏色的重建實像，因此重建的影像是清晰。狹縫在彩虹全像片中扮演了濾光的作用，眼睛只能透過相對高度的狹縫才能看到某處的影像，該高度的狹縫是由某一波長所形成，所以當眼睛上下晃動，便是透過不同的狹縫去看重建的影像，因此影像的顏色也自然會跟著變。由於顏色的變化是連續的，而且如彩虹般由紅至紫變化，因此稱爲彩虹全像片。

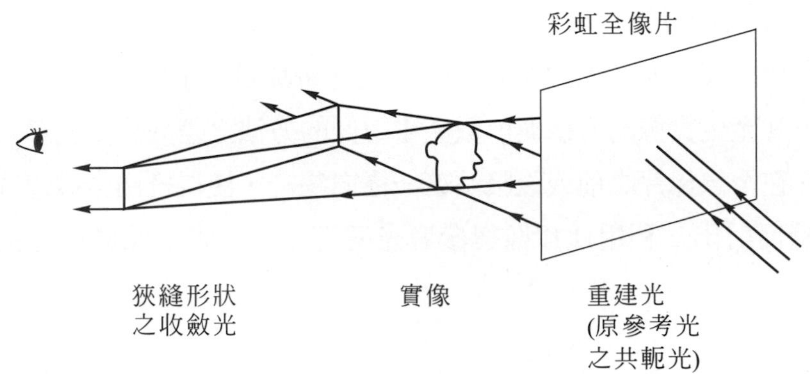

圖 7-29　共軛參考光重建彩虹全像片之示意圖

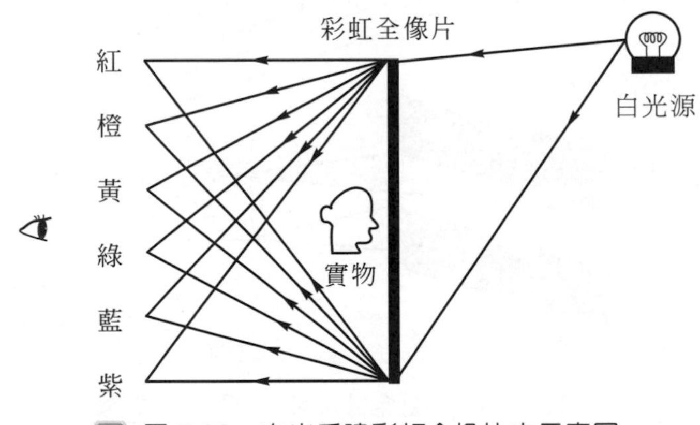

圖 7-30　白光重建彩虹全像片之示意圖

習題

1. 試證明$\mathrm{sinc}(x)*\mathrm{sinc}(x)*...*\mathrm{sinc}(x)=\mathrm{sinc}(x)$。
2. 證明$\mathrm{comb}(x)$的傅氏轉換爲$\mathrm{comb}(x)$。
3. 試證明(7-14)式成立的條件爲線性與位移不變。
4. 一個 LSI 系統之脈衝響應爲$\mathrm{rect}(\frac{x}{1\mathrm{mm}})$，若其輸入爲$\mathrm{comb}(\frac{x}{10\mathrm{mm}})$，試求其輸出。
5. 對於一個孔徑分別爲 1 μm 與 100 μm 的孔徑，試求符合費耐爾繞射與弗朗哈佛繞射的距離限制。(波長假設爲 550nm 時)
6. 一個底片上紀錄有週期爲 10 μm 的灰階弦波光柵，當以波長爲 532 nm 的綠光入射時，試求在 5 m 外的平面上形成的繞射光。
7. 同上，當將該弦波光柵置於焦距爲 10 cm 的凸透鏡前焦點時，其在後焦點上形成的繞射光。
8. 某全像底片之折射率爲 2，物光與參考光之入射角分爲別 30° 與 –30°，$\lambda=0.5\mu\mathrm{m}$，若此全像片爲體積式全像片，則其厚度的要求爲何？
9. 一個紀錄有 100 個長方形孔徑陣列的底片，其長寬皆爲 1 cm，若長方型孔徑之長寬各爲 1 μm 與 5 μm，且其週期爲 10 μm，試求其在 10 m 的遠場繞射。
10. 試證明如圖 7-23 之全像拍攝法中，當以參考光的共軛光重建時，會在原物體之位置重建出與原物光一樣之實像。

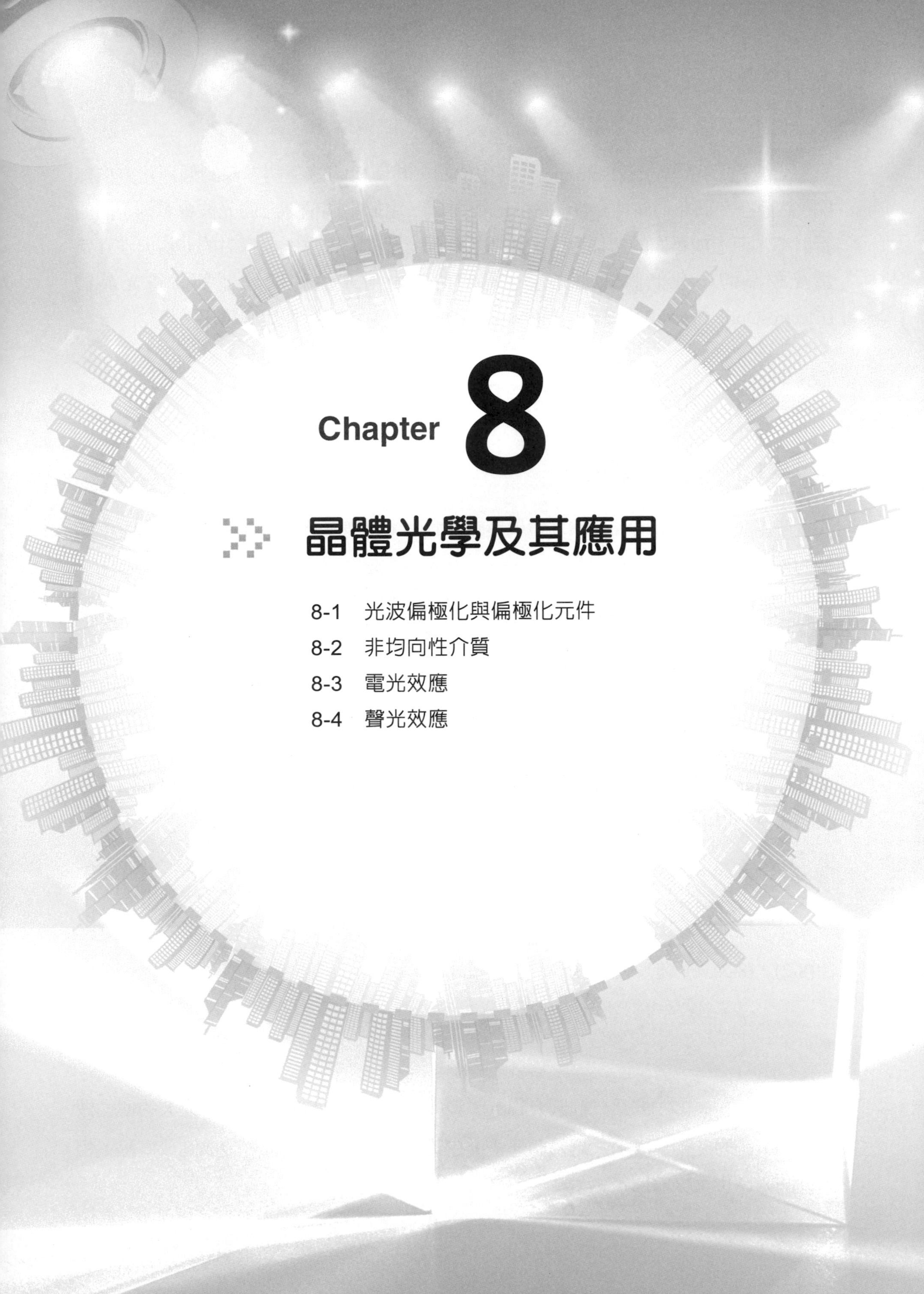

Chapter 8

晶體光學及其應用

光波在一般均向性(Isotropic)介質中傳輸，其傳播的速率與本身的偏極化方向無關。然而在一個非均向性介質(Anisotropic)中時，由於不同偏極化的光波會看到不同的折射率，而造成不同的傳播速率，許多效應因而產生。本章所要探討的非均向性介質爲光學晶體，我們將介紹光波在晶體傳播中所產生的問題並探討電光晶體(Electro-Optic Crystal)及聲光晶體(Acousto-Optic Crystal)之特性與其應用。

8-1 光波偏極化與偏極化元件

8-1.1 光波之偏極

所謂光波之偏極方向是指其電場振動的方向，我們可將一個在 z 方向傳播之平面波的電場表爲

$$\overline{E}(z,t) = R_e\{\overline{A}\exp[i(\omega t - kz)]\} \tag{8-1}$$

其中

$$\overline{A} = A_x\hat{x} + A_y\hat{y}$$

A_x、A_y 爲該電場在 $\hat{x}$ 與 $\hat{y}$ 軸上複振幅之分量。我們可將之表爲 $A_x = a_x \exp(i\phi_a)$、$A_y = a_y \exp(i\phi_b)$，則由(8-1)式可得

$$\overline{E}_x = a_x\cos(\omega t - kz + \phi_a) \tag{8-2}$$

$$\overline{E}_y = a_y\cos(\omega t - kz + \phi_b) \tag{8-3}$$

由(8-2)、(8-3)式可進一步寫成一二次方程式

$$\frac{E_x^{\ 2}}{a_x^{\ 2}} + \frac{E_y^{\ 2}}{a_y^{\ 2}} - 2\cos\phi\frac{E_xE_y}{a_xa_y} = \sin^2\phi \tag{8-4}$$

其中 $\phi=\phi_a - \phi_b$ 。(8-4)式爲一橢圓方程式，其代表電場振動的方向會隨著光波的傳輸做一橢圓軌跡的旋轉。(8-4)式是一個通式，在某種情形下，其形式會變成圓或直線，相對於圓偏極化及線偏極化。

1. 圓偏極化：當 $a_x = a_y = a_0$ 且 $\phi = \pm\frac{\pi}{2}$ 時，(8-4)式可寫成 $E_x^{\ 2} + E_y^{\ 2} = a_0^{\ 2}$。此爲一圓形方程式，相對於圓偏極化。當我們沿著光傳播的方向望去，在 $\phi = \frac{\pi}{2}$ 時，其電場之偏極化方向會繞著順時鐘方向旋轉，因此稱之爲右旋圓偏極 (Right Circularly Polarization)；如圖 8-1(a)所示，同理，當 $\phi = -\frac{\pi}{2}$ 時，其電場振盪的方向會隨著光波前進而逆時鐘旋轉，稱之爲左旋圓偏極(Left Circularly Polarization)，如圖 8-1(b)所示。

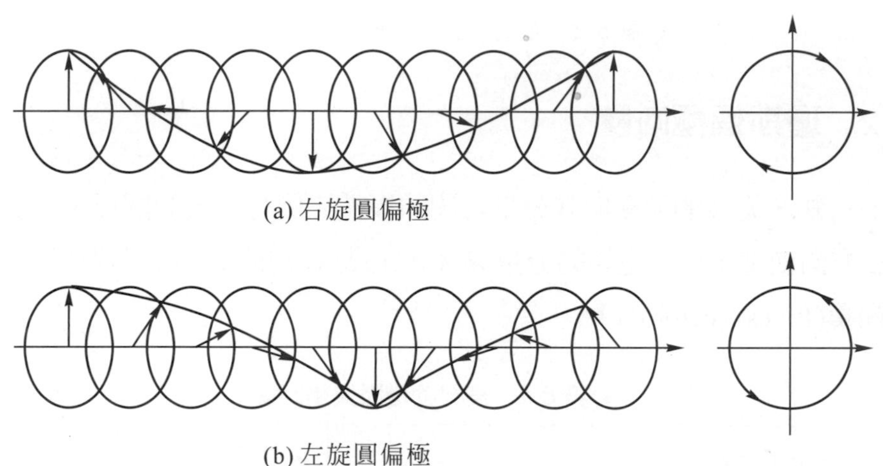

圖 8-1　(a)電場振盪的相位差為 $\phi = \frac{\pi}{2}$ 之右旋圓偏極；(b)電場振盪的相位差為 $\phi = -\frac{\pi}{2}$ 之左旋圓偏極

2. 線偏極化：當(8-4)式中之 a_x 或 a_y 其中一者爲零時，或者是當 $\phi = 0$ 或 π 時，(8-4)式皆會變成一個直線方程式。如圖 8-2，隨著光波往前傳播，其電場之振盪方向並不會旋轉，而只躺在一個平面上，因此也稱之爲平面偏極(Planar Polarization)。

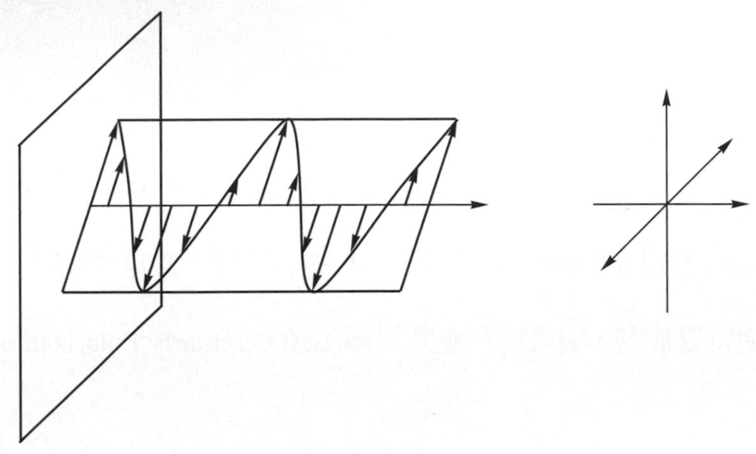

圖 8-2　電場震盪方向單一的平面偏極

8-1.2　瓊斯偏極向量

由 8-1 可知，光波的偏極與其分量之間的複數比例有很大的關係，若我們假設光波是沿著 z 方向前進，而其電場的分量以 A_x，A_y 表示，則我們可以歸納出幾個常見的瓊斯偏極向量(Jones Vector)如下：

表 8-1　常見的瓊斯偏極向量

x 方向線性偏極	$\begin{bmatrix}1\\0\end{bmatrix}$
y 方向線性偏極	$\begin{bmatrix}0\\1\end{bmatrix}$
與 x 軸夾角為 θ 之線性偏極	$\begin{bmatrix}\cos\theta\\\sin\theta\end{bmatrix}$
右旋圓偏極	$\frac{1}{\sqrt{2}}\begin{bmatrix}1\\i\end{bmatrix}$
左旋圓偏極	$\frac{1}{\sqrt{2}}\begin{bmatrix}1\\-i\end{bmatrix}$

瓊斯偏極向量爲一個單位向量且互相正交，任何偏極型態皆可以瓊斯偏極向量做爲基底來做展開，如 $\begin{bmatrix}1\\0\end{bmatrix}$ 與 $\begin{bmatrix}0\\1\end{bmatrix}$，$\frac{1}{\sqrt{2}}\begin{bmatrix}1\\i\end{bmatrix}$ 與 $\frac{1}{\sqrt{2}}\begin{bmatrix}1\\-i\end{bmatrix}$。

Example

(1) 求 x 方向線性偏極以左、右旋圓偏極爲基底之表示式。

(2) 求右旋圓偏極以 x、y 方向線性偏極爲基底之表示式。

解 (1) $\begin{bmatrix}1\\0\end{bmatrix}=\frac{\alpha}{\sqrt{2}}\begin{bmatrix}1\\i\end{bmatrix}+\frac{\beta}{\sqrt{2}}\begin{bmatrix}1\\-i\end{bmatrix}$

$$\Rightarrow\begin{cases}\alpha+\beta=1\\\alpha-\beta=0\end{cases}\Rightarrow\begin{cases}\alpha=\frac{1}{2}\\\beta=\frac{1}{2}\end{cases}$$

因此 $\begin{bmatrix}1\\0\end{bmatrix}=\frac{1}{2}\left(\frac{1}{\sqrt{2}}\begin{bmatrix}1\\i\end{bmatrix}+\frac{1}{\sqrt{2}}\begin{bmatrix}1\\-i\end{bmatrix}\right)$

或[x 方向性偏振] $=\frac{1}{2}$ (右旋圓偏極＋左旋圓偏極)

(2) $\frac{1}{\sqrt{2}}\begin{bmatrix}1\\i\end{bmatrix}=\alpha\begin{bmatrix}1\\0\end{bmatrix}+\beta\begin{bmatrix}0\\1\end{bmatrix}$

$$\Rightarrow\begin{cases}\alpha=\frac{1}{\sqrt{2}}\\\beta=\frac{1}{\sqrt{2}}i\end{cases}$$

因此，$\frac{1}{\sqrt{2}}\begin{bmatrix}1\\i\end{bmatrix}=\frac{1}{\sqrt{2}}\left(\begin{bmatrix}1\\0\end{bmatrix}+i\begin{bmatrix}0\\1\end{bmatrix}\right)$

8-1.3　瓊斯矩陣與光學偏極元件

在某些光學元件或特殊光學環境中(尤其是在非均向物質中)，光波前進的同時也件隨著偏極方向的改變，我們可將其改變的狀況表爲一個矩陣運算模式如下：

$$\begin{bmatrix}A_{2x}\\A_{2y}\end{bmatrix}=\begin{bmatrix}\alpha_{11}&\alpha_{12}\\\alpha_{21}&\alpha_{22}\end{bmatrix}\begin{bmatrix}A_{1x}\\A_{1y}\end{bmatrix}\quad\text{或}\quad J_2=TJ_1 \tag{8-5}$$

(8-5)式中，J_2 與 J_1 分別爲輸出與輸入之偏極狀態，而 T 稱爲瓊斯偏極矩陣(Jones Matrix)。以下是幾種重要的偏極元件與其所對應的瓊斯偏極矩陣。

1. 線性偏極板

$$T=\begin{bmatrix}1 & 0\\ 0 & 0\end{bmatrix} \tag{8-6}$$

(8-6)式只表示可將任何偏極方向之光波變爲在 x 方向之偏極光。其他方向之線性偏極板只要依此做座標轉換即可。

2. 偏極旋轉板

$$T=\begin{bmatrix}\cos\theta & -\sin\theta\\ \sin\theta & \cos\theta\end{bmatrix} \tag{8-7}$$

此種元件可將與 x 軸夾 θ_1 角度之線性偏極光波轉爲與 x 軸夾角爲 $\theta_2=\theta_1+\theta$ 之線性偏極光波，因此稱爲偏極旋轉板。

3. 相位延遲板

$$T=\begin{bmatrix}\exp(-\frac{\gamma}{2}) & 0\\ 0 & \exp(\frac{\gamma}{2})\end{bmatrix} \tag{8-8}$$

此種元件爲非均向性光學元件，可將 $\begin{pmatrix}A_x\\ A_y\end{pmatrix}$ 偏極之光波轉爲 $\begin{pmatrix}A_x\\ A_y e^{-i\gamma}\end{pmatrix}$，亦即在二個分量之間有一個相位延遲的關係。當 $\gamma=\frac{\pi}{2}$，可將原線偏極之 $\begin{bmatrix}1\\ 1\end{bmatrix}$ 轉爲左旋圓偏極之 $\begin{bmatrix}1\\ -i\end{bmatrix}$。由於 $\frac{\pi}{2}$ 相當於 $\frac{1}{4}$ 波長的相位延遲，因此此種元件可稱爲四分之一波板(Quarter-Wave Plate)。當 $\gamma=\pi$ 時，可將 $\begin{bmatrix}1\\ 1\end{bmatrix}$ 轉爲 $\begin{bmatrix}1\\ -1\end{bmatrix}$，雖然仍爲線性偏極，但偏極方向已被旋轉 90°，此種元件稱爲二分之一波板(Half-Wave Plate)。二分之一波板亦可將右(左)旋圓偏極轉爲左(右)旋圓偏極光波。

由於許多偏極元件均是由非均向性光學晶體所製成，其作用的發生是源於該元件的兩個主軸(Principal Axis)對光波相位之不等延遲性所致。假設晶體的主軸因爲其折射率的大小而使得光波在其中一軸的傳播速度會大於另一軸，此時速度較快的一軸稱爲快軸，另一個則爲慢軸。光波的偏振會因爲晶體的快、慢軸而有所改變，這與光波在快慢軸上偏振之分量在傳輸時所累積的光程差有關。若快慢軸的折射率分別爲 n_f 與 n_s，且 $n_f < n_s$，令入射光波在慢軸與快軸上偏振分量之瓊斯偏振向量爲 $\begin{pmatrix} V_s \\ V_f \end{pmatrix}$，則在傳輸距離 d 後，因快慢軸的相位延遲所造成的新瓊斯偏振向量可寫爲

$$\begin{pmatrix} V'_s \\ V'_f \end{pmatrix} = W \begin{pmatrix} V_s \\ V_f \end{pmatrix} = \begin{pmatrix} \exp(-in_s k_0 d) & 0 \\ 0 & \exp(-in_f k_0 d) \end{pmatrix} \begin{pmatrix} V_s \\ V_f \end{pmatrix} \tag{8-9}$$

其中，k_0 爲波數，W 爲瓊斯相位延遲矩陣。我們可定義快慢軸之相位延遲爲

$$\Gamma = \left(n_s - n_f\right) k_0 d \tag{8-10}$$

因此瓊斯相位延遲矩陣可表示爲

$$W = e^{-i\Phi} \begin{pmatrix} e^{-i\Gamma/2} & 0 \\ 0 & e^{i\Gamma/2} \end{pmatrix} \tag{8-11}$$

其中

$$\Phi = \frac{1}{2}\left(n_s + n_f\right)\frac{\omega}{c} d \tag{8-12}$$

在(8-9)式中，入射光的偏振方向是以晶體之快慢軸爲座標系統，但若原入射光之座標系統(x, y)與晶體之主軸(s, f)夾角爲 θ 時(如圖 8-3 所示)，我們可經由座標旋轉，將原來的瓊斯向量 J_1 轉爲以主軸爲參考座標之 J_c'

$$J_c = R(\theta) J_1 \tag{8-13}$$

$$R(\theta) = \begin{bmatrix} \cos\theta & \sin\theta \\ -\sin\theta & \cos\theta \end{bmatrix} \tag{8-14}$$

在通過晶體後，需將以晶體快慢軸的座標系統轉爲原入射光之座標系統，因此，只要再作一次座標系統的逆轉換即可，完整的過程可表示如下

$$\begin{pmatrix} V'_x \\ V'_y \end{pmatrix} = R(-\theta) W R(\theta) \begin{pmatrix} V_x \\ V_y \end{pmatrix} \tag{8-15}$$

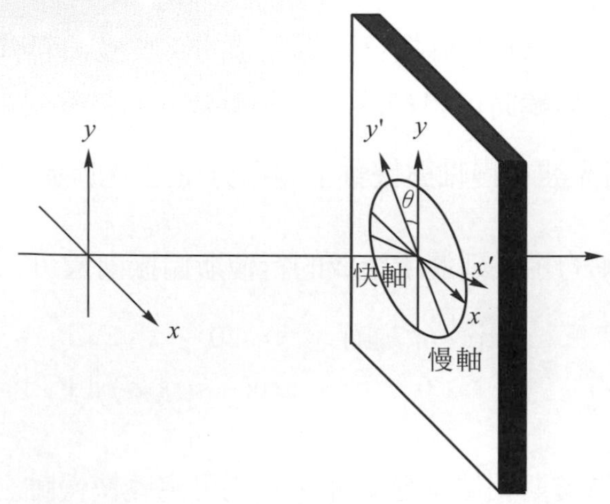

圖 8-3 晶體快慢軸與入射光座標表示圖

Example

試證二分之一波板可作爲一偏極旋轉板

命二分之一波板之主軸與線性偏極之光波$\begin{bmatrix} 1 \\ 0 \end{bmatrix}$之 x 軸夾角爲 θ 如圖 8-3。則可

將入射波之偏極分量以二分之一波板之主軸爲參考座標表示，

$$J_1' = \begin{bmatrix} \cos\theta & \sin\theta \\ -\sin\theta & \cos\theta \end{bmatrix} \begin{bmatrix} 1 \\ 0 \end{bmatrix} = \begin{bmatrix} \cos\theta \\ -\sin\theta \end{bmatrix}$$

則通過該二分之一波板後

$$J_2 = R\ (-\theta) J_2' \begin{bmatrix} \cos\theta & -\sin\theta \\ \sin\theta & \cos\theta \end{bmatrix} \begin{bmatrix} \cos\theta \\ \sin\theta \end{bmatrix} = \begin{bmatrix} \cos 2\theta \\ \sin 2\theta \end{bmatrix}$$

新的偏極方向與原 x 軸夾 2θ。因此可藉由轉動二分之一波板，藉以改變 θ，便可使輸出之偏極方向旋轉 2θ，此即爲一個偏極旋轉器。

8-2 非均向性介質

在均向性介質中，由光波電場所感應之偏極方向與電場向量是平行的。但在一個非均向性介質中，晶體是由許多規則而周期性排列的原子所組成，光波的電場與偏極的方向除在某些特殊的情形之外，不會再是平行的。電位移向量 (Electric Displacement Vector)與電場向量及感應電極化向量之關係可表爲

$$\overline{D} = \varepsilon_0 \overline{E} + \overline{P} \tag{8-16}$$

在非均向性介質中，感應電極化向量與電場的關係可表爲(8-17)式

$$\begin{pmatrix} P_x \\ P_y \\ P_z \end{pmatrix} = \varepsilon_0 \begin{pmatrix} x_{11} & x_{12} & x_{13} \\ x_{21} & x_{22} & x_{23} \\ x_{31} & x_{32} & x_{33} \end{pmatrix} \begin{pmatrix} E_x \\ E_y \\ E_z \end{pmatrix} \tag{8-17}$$

故(8-16)式可改變爲

$$\begin{pmatrix} D_x \\ D_y \\ D_z \end{pmatrix} = \varepsilon_0 \begin{pmatrix} \varepsilon_{11} & \varepsilon_{12} & \varepsilon_{13} \\ \varepsilon_{21} & \varepsilon_{22} & \varepsilon_{23} \\ \varepsilon_{31} & \varepsilon_{32} & \varepsilon_{33} \end{pmatrix} \begin{pmatrix} E_x \\ E_y \\ E_z \end{pmatrix} \tag{8-18}$$

(8-18)式中，ε_{ij}爲介電係數(Dielectric Permittivity)

$$\varepsilon_{ij} = \varepsilon_0 (1 + x_{ij}) \quad，i, j = 1,2,3 \tag{8-19}$$

且

$$\varepsilon_{ij} = \varepsilon_{ji}^{*} \tag{8-20}$$

由(8-16)式至(8-20)式表示在一個非均向晶體介質中，電場與電位移向量之關係不再是一個常數比例，而是一個介電張量(Dielectric Tensor)。上述的介電張量在以晶體主軸爲座標時，可以寫成一個對角化矩陣形式如

$$\overleftrightarrow{\varepsilon} = \begin{pmatrix} \varepsilon_x & 0 & 0 \\ 0 & \varepsilon_y & 0 \\ 0 & 0 & \varepsilon_z \end{pmatrix} \tag{8-21}$$

若我們假設平面波表示式爲

$$\overline{E} = \overline{E}_0 e^{i(\omega t - \overline{k}\overline{r})} \tag{8-22}$$

則由麥斯威爾方程式(Maxwell's Equations)可得

$$\vec{k} \times (\vec{k} \times \overline{E}_0) + \mu_0 \varepsilon \omega^2 \overline{E}_0 = 0 \tag{8-23}$$

我們將 $\bar{k}$ 及 $\overline{E}_0$ 以晶體主軸座標展開並代入(8-21)式可得

$$\begin{bmatrix} \omega^2\mu_0\varepsilon_x - k_y{}^2 - k_z^2 & k_xk_y & k_xk_z \\ k_yk_x & \omega^2\mu_0\varepsilon_y - k_x{}^2 - k_z^2 & k_yk_z \\ k_zk_x & k_zk_y & \omega^2\mu_0\varepsilon_z - k_x{}^2 - k_y^2 \end{bmatrix} \begin{bmatrix} E_{ox} \\ E_{oy} \\ E_{oz} \end{bmatrix} = 0 \quad (8\text{-}24)$$

(8-24)式要有解則必須滿足

$$\begin{vmatrix} \omega^2\mu_0\varepsilon_x - k_y{}^2 - k_z^2 & k_xk_y & k_xk_z \\ k_yk_x & \omega^2\mu_0\varepsilon_y - k_x{}^2 - k_z^2 & k_yk_z \\ k_zk_x & k_zk_y & \omega^2\mu_0\varepsilon_z - k_x{}^2 - k_y^2 \end{vmatrix} = 0 \quad (8\text{-}25)$$

當 ω 與 ε_x 、 ε_y 、 ε_z 一旦決定之後，(8-24)式相當於二個三度空間球體，一般稱爲 k 空間(k space)或波向量空間(Wave Vector Space)。爲求簡化，現在我們假設光波是在 y、z 平面上傳播，即 $k_x = 0$ ，代入(8-25)式可得

$$\left(\frac{k_y{}^2}{n_x{}^2} + \frac{k_z{}^2}{n_x{}^2} - \frac{\omega^2}{c^2}\right)\left(\frac{k_y{}^2}{n_z{}^2} + \frac{k_z{}^2}{n_y{}^2} - \frac{\omega^2}{c^2}\right) = 0 \quad (8\text{-}26)$$

(8-26)式爲一個圓與一個橢圓的組合，如圖 8-4(a)。在 k 空間的這個圓與橢圓對應於不同偏極化的光波，前者之偏極化方向在 x 方向(即垂直 y、z 平面)而後者偏極化方向則包含於 y、z 平面。由於前者所看到的折射率爲均向性的，均爲 n_x ，因此稱前者之光

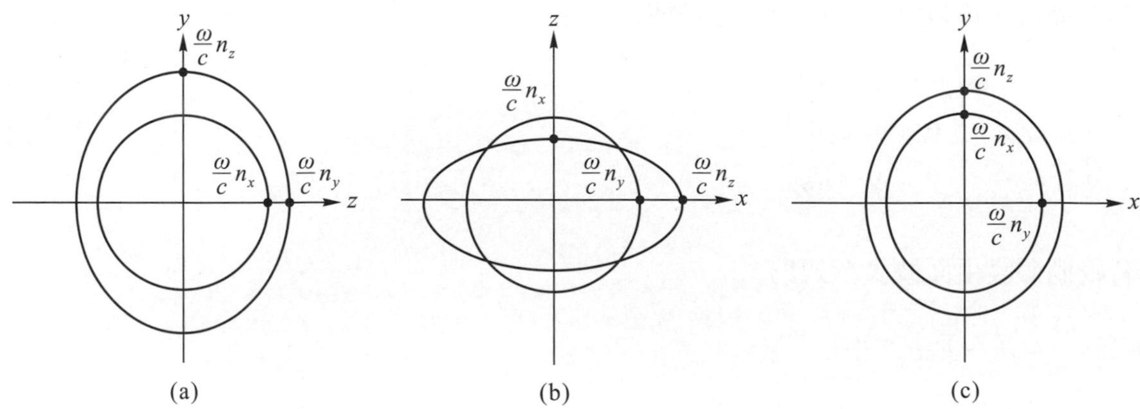

圖 8-4　各種非均向性介質之折射率分布

波爲尋常光(Ordinary Wave)。相對的，後者所看到的折射率隨著波向量之不同而不同，介於 n_y 與 n_z 之間，其光波被稱爲非尋常光(Extraordinary Wave)。由圖 8-4(b)(c)二圖是在 $k_x=0$ 、$k_y=0$ 及 $k_z=0$ 時根據(8-26)式在假設 $n_z>n_y>n_x$ 的情況下所的之圓與橢圓圖形。

8-2.1　單軸晶體

在上述中，我們假設 $n_z>n_y>n_x$，及在三個波向量主軸之主折射率(Principal Index of Refraction)皆不同時，如圖 8-4(b)所示會有四個交叉點，可連成兩條直線。當波向量與該兩直線同向時，我們可發現不論是尋常光或非尋常光，看到的折射率是一致的，我們將具有此特性之二條直線稱爲光軸(Optic Axis)。在光軸上的波向量，不論其極化方向爲何，其所對應的折射率都是一樣的，也就是其偏極方向具有折射率的均向性。

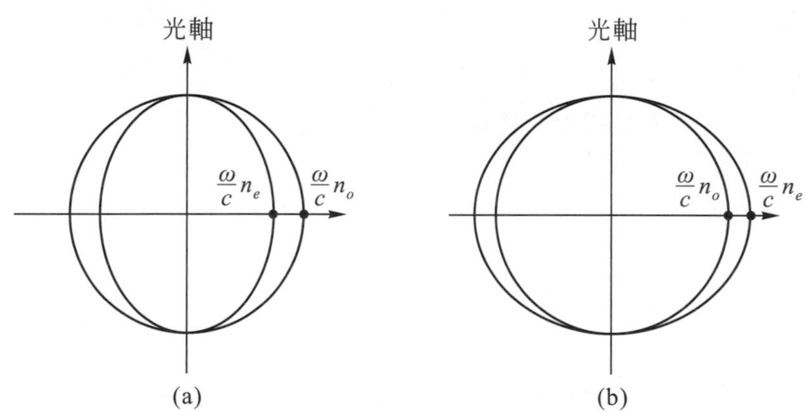

圖 8-5　不同折射率之單軸晶體折射率分布

上述的情形是具有二個光軸，我們稱之爲雙軸晶體(Biaxial Crystal)。許多常見的晶體如 $LiNbO_3$ 及 $BaTiO_3$，皆只有一個光軸，這種晶體稱爲單軸晶體 (Uniaxial Crystal)。這類的晶體中，二個主折射率值相等，我們可以假設爲 $n_e=n_z$，$n_o=n_x=n_y$，則(8-26)式可改寫爲

$$\left(\frac{k_y^{\,2}}{n_o^{\,2}}+\frac{k_z^{\,2}}{n_o^{\,2}}-\frac{\omega^2}{c^2}\right)\left(\frac{k_y^{\,2}}{n_e^{\,2}}+\frac{k_z^{\,2}}{n_o^{\,2}}-\frac{\omega^2}{c^2}\right)=0 \tag{8-27}$$

當 $n_o>n_e$ ，爲負單軸晶體(Negative Uniaxial Crystal)，如圖 8-5(a)；反之， $n_o<n_e$ 時，爲正單軸晶體(Positive Uniaxial Crystal)，如圖 8-5(b)，在圖 8-5 中。我們可看出只有一

個光軸，當波向量與光軸不平行時，隨著偏極方向之不同而分別對應於圓及橢圓。其中偏極方向與光軸垂直的尋常光對應的是圓形；而偏極方向與光軸共平面的非尋常光則是對應於橢圓。當非尋常光之波向量與光軸夾 θ 角時，其看見之折射率 $n_e(\theta)$ 滿足於(8-28)式

$$\frac{1}{n_e^2(\theta)}=\frac{\sin^2\theta}{n_e^2}+\frac{\cos^2\theta}{n_o^2} \tag{8-28}$$

8-2.2 雙折射

我們已由(8-7)式至(8-9)式的之在非均向介質中電位移向量 $\overline{D}$ 不恆平行於電場方向 $\overline{E}$。由麥斯威爾方程式中

$$\bar{k}\times\overline{H}=-\omega\overline{D} \tag{8-29}$$

$$\bar{k}\times\overline{E}=\omega\mu_0\overline{H}$$

$$=\omega\overline{B}\ \text{(在非磁化介質中)} \tag{8-30}$$

可知，$\overline{D}$ 垂直於 $\bar{k}$ 與 $\overline{H}$；而 $\overline{H}$ 又垂直於 $\bar{k}$ 與 $\overline{E}$，由能量流向量或波印延向量 (Poynting Vector)

$$\overline{S}=\frac{1}{2}\overline{E}\times\overline{H} \tag{8-31}$$

可知，能量流的方向垂直於 $\overline{E}$ 及 $\overline{H}$。我們可將(8-29)式至(8-31)式之各種向量之間的關係繪成圖 8-6。在圖 8-6 中，可看出因爲 $\overline{D}$ 與 $\overline{E}$ 的方向分歧而造成 $\bar{k}$ 與 $\overline{S}$ 的方向不一致。$\bar{k}$ 代表的是波前的垂直方向，而 $\overline{S}$ 代表的是光束能量傳輸的方向。在均向性介質中或當光波爲尋常光時，$\bar{k}$ 與 $\overline{S}$ 是同向的，但是當光波爲非尋常光時，$\bar{k}$ 與 $\overline{S}$ 方向大多是不同的。如圖 8-7 在波向量空間中，$\overline{S}$ 的方向是橢圓的切線的垂直方向。若我們將光束前進比喻人走路，$\bar{k}$ 代表兩腿連線的中垂線，$\overline{S}$ 表前進的方向；如此，非尋常光的傳播就好比於斜的走路一般(極端的情形就如螃蟹走路)。

上述的情形會在非均向性晶體中導致雙折射(Double Refraction)的發生，如圖 8-8(a)，當晶體的光軸與入射界面不平行時，若垂直入射之入射光同時有尋常光與非尋常光的分量時，雖然由史耐爾定律可知 $\overline{S}_e$ 與 $\bar{k}_e$ 與入射方向一致，但由於非尋常光的前進方向 $\overline{S}_e$ 與 $\bar{k}_e$ 不平行，而尋常光的前進方向 $\overline{S}_o$ 與 $\bar{k}_o$ 平行，因此 $\overline{S}_e$ 與 $\overline{S}_o$ 便指向不

同的方向，也就是$\vec{S}_e$會偏離原來的入射方向，此種垂直入射卻有不同折射方向的雙折射現象可以很明顯地看出光波在非均向介質中傳播的特性。

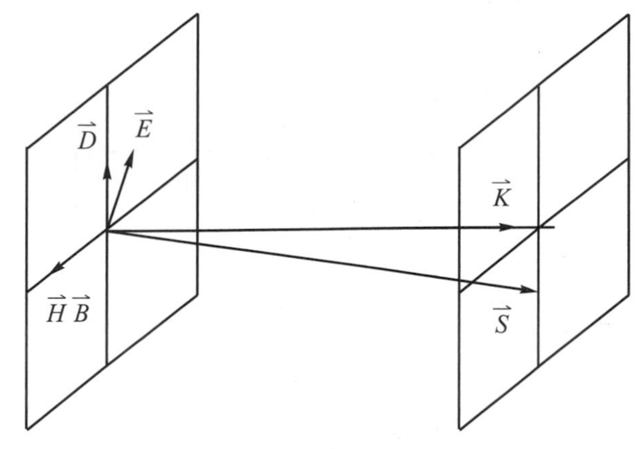

圖 8-6　各向量之相互關係

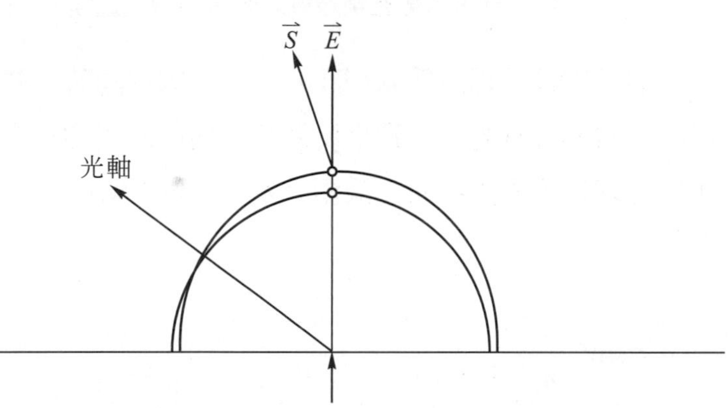

圖 8-7　光束能量傳輸方向與能量流方向

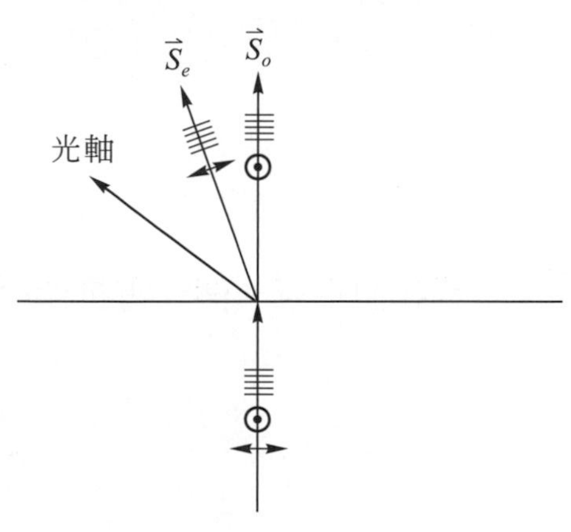

(a)雙折射率介質中尋常

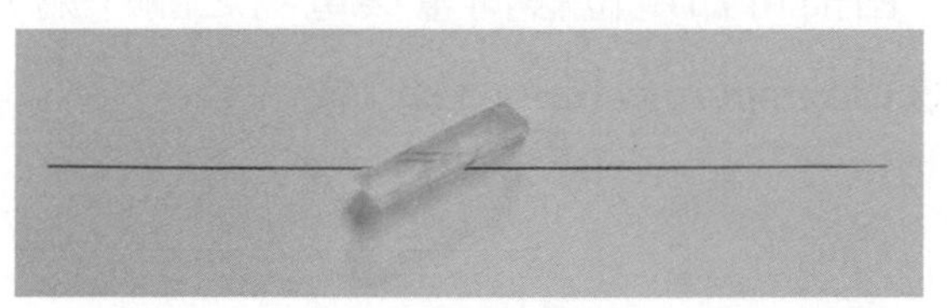

(b)光與非尋常光之傳遞方式

圖 8-8

Example

如圖 8-9 所示，兩個由石英玻璃做成的稜鏡，其光軸皆垂直於入射平面，石英玻璃之尋常光折射率 $n_o = 1.658$ ，非尋常光折射率 $n_e = 1.486$ 。試證明稜鏡之頂角 α 在某一個範圍時，本光學元件可用來作為一個偏極元件。

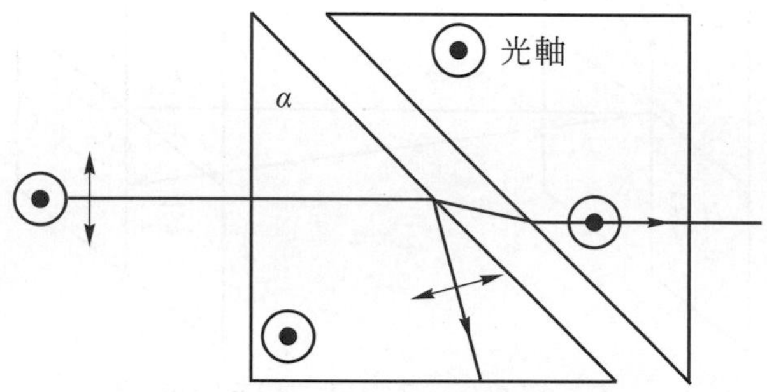

 圖 8-9　光波入射石英玻璃之偏振與傳遞過程

 解　在稜鏡內之入射角與頂角相同為 α，因 $\bar{n}_o > \bar{n}_e$，因此隨著 α 變大時，尋常光會先達到全反射。當非尋常光未達到全反射時，透射的光便只有非尋常光，因此可將未極化的光取出垂直入射面之偏極分量。α 必須滿足

$$\begin{cases} n_o \sin\alpha \geq 1 \\ n_e \sin\alpha < 1 \end{cases}$$

即 $\sin^{-1}\dfrac{1}{n_o} \leq \alpha < \sin^{-1}\dfrac{1}{n_e}$

代入 $n_o = 1.658$ 、 $n_e = 1.486$ 可得

$37.09° \leq \alpha < 42.29°$

8-3　電光效應

由前可知電位移向量與電場之關係為 $\bar{D} = \overleftrightarrow{\varepsilon}\bar{E}$ ，若我們定義一個介電抗滲張量 (Electric Impermeability Tensor)

$$\overleftrightarrow{\eta} = \frac{\varepsilon_0}{\overleftrightarrow{\varepsilon}} \tag{8-32}$$

則電場與電位移向量之關係可改寫為

$$\vec{E} = \frac{\overleftrightarrow{\eta}}{\varepsilon_0}\vec{D} \tag{8-33}$$

若我們以晶體主軸為座標，介電抗滲張量可表為一對角化矩陣

$$\overleftrightarrow{\eta} = \begin{pmatrix} \frac{1}{n_x^2} & 0 & 0 \\ 0 & \frac{1}{n_y^2} & 0 \\ 0 & 0 & \frac{1}{n_z^2} \end{pmatrix} \tag{8-34}$$

利用折射率橢球法(Index Ellipsoid)可表為

$$\frac{x^2}{n_x^2} + \frac{y^2}{n_y^2} + \frac{z^2}{n_z^2} = 1 \tag{8-35}$$

(8-35)式是一個橢球圓如圖 8-10 所示，三個主軸分別對應三個主折射率。首先先決定出 $\vec{k}$ 的方向，其在橢球中心的橫截面將為一個圓或橢圓，當 $\vec{k}$ 指向光軸時，橫截面便是一個圓，二個主要的折射率相同；但若 $\vec{k}$ 不指向光軸，橫截面為一橢圓，其長短軸正好代表二個主要的折射率大小。

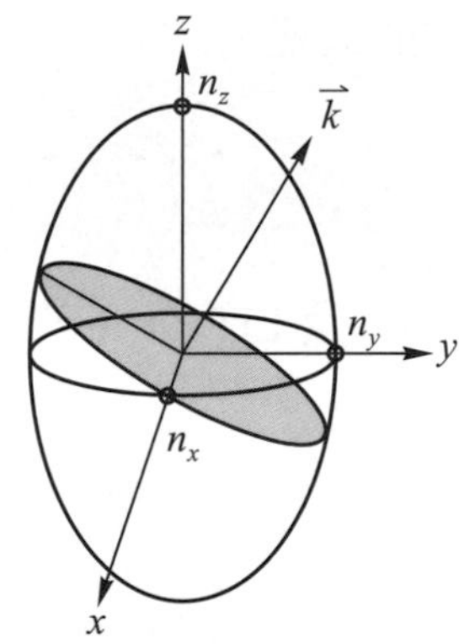

圖 8-10　三主軸對應三折射率之折射率橢球關係

利用折射率橢球來了解外加物理量(如電場，壓力等)時晶體內部折射率的變化是極為有效的方式。當晶體在外加電場時，會造成介電張量 $\overleftrightarrow{\varepsilon}$ 的改變，因而改變了該晶體折射率橢球的結構。我們將外加電場引起晶體光學性質之改變的效應稱為電光效應(Electro-optic)，外加電場之影響可以表為(8-36)式

$$\eta_{ij}(E)-\eta_{ij}(0)=\Delta\eta_{ij}=\gamma_{ij}E_k+S_{ijkm}E_kE_m \quad (8\text{-}36)$$

(8-36)式中γ_{ijk}爲線性或伯克斯(Pockels)電光係數，S_{ijkm}爲二次或客爾(Kerr)電光係數。本書中，我們只針對線性電光效應作探討，γ_{ijk}共有 27 個係數，但由於晶體對稱性的關係，我們可將之減化爲一個只具有 18 個係數之6×3的等效電光矩陣如下

$$\begin{pmatrix} \gamma_{11} & \gamma_{12} & \gamma_{13} \\ \gamma_{21} & \gamma_{22} & \gamma_{23} \\ \gamma_{31} & \gamma_{32} & \gamma_{33} \\ \gamma_{41} & \gamma_{42} & \gamma_{43} \\ \gamma_{51} & \gamma_{52} & \gamma_{53} \\ \gamma_{61} & \gamma_{62} & \gamma_{63} \end{pmatrix} \quad (8\text{-}37)$$

在上述的矩陣元素$\gamma_{\ell k}$之k代表電場在x、y、z三軸上的分量，當有外加電場時，(8-35)式的折射率橢球方程式便會改爲

$$\left(\frac{1}{n_x^2}+\gamma_{1k}E_k\right)x^2+\left(\frac{1}{n_y^2}+\gamma_{2k}E_k\right)y^2+\left(\frac{1}{n_z^2}+\gamma_{3k}E_k\right)z^2$$
$$+2yz\gamma_{4k}E_k+2xz\gamma_{5k}E_k+2xy\gamma_{6k}E_k=1 \quad (8\text{-}38)$$

由於不同的晶體具有不同的等效電光矩陣，因此即使在同一個方向上加上等量的電場也會造成不同的結果。(8-38)式則是一個通式，由其形式可發現折射率橢球可能會因外加電場導致該橢球長短軸與方位的改變。

Example

對於具有 3m 對稱性之晶體如 $LiNbO_3$ 及 $LiTaO_3$，若外電場$\bar{E}=(0, 0, E)$時，其折射率橢球之變化爲何？

解 $LiNbO_3$ 與 $LiTaO_3$ 爲單軸晶體，$n_x=n_y=n_o$、$n_z=n_e$，且其等效電光矩陣爲

$$\begin{pmatrix} 0 & -\gamma_{22} & \gamma_{13} \\ 0 & \gamma_{22} & \gamma_{13} \\ 0 & 0 & \gamma_{33} \\ 0 & \gamma_{51} & 0 \\ \gamma_{51} & 0 & 0 \\ -\gamma_{22} & 0 & 0 \end{pmatrix}$$

由(8-38)式可得新的橢球方程式爲

$$(\frac{1}{n_o{}^2}+\gamma_{13}E)x^2+(\frac{1}{n_o{}^2}+\gamma_{13}E)y^2+(\frac{1}{n_e{}^2}+\gamma_{33}E)z^2=1 \tag{8-39}$$

令 $\frac{1}{n_o{}^2(E)}=\frac{1}{n_o{}^2}+\gamma_{13}E\equiv\frac{1}{n'_{x,y}{}^2}$

$$\frac{1}{n_e{}^2(E)}=\frac{1}{n_e{}^2}+\gamma_{33}E\equiv\frac{1}{n'_z{}^2} \tag{8-40}$$

則(8-39)式可改寫為

$$\frac{x^2}{n_o{}^2(E)}+\frac{y^2}{n_o{}^2(E)}+\frac{z^2}{n_e{}^2(E)}=1 \tag{8-41}$$

而新的主軸折射率為

$$n_x{}'=n_o-\frac{1}{2}n_o{}^3\gamma_{13}E$$

$$n_y{}'=n_o-\frac{1}{2}n_o{}^3\gamma_{13}E$$

$$n_z{}'=n_e-\frac{1}{2}n_e{}^3\gamma_{33}E \tag{8-42}$$

由(8-42)式可知，折射率橢球長、短軸之折射率大小改變但方位仍然不變。

Example

對於具有 42m 對稱性之晶體 KDP，若外加電場為 $\bar{E}=(0,\ 0,\ E)$，則其折射率橢球之變化為何？

解　KDP 為單軸晶體，其等效電光矩陣為

$$\begin{pmatrix} 0 & 0 & 0 \\ 0 & 0 & 0 \\ 0 & 0 & 0 \\ \gamma_{41} & 0 & 0 \\ 0 & \gamma_{41} & 0 \\ 0 & 0 & \gamma_{63} \end{pmatrix}$$

當外加電場時，由(8-38)式可得橢球方程式為

$$\frac{x^2}{n_o{}^2}+\frac{y^2}{n_o{}^2}+\frac{z^2}{n_e{}^2}+2\gamma_{41}E_x yz+2\gamma_{41}E_y xz+2\gamma_{63}E_z xy=1 \tag{8-43}$$

因$E_z = E$、$E_x = E_y = 0$，故上式可再寫成

$$\frac{x^2}{{n_o}^2}+\frac{y^2}{{n_o}^2}+\frac{z^2}{{n_e}^2}+2\gamma_{63}E_z xy=1 \tag{8-44}$$

由於新的橢圓球在 xy 平面有 45° 之旋轉，因此先作座標轉換，令新舊座標之關係如下

$$x = x'\cos 45° - y'\sin 45°$$

$$y = x'\sin 45° + y'\cos 45°$$

代入(8-43)式可得

$$(\frac{1}{{n_o}^2}+\gamma_{63}E)x'^2+(\frac{1}{{n_o}^2}-\gamma_{63}E)y'^2+\frac{1}{{n_e}^2}z^2=1 \tag{8-45}$$

其中

$$\frac{1}{{n^2}_{x'}}=\frac{1}{{n_o}^2}+\gamma_{63}E \equiv \frac{1}{{n_o}^2}+d(\frac{1}{n^2}) \tag{8-46}$$

可得 x 方向上

$$dn=-\frac{1}{2}{n_o}^3 d(\frac{1}{n^2})=-\frac{1}{2}{n_o}^3 r_{63}E \tag{8-47}$$

同理可得 y 方向上

$$dn=\frac{1}{2}{n_o}^3 r_{63}E$$

因此新的主軸折射率為

$$n_x' = n_o - \frac{1}{2}{n_o}^3\gamma_{63}E$$

$$n_y' = n_o + \frac{1}{2}{n_o}^3\gamma_{63}E$$

$$n_z' = n_z = n_e \tag{8-48}$$

本例題與上例題所加之電場一樣，但由於晶體之對稱性不同，因此造成折射率橢球之改變亦不相同，上例題只是主軸折射率改變，本例題則是其中二主軸的方位也旋轉了 45° 。

8-3.1 電光調制

常見的電光調制分為兩種，一為振幅調制，一為相位調制。其原理皆是利用外加電場來改變晶體之非均向特性，而對入射光進行調制，以下分別僅就外加低頻電場的情形討論之。

1. 振幅調制：

如圖 8-11 所示，我們以前面例題之 KDP 晶體爲例，當電場也加在 z 軸上時，x、y 平面上的主軸會旋轉 45°。我們假設入射光沿 z 軸傳播，且其偏極方向爲 x 軸，另在晶體後置一 y 方向之偏極板。當無外加電場時，因偏極方向在主軸上，所以通過晶體後偏極方向不會改變，因此光束會被後面的 y 方向偏極板濾除而無輸出。當電場加上之後，主軸旋轉 45°，因此原入射光之瓊斯矩陣由 $\begin{pmatrix}1\\0\end{pmatrix}$ 變爲 $\frac{1}{\sqrt{2}}\begin{pmatrix}1\\1\end{pmatrix}$，而晶體因在 x'、y' 軸上具有不同之折射率，可將其相位延遲表爲

$$T=\begin{bmatrix} e^{i\frac{\gamma}{2}} & 0 \\ 0 & e^{-i\frac{\gamma}{2}} \end{bmatrix} \tag{8-49}$$

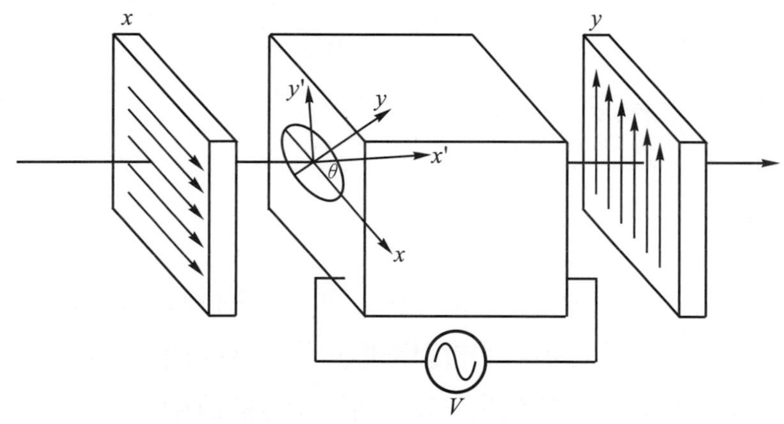

圖 8-11　振幅調制之電光調制系統

若晶體長度爲 d，則 γ 可表爲

$$\begin{aligned}\gamma &= \frac{2\pi}{\lambda} n_o{}^3 \gamma_{63} E d \\ &= \frac{2\pi}{\lambda} n_o{}^3 \gamma_{63} V \end{aligned} \tag{8-50}$$

光波通過該晶體後，其瓊斯向量可表爲

$$J' = \frac{1}{\sqrt{2}} \begin{bmatrix} e^{i\frac{\phi}{2}} & 0 \\ 0 & e^{-i\frac{\phi}{2}} \end{bmatrix} \begin{pmatrix} 1 \\ 1 \end{pmatrix} = \frac{1}{\sqrt{2}} \begin{pmatrix} e^{i\frac{\phi}{2}} \\ e^{-i\frac{\phi}{2}} \end{pmatrix} \tag{8-51}$$

當 $\phi = \pi$ 時，我們定義外加之電壓 $V = V_\pi$ ，則

$$V_\pi = \frac{\lambda}{n_o^{\ 3}\gamma_{63}} \tag{8-52}$$

經過後面之 y 方向偏極板之穿透率為

$$T = \sin^2(\frac{\pi}{2}\frac{V}{V_\pi}) \tag{8-53}$$

因此，隨著外加之電壓變化，光波之強度也跟著變化，此即為振幅調制，應用上，為了取得較線性的調制，會加一個 $\frac{1}{2}V_\pi$ 的偏壓，若交流電壓為 V_a 且頻率為 W_a 時，則(8-53)式可寫成

$$T = \frac{1}{2}\left[1 + \sin(\frac{\pi V_a}{V_\pi}\sin W_a t)\right] \tag{8-54}$$

2. 相位調制：

當入射光之電場偏極化方向恰好與 x 與 y 軸平行時，經過晶體後，其偏極化方向並不會改變，但由於所看的折射率值隨著電場改變，因此相位也跟著改變，如圖 8-12，若令電場為 x 偏極化，我們可將相位的改變表為

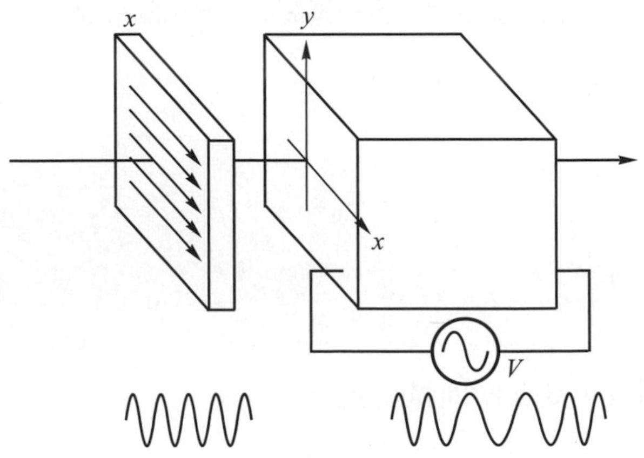

圖 8-12　相位調制之電光調制系統

$$d\phi_{x'} = -\frac{\omega d}{c} dn_{x'} \tag{8-55}$$

將上式代入(8-48)式

$$d\phi_{x'} = -\frac{\omega n_o^3 \gamma_{63}}{2c} E_a d \tag{8-56}$$

若外加電場爲

$$E_z = E_a \sin \omega_a t \tag{8-57}$$

則輸入的光波 $E_{in} = A\cos\omega t$ 在經過晶體之後會變成

$$\begin{aligned} E_{out} &= A\cos\left[\omega t - \frac{\omega}{c}(n_o - \frac{n_o^3}{2}\gamma_{63} E_a \sin\omega_a t)d\right] \\ &= A\cos\left[\omega t - \phi_d + \phi_a \sin\omega_a t\right] \end{aligned} \tag{8-58}$$

(8-58)式中，ϕ_d 爲不外加電場時，光波通過晶體必然的相位延遲，而 ϕ_a 則是外加電場後相位延遲之振幅，可表爲

$$\phi_a = \frac{\pi n_o^3 \gamma_{63} E_a d}{\lambda} \tag{8-59}$$

(8-58)式可經由貝索函數(Bessel Function)的展開而分解成由 $\omega \pm m\omega_a$，$m = 0, 1, 2, 3\cdots$ 等頻率的光波分量。這些分量的相對大小與 ϕ_a 有關。

8-4　聲光效應

當晶體在外加作用力時，分子間因相互作用力產生位移而造成介質密度的變化，這種變化會導致局部折射率的改變。當光波經過已受改變的介質時，其相位會因而受到調制，在某種狀況下(加入一聲波時)入射光可因而產生繞射，此即爲聲光效應(Acousto-Optic Effect)。

物質之聲光效應可將外加之機械應力耦合至折射率的改變，其關係亦可由介電抗滲張量來表示：

$$\Delta\eta_{ij} = P_{ijk\ell}S_{k\ell} \tag{8-60}$$

(8-60)式中，$P_{ijk\ell}$ 爲光應力張量之係數。$S_{k\ell}$ 則爲應力張量。由於對稱性的關係，我們可以將部分係數合併並以折射率橢球方程式表示如下：

$$\begin{aligned}
&x^2(\frac{1}{{n_x}^2}+P_{11}S_1+P_{12}S_2+P_{13}S_3+P_{14}S_4+P_{15}S_5+P_{16}S_6)\\
&+y^2(\frac{1}{{n_y}^2}+P_{21}S_1+P_{22}S_2+P_{23}S_3+P_{24}S_4+P_{25}S_5+P_{26}S_6)\\
&+z^2(\frac{1}{{n_z}^2}+P_{31}S_1+P_{32}S_2+P_{33}S_3+P_{34}S_4+P_{35}S_5+P_{36}S_6)\\
&+2yz(P_{41}S_1+P_{42}S_2+P_{43}S_3+P_{44}S_4+P_{45}S_5+P_{46}S_6)\\
&+2xz(P_{51}S_1+P_{52}S_2+P_{53}S_3+P_{54}S_4+P_{55}S_5+P_{56}S_6)\\
&+2xy(P_{61}S_1+P_{62}S_2+P_{63}S_3+P_{64}S_4+P_{65}S_5+P_{66}S_6)\\
&=1
\end{aligned} \tag{8-61}$$

Example

在 G_e 晶體之 z 方向($<001>$)外加一聲波爲 $\bar{a}(z,t)=\hat{y}A\cos(\Omega t-kz)$，則晶體的折射率橢球有何改變？

解 由於聲波傳輸方向爲 $\hat{z}$，且其橫切振幅是在 $\hat{y}$，故只有 $S_4 \neq 0$，我們可將之表爲

$$S_4 = S\sin(\Omega t-kz)$$

G_R 之光彈應力張量爲

$$\begin{pmatrix}
P_{11} & P_{12} & P_{13} & 0 & 0 & 0\\
P_{12} & P_{11} & P_{12} & 0 & 0 & 0\\
P_{12} & P_{11} & P_{11} & 0 & 0 & 0\\
0 & 0 & 0 & P_{44} & 0 & 0\\
0 & 0 & 0 & 0 & P_{44} & 0\\
0 & 0 & 0 & 0 & 0 & P_{44}
\end{pmatrix}$$

則(8-52)式可得

$$\frac{1}{n^2}(x^2+y^2+z^2)+2yzP_{44}S\sin(\Omega t-kz)=1$$

可進一步簡化成

$$\frac{x^2}{n_x^{\ 2}}+\frac{y'^2}{n_{y'}^{\ 2}}+\frac{z'^2}{n_{z'}^{\ 2}}=1$$

上式中，y' 與 z' 爲新主軸，x 則不變，其主軸折射率爲

$$n_{x'}=n$$

$$n_{y'}=n-\frac{1}{2}n^3P_{44}S\sin(\Omega t-kz)$$

$$n_{z'}=n+\frac{1}{2}n^3P_{44}S\sin(\Omega t-kz)$$

由上式可知，當外加一聲波進入晶體中，晶體折射率產生相對的變化，結果就像是一組會跑的折射率光柵般，當光波經過該光柵時，由於光速太快，該光柵看起來就像不動一樣，可將光波繞射，以下將討論此一現象。

8-4.1　聲光繞射

如圖 8-13 所示，當 $A\cos(\Omega t-kx)$ 之聲波在晶體中傳輸時，我們視爲有一組條紋間距爲 $\Lambda=\dfrac{2\pi}{k}$ 之光柵以 $v_S=\dfrac{4\pi}{\Omega k}$ 的速度在 x 方向上前進。爲達到有效的繞射，在均向介質中光波之入射角與繞射必須滿足布拉格條件：

$$\sin\theta_B=\frac{\lambda}{2\Lambda} \tag{8-62}$$

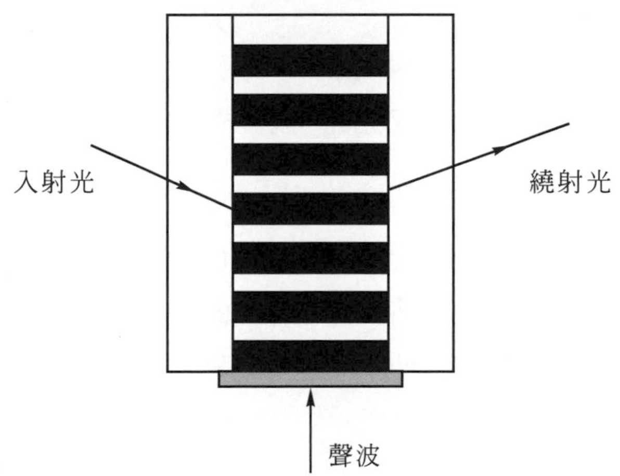

圖 8-13　聲波在均向介質中光波之入射與繞射關係。

爲了簡化其繞射的性質說明，我們使用光的粒子性來說明。令入射之光子波向量爲 $\vec{k}_i$，繞射之光波向量爲 $\vec{k}_d$，而聲波之波向量爲 $\vec{k}_s$，則爲滿足動量守量：

$$h\vec{k}_d = h\vec{k}_i + h\vec{k}_s$$
$$\vec{k}_d = \vec{k}_i + \vec{k}_s \quad (8\text{-}63)$$

同時滿足能量守恆

$$\omega_d = \omega_i + \Omega \quad (8\text{-}64)$$

由於 $\Omega << \omega_i$，故(8-64)式中 $\omega_d \cong \omega_i$，我們可將(8-63)及(8-64)以圖 8-14 來表示。圖 8-14 之圓(或橢圓)代表的是光波的能量守恆，而入射光、繞射光與聲波之波向量之幾何關係則必須滿足動量守恆。當晶體爲一均向介質時，由圖 8-14(a)可看出繞射時 $\theta_i = \theta_d$。但若在非均向介質時，由於 $n_i \neq n_d$，因此 $\theta_i \neq \theta_d$，如圖 8-14(b)所示，因此布拉格條件不能以(8-62)式來表示，但仍可以(8-63)式來形容。

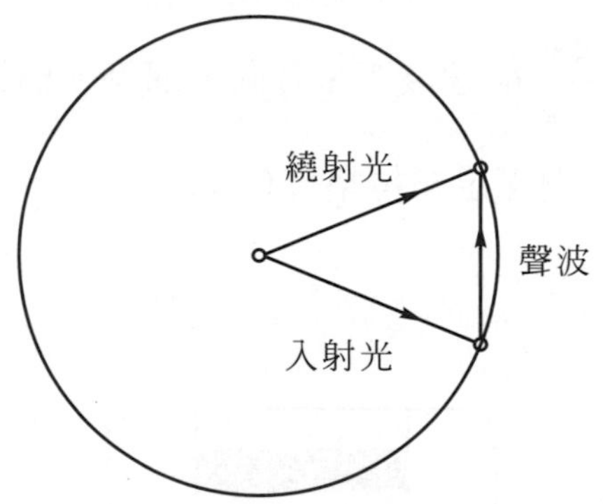

圖 8-14　動量守恆時，入射光、繞射光與聲波之波向量之相互關係

上述之布拉格繞射，入射光的角度必須嚴格地遵守布拉格角，因此非平面波無法完全地被繞射出。如圖 8-15 所示，這是因爲聲波的波向量是唯一的。由於波向量的單一代表的是在介質傳播之聲波之波前爲無窮延伸的平面，但事實並非如此。在介質傳播之聲波有可能只有很小的波前延伸，或是可能是一個發散波，其繞射條件將較爲複雜。

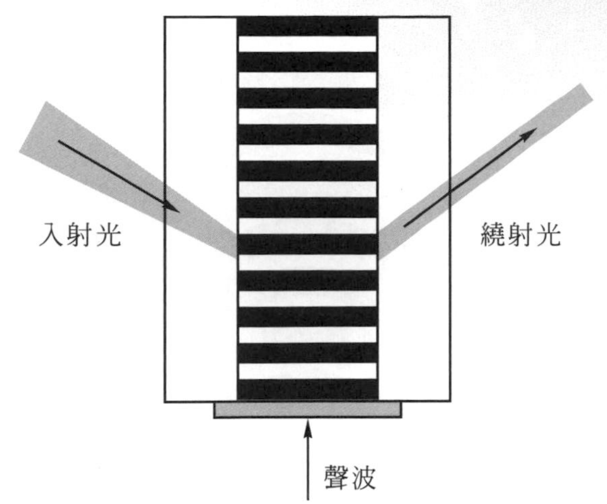

圖 8-15　在滿足布拉格繞射條件下，聲波在均向介質中入射光與繞射光之相互關係

當所加的聲波寬度爲 D_s ，而入射光波的寬度爲 D_0 ，則由傅氏光學可知，有限寬的波其波向量會有一個發散角

$$\delta\theta_0 = \frac{\lambda}{D_0}$$

$$\delta\theta_s = \frac{\Lambda}{D_s} \tag{8-65}$$

因此能滿足布拉格條件的波向量也會有一個角度範圍的分佈。當入射光之中心波向量與外加聲波之中心波向量符合(8-63)式條件，且 $\delta\theta_s > \delta\theta_0$ 時，所有入射光之波向量均能找到符合布拉格條件的聲波波向量，並因而繞射如圖 8-16，因此，入射光不一定得是平面波才可。

當進入晶體的聲波寬度只侷限在很小的範圍如圖 8-17 所示，且光波垂直入射時，繞射光之角度符合下式即可滿足布拉格條件。

$$\theta_n = 2n\sin^{-1}\frac{\lambda}{2\Lambda}\text{，} n = \pm 1,\ \pm 2,\ \pm 3, \cdots \tag{8-66}$$

(8-66)式容許這些角度的繞射光並不違反動量與能量守恆，這是因爲當聲波寬度小的時候，其聲波之波向量並不唯一，而是分佈在有限的發散角內，因此(8-63)式及(8-64)式可表爲

$$\text{動量守恆：} \vec{k}_d = \vec{k}_i + n\vec{k}_s \tag{8-67}$$

$$\text{能量守恆：} \omega_d = \omega_i + n\Omega\text{，} n = \pm 1,\ \pm 2, \cdots \tag{8-68}$$

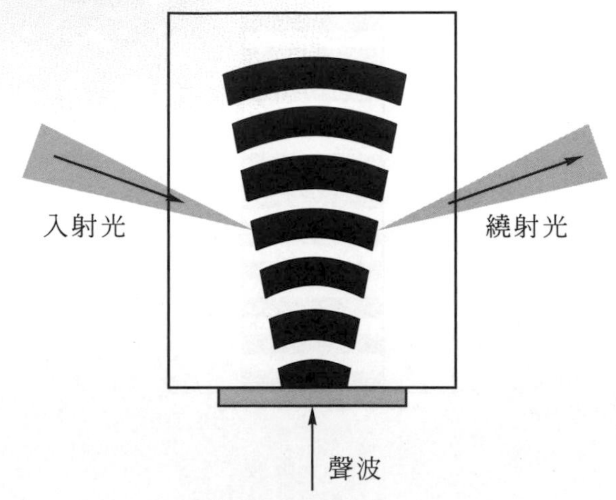

圖 8-16　波向量滿足布拉格繞射條件時，聲波在均向介質中入射光與繞射光之相互關係

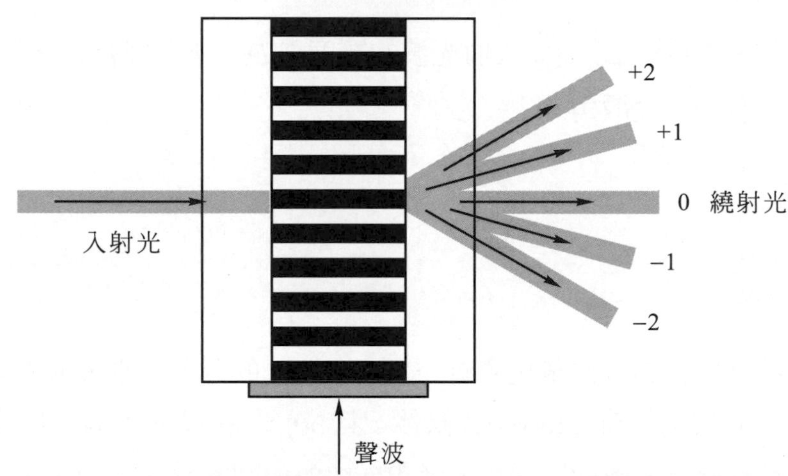

圖 8-17　滿足布拉格條件，垂直入射晶體之聲波寬度很小時，繞射光之角度變化

上式在$|n|=1$時可視繞射光在布拉格條件下由入射光吸收一個聲子(Phonon)所造成；而$|n|=2$時，則是吸收到兩個聲子所形成；當$|n|$值愈高代表同時接收到的聲子數就愈多。

我們將這種繞射稱爲瑞曼-納士散射(Raman-Nath Scattering)。瑞曼-納士散射的條件是聲波寬度很小或是其波長很大時方才成立，但此一敘述過於模糊。爲了界定布拉格繞射(即單一繞射點)及瑞曼-納士散射之區分，定義了繞射參數θ如下

$$\theta = \frac{2\pi\lambda L}{n\Lambda^2} \tag{8-69}$$

當$\theta>1$時爲布拉格繞射，只有一個繞射角，而當$\theta<1$時，則爲瑞曼-納士散射，會有高階之散射點。當L較大或是較小時，比較容易成爲布拉格繞射，這種光柵一般稱之爲體積式光柵。

上述所討論的是聲光繞射中角度的關係，由於其與聲波之波向量有關，而波向量之振幅與聲波之頻率 Ω 有關，因此，繞射的角度與外加聲波之頻率有關。當頻率愈高時，布拉格角也就愈大。聲光繞射的另一個重點是繞射強度的分佈，由於其計算必須使用耦合模態方程式(Coupled Mode Equations)來求解，並不在本書的範圍之內。當聲光繞射之布拉格角度不大時，我們可看作能量的耦合仍在傳輸軸上，則繞射效率可寫成

$$\frac{I_d}{I_i}=\sin^2(\frac{\pi L}{\sqrt{2}\lambda}\sqrt{MI_s}) \tag{8-70}$$

其中 L 爲作用區長度，I_s 爲聲波強度，M 稱爲繞射指標。爲晶體參數之函數，由(8-61)式可看出，當聲波的強度愈強時，繞射效率也愈大，但大到某一程度之後隨著 $\sin^2$ 呈現振盪。

8-4.2　聲光調制

以下探討幾種常見的聲光調制元件與應用

1. 強度調制：由(8-70)式，可改寫爲

$$\frac{I_d}{I_i}=\sin^2(\Gamma L)\text{，}\Gamma\propto\sqrt{I_s} \tag{8-71}$$

當 ΓL 很小時

$$\frac{I_d}{I_i}\cong(\Gamma L)^2\propto I_sL^2 \tag{8-72}$$

因此我們藉由調整聲波強度來調變耦合常數 Γ 時，繞射光之強度也會跟著改變。不過爲了能在線性區操作，必須在聲波強度上給一個偏壓強度 $I_{\pi/2}$ 使得 $\Gamma_{\pi/2}L=\dfrac{\pi}{2}$，其原理如同電光效應之振幅調變。此種調變以 $Q>1$ 之布拉格繞射較爲適合，應用區長度較長，可以使用較小的聲波強度來作調制。

若使用布拉格繞射，根據(8-71)式，其繞射角與聲波頻率的關係可表爲

$$\theta_B=\sin^{-1}\frac{\lambda}{2n\Lambda}=\sin^{-1}\frac{\lambda f_s}{2nv_s} \tag{8-73}$$

當 θ_B 很小的時候

$$\theta_B = \frac{\lambda f_s}{2nv_s} \propto f_s \tag{8-74}$$

即隨著聲波頻率的增高，布拉格角也會增大。由於入射光一般是使用雷射光，若其光腰爲 ω_0，則其發散角可表爲

$$\delta\theta_0 \cong \frac{\lambda}{\pi n \omega_0} \tag{8-75}$$

當聲波爲一理想的平面波，且令調制的頻寬爲 B 時，則由(8-73)式可知

$$B = \frac{2nv_s \cos\theta}{\lambda}\Delta\theta \tag{8-76}$$

當 $\delta\theta_0 = \Delta\theta$ 時，入射光皆能因頻率的改變而繞射，如圖 8-18，因此(8-76)可改寫爲

$$B = \frac{2v_s \cos\theta}{\pi\omega_0} \tag{8-77}$$

我們發現調制頻寬與入射光之光腰呈反比，而與聲波之波速成正比。

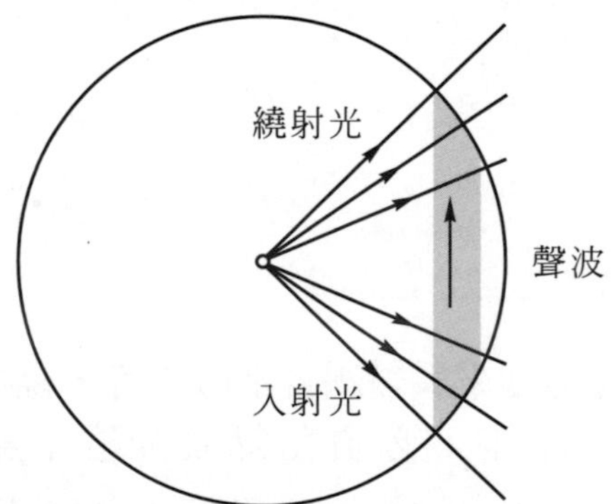

圖 8-18　當聲波為理想的平面波時，不同頻率之入射光所對應之不同繞射角

2. 方向偏轉：聲光效應的另一個主要應用是用來作爲一個光束方向偏轉的調制器。由(8-73)式可得繞射角度若與頻率調制差的關係如下

$$\Delta\theta = \frac{\lambda}{2nv_s \cos\theta}\Delta f_s \tag{8-78}$$

若入射光有一微小的角度發散角$\delta\theta_0$，則在$\Delta\theta$中可解析的點數N

$$N=\frac{2\Delta\theta}{2\delta\theta_0}=\frac{\pi\omega_0}{2v_s\cos\theta}\Delta f_s \equiv \tau\Delta f_s \tag{8-79}$$

上式表示可解析的點數與頻寬及τ之乘積成正比。而τ近似於聲波穿過入射光束的時間。由於在同一個晶體中，聲波速度固定，τ值變化不大，因此頻寬對解析點數有很大的影響。

由(8-79)式可發現大的頻寬對一個聲光方向偏轉調制器極爲重要，然而由於頻率的偏極會造成布拉格條件的相位失配(Phase Mismatch)；而爲了掃瞄點儘可能小，因此最好使用平面波。上述兩者皆能兼顧的最好方式爲使聲波有一個大的發散角$\delta\theta_s$，並使$\delta\theta_s >> \delta\theta_0$，甚至$\delta\theta_s$要能決定$\Delta\theta$的範圍，即

$$\delta\theta_s=\frac{\Lambda}{D_s}\geq \Delta\theta=\frac{\lambda}{2n\Lambda f_s\cos\theta}\Delta f_s \tag{8-80}$$

上式可改寫爲

$$\frac{\Delta f_s}{f_s}\leq\frac{2n\Lambda^2\cos\theta}{\lambda D_s} \tag{8-81}$$

爲使頻寬增加，聲波的寬度D_s要儘量小，然而此又與布拉格之繞射效應牴觸，爲了改善此一問題所引發的困難，特別發展了一種聲波相位調制技術如圖 8-19。聲波產生器是由幾個呈週期性排列的小產生器所組成，產生器所發出之聲波有一相位差，使得合成的聲波有一個等效的波前與原波前有一傾斜角，這個傾斜角的大小與聲波的頻率高低有關。其目的是當Δf大的時候，藉由等效波前的傾斜可以達到布拉格繞射條件，並且由於作用區長度是所有產生器所發出聲波寬度之總和，因此可以得到足夠的繞射效率。

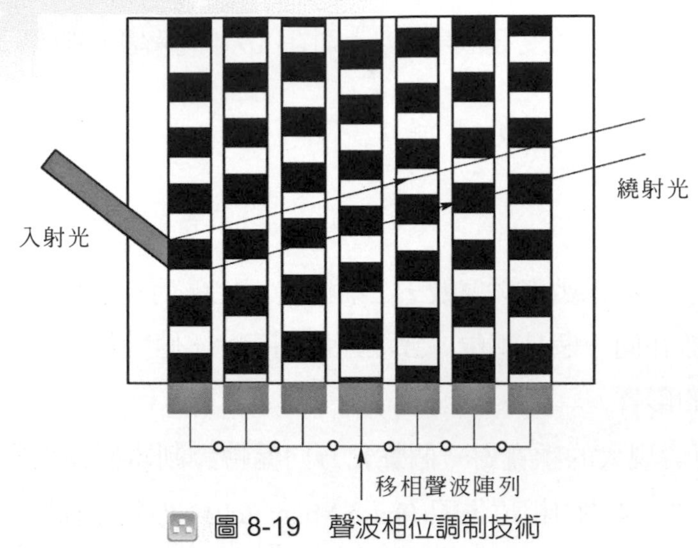

圖 8-19　聲波相位調制技術

習題

1. 試推導出(8-4)式。
2. 試將左旋圓偏極以 x、y 方向線性偏極爲基底展開。
3. 試證明四分之一波板可將線性偏極改爲橢圓偏極。
4. 當線性偏方向與二分之一波板之慢軸夾 30° 時，則輸出光之偏極方向與原方向轉了幾度？
5. 石英玻璃中($n_x = n_o = 1.553$ ， $n_y = n_e = 1.544$)，在那一個方向傳輸之非尋常光，其波向量與能量流向量的角度差距最大？
6. GaAs、CdTe 屬於立方 43m 晶體，其電光矩陣爲 $\begin{bmatrix} 0 & 0 & 0 \\ 0 & 0 & 0 \\ 0 & 0 & 0 \\ \gamma_{41} & 0 & 0 \\ 0 & \gamma_{41} & 0 \\ 0 & 0 & \gamma_{41} \end{bmatrix}$，且 $n_x = n_y = n_z = n_o$，則當在 z 方向有外加電場 E 時，試證明該晶體變爲雙晶軸晶體。
7. 使用 KDP 爲一電光振幅調制器，若 $\lambda = 0.5\mu\text{m}$ ， $n_o = 2.2$ ，且其半波長延遲電壓 $V_\pi = 8.4\ \text{kV}$ 時，求其電光係數 $\gamma_{63} =$ ？
8. 若一聲光晶體所輸入之聲波頻率爲 200 MHz，且其速率爲 3 km/sec，晶體之折射率爲 2.0，入射光波長爲 $0.5\mu\text{m}$ ，則布拉格角爲？

Chapter 9

LED 固態照明光學

照明是人類的生活不可缺少的要素，在人類的演化過程中，照明也從最早在自然界中的取火到蠟燭與油燈的使用，不斷的演進，也直接影響人們的生活作息。直到 1886 年，愛迪生因賦予燈泡的實用性而引發照明的大革命，也間接地使得人類的科技突飛猛進的發展。近年來，地球能源日漸衰竭，環保與節能爲成爲二十一世紀的首要課題之一，傳統的日光燈由於燈管中含有汞，對地球環境會造成汙染，而白熾燈泡與鹵素燈卻因絕大多數的電能轉爲熱能而成爲一耗能產品，因此高功率發光二極體(Light-Emitting Diode，LED)的出現不僅擁有環保、節能等優勢，更爲二十一世紀照明帶來第三次光源革命。

9-1 LED 固態照明簡介

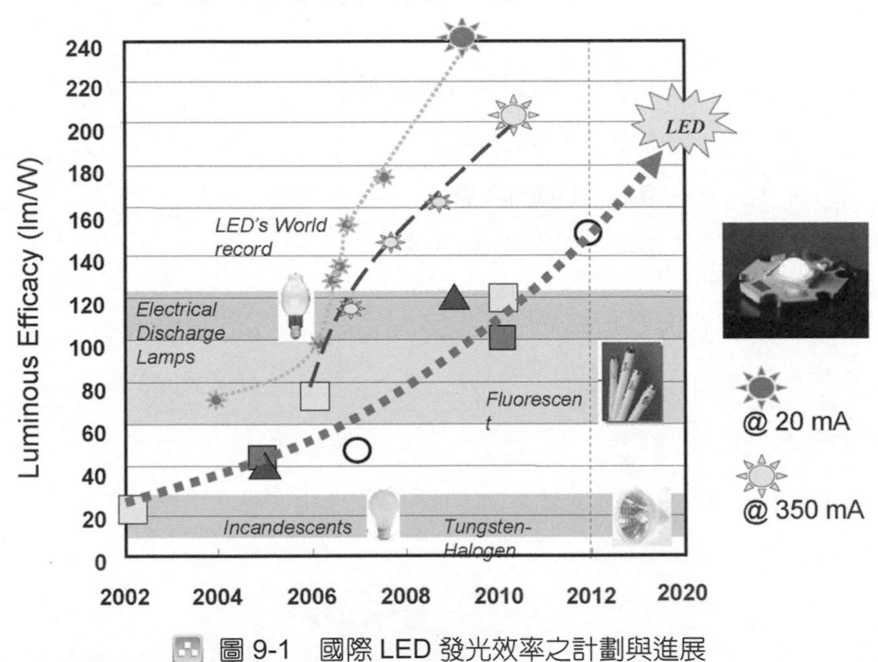

圖 9-1 國際 LED 發光效率之計劃與進展

1906 年 H. J. Round 發現某些半導體材料製成的二極體在正向導通時有發光的物理現象，以碳化矽(SiC)爲基板研發出世界上第一顆 LED，不過當時的半導體製程並不發達。LED 在訊號光源的發展可追朔 1962 年第一顆紅光 LED 的發明，自此以後 LED 發光科技一直在進步，經過數十年的努力，高亮度的藍光 LED 在 1994 年，由任職於日本日亞(Nichia)公司的中村修二(S. Nakamura)在氮化鎵(GaN)的材料上有所突破，才使藍光 LED 可以亮起來，更重要的是，以藍光 LED 搭配黃色螢光粉而形成今日主流的白光 LED，使得 LED 白光照明成爲照明革命的重要推手。

LED 晶片之發光效率一直逐年在快速的提升中，除了在 2009 年初達到低電流下的 249 lm/W 的驚人紀錄外，在高功率 LED 的發展上亦令大家驚艷，已有 200 lm/W 的卓越表現，如圖 9-1 所示，商業化的瓦級 LED 亦具有高達 140 lm/W 的能力，這使得兼具環保的 LED 已成爲新世紀最重要的綠色節能光源，並且以超越其他光源的卓越能力展現出無可取代的節能、環保與人因的實力，如表 9-1 所示。估計在 LED 發光效率在實際應用上超過 150 lm/W 之後，LED 的燈具將逐步取代傳統照明，彼時佔有電力消耗約 20%的照明能源消耗將有超過 50%的節能空間，屆時全世界的電力能源消耗將可節省 10%以上，對於地球永續發展的其影響將非常巨大。

表 9-1　各種現代照明常見一般燈源之光學表徵與 LED 之比較

光源	瓦特	光通量 (流明)	效率 (流明/瓦特)	演色性	色溫(K)	使用壽命	美元/10^6 小時．流明
鎢絲燈	60	865	14.4	100	2,790	1,000	7.4
鹵素燈	50	590	11.8	100	2,750	2,000	12
三色螢光燈	32	2,850 (2,710)	84	78	(4,100)	24,000	1.6
緊湊型 螢光燈	15	900 (765)	51	82	(2,700)	10,000	3.9
低壓 鈉燈	90	12,750	123	−44	(1,800)	16,000	1.6
高壓 水銀燈	250	11,200 (8,400)	34	50	(3,900)	24,000	3.8
高壓 鈉燈	250	28,000 (27,000)	108	22	(2,100)	24,000	1.3
複金屬燈	400	36,000 (24,000)	60	65	(4,000)	20,000	2
LED	10	1,000	100	75～95	3～7k	>50,000	NA

LED 是固態照明的主角，利用電能直接轉化爲光能的原理，在正負極施加順向電壓，可使電子與電洞在發光層中結合，而將能量以光的形式釋放，並依其材料的不同使光子具有特定的波長，目前 LED 所發射的波長已可涵蓋可見光全波段的各種色光。白光 LED 可以大致分爲三種製作方式，如圖 9-2 所示。第一種是利用 R、G、B 晶粒封裝成一個 LED 或是將單顆 R、G、B LEDs 以聚集的方式混成白光，如圖 9-3 所示，

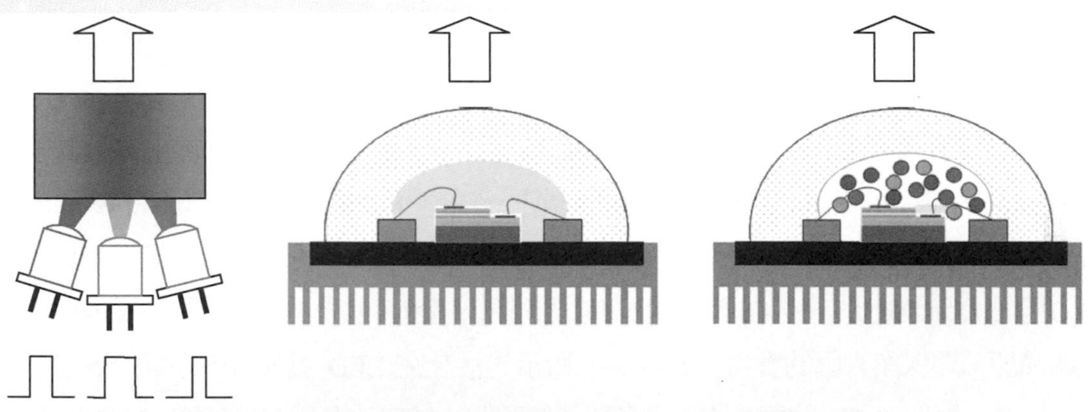

圖 9-2　三種主要形成白光 LED 的機制與其特色

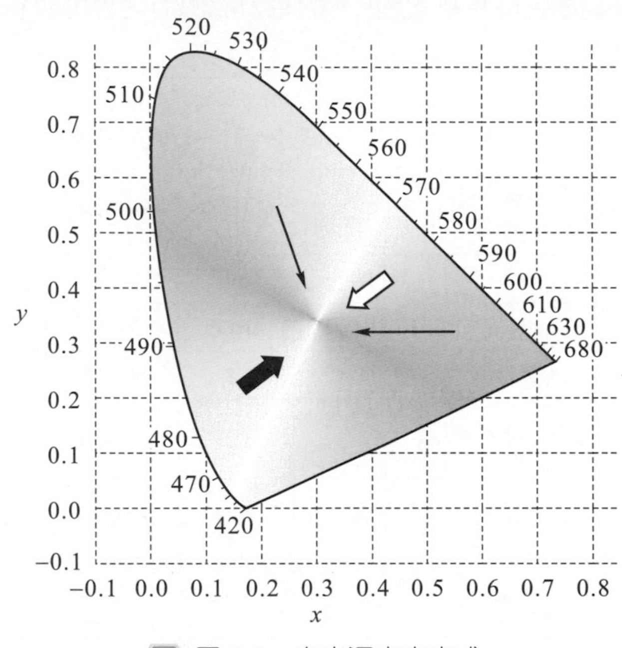

圖 9-3　白光混光之方式

這樣的優點在於可以免除螢光粉的轉換損失，而且色溫可以藉由控制 R、G、B LEDs 的光強度來改變，並具有調整色溫的功能。但是這種方式有兩個很大的缺點，第一是單晶封裝(Package)的方式勢必會碰到晶片電性，均一性、散熱性不一的問題，均一性不足將會影響混成的白光品質；第二是混光空間與能量損失的問題，對於單顆 LED 錯排之混光方式，將會需要較大的混光空間，最終造成成品體積的增加及效率的下降。第二種是在藍光 LED 上覆蓋黃色螢光粉，晶片發出的藍光跟激發出來的黃光混合成為白光，如圖 9-3 所示，這是目前市面上最常看到白光 LED 的形式，此種方式最為簡單與便宜，但是缺點在於光譜缺少紅光的部分，所以這類型的白光 LED 最大的缺點就是色溫範圍受限與演色性較差。解決之法是以藍色 LED 激發多色螢光粉，如綠、紅色螢光粉，這個設計可產生高演色性(Color Rendering Index)的白光，及照明之顏色較爲眞實，惟螢光粉的選擇、螢光粉的激發效率及螢光粉的壽命都是這個設計所面臨的最大問題。第三種是以紫外 LED 配合 RGB 三色螢光粉混成白光，此時 UV LED 不參與混光，所有之紅、綠、藍三色光皆由螢光粉產生。這樣的方法的缺點是發光效率過低，而且 LED 的封裝材料需要能抵抗紫外光的照射並需 100%阻絕紫外光的外漏，在技術上仍有待更深入的研究。

在 LED 發光效率的管理上，可以分解爲三個層面，分別是內部量子效率(Internal Quantum Efficiency)的提升、光萃取效率(Light Extraction Efficiency)的提升與螢光粉光色轉換效率(Phosphor Conversion Efficiency)的提升。在這三個層面中，前二者的乘積又稱爲外部量子效率(External Quantum Efficiency)，是 LED 唯一可以直接量得的發光效率，只需要將 LED 送入積分球(Integrating Sphere)量得其發光功率與輸入的電功率即可換算。外部量子效率雖可說是 LED 本質的能量效率，若要深究 LED 的效率的瓶頸，仍需分別檢視內部量子效率與光萃取效率。一般而言，內部量子效率與磊晶(Epitaxy)的基板(Substrate)及磊晶的品質有關。在光萃取效率方面，主要的著力點在於晶片的幾何外型、界面與表面的粗化或微結構、晶面內外的吸收與封裝的型態等，從磊晶、晶片處理到封裝，各個階段的處理皆可能影響光萃取效率，此時材料的選擇與製作、製程的控制與光學模擬及設計皆是重點。

LED 的封裝的重要性與晶片的製作不相上下，因爲光電熱色等重要的 LED 表現全需以封裝後的成品來評價，其中的光與色更是攸關 LED 的照明表現，電性方面則與節能及方便性相關，而熱則是能量不滅原理下揮之不去的副作用，這些全都得在 LED 的封裝上做好處理。LED 有三種主要的封裝機構，包括橫向二極導線式(Wire Bonding)、覆晶(Flip Chip)及垂直式的薄型氮化鎵(Thin GaN)(如圖 9-4)。在封裝中，LED 晶粒需要被黏著於特殊設計的基板，基板之下將有導熱材質與排熱機構，而基板之上，則有透明的光學介質用來包容螢光粉與連接其上的光學元件，因此封裝的技術與這些材質的應用與成效有極大的關聯。首先，在基板的選擇上需具備良好的電性(或阻電性)與優異的導熱性，隨著使用的晶片不同與對於排熱的高度要求，設計與製作上具有相當的難度，製程上的信賴性更是極爲重要，目前常見的基板有金屬基板、陶瓷基板與複合基板，其性能的評價與熱阻、材料的製程難度及可靠度相關，基板的好壞可能直接影響一個 LED 的排熱效能。

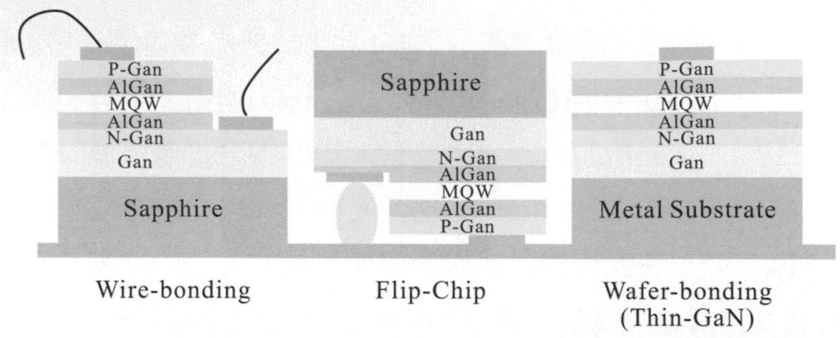

圖 9-4　三種因封裝結構而異的晶粒結構

在評估 LED 的熱阻方面，如圖 9-5 所示，整體熱阻是由各個結構之熱阻串連而成，熱阻的單位為 °C/W，代表溫度隨著熱功率的輸入而升高。舉例而言，若從 LED 介面至環境的熱阻值為 10°C/W，代表 10W 的熱功率將使得介面比環境溫度高出 100°C，因此，降低熱阻實是封裝與模組上的無可避免的重要主題。在降低熱阻上，選用高熱傳導的材料固然是降低熱阻的好方法，但是整體材料的幾何結構亦相當重要，如何能將熱往橫向傳輸以取得更大的傳熱截面，而使得並聯傳輸路徑得以增加以降低整體熱阻，是熱管理的重要手段。

在 LED 的光學設計上，共可分為四個階段稱為四階光學設計，將於本章之後再行詳細敘述。

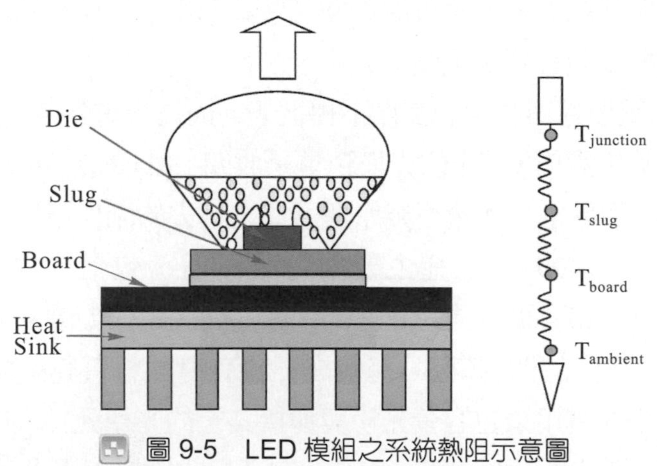

圖 9-5　LED 模組之系統熱阻示意圖

9-2 輻射光度學

9-2.1 黑體輻射

LED 固態照明為滿足實際之需要，所有的照明表現皆須能切中需求。在研究其光學照明表現時，我們先探討一種自然界的輻射，這種理想的輻射體稱為黑體輻射(Black Body Radiation)，其在絕對零度以上即會進行熱輻射，且其熱輻射之光譜與其溫度相關。黑體輻射是一種均勻光源，由普朗克定律(Plank's Law)，我們可以獲得其輻射密度(Radiant Exitance)如下

$$M_{\lambda}=\frac{c_1}{n^2\lambda^5}\frac{1}{e^{c_2/n\lambda T}-1} \tag{9-1}$$

其中 $c_1 = 3.74177107 \times 10^{-16}\text{W}\cdot\text{m}^2$，$c_2 = 1.4387752 \times 10^{-2}\text{m}\cdot\text{K}$，$h = 6.62606876 \times 10^{-34}\text{J}\cdot\text{s}$，$c = 299792458$ m/s，$k = 1.3806503 \times 10^{-23}$ J/K，n 為折射率。其在不同黑體溫度時所輻射的頻譜如圖 9-6 所示。由該圖可看出，當溫度升高時，其熱輻射的頻譜中會有更多短波長的光波被輻射出來，其輻射量最強的波長峰值也會往短波長移動，此時，偉恩位移定律(Wien's Displacement Law)即可描述此一現象如下

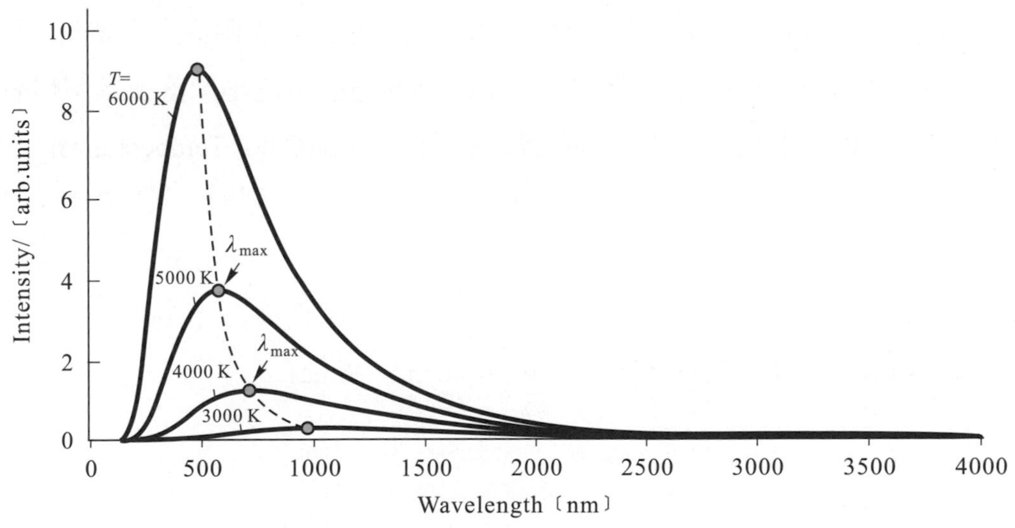

圖 9-6 不同黑體溫度時所輻射的頻譜分佈

$$\lambda_{max} T \approx 3000\mu m \cdot K \tag{9-2}$$

上式中，λ_{max} 爲輻射峰值的光波波長。雖然是偉恩位移定律的一個近似公式，但是已簡單而清楚地描述出黑體輻射之輻射頻譜與溫度之間的關係，表 9-2 爲一些常見之熱光源之溫度與輻射量最強的波長峰值之關係。

表 9-2　常見熱光源之溫度與對應之輻射波長峰值

光源	溫度(K)	波長峰值(μm)
太陽	~6000	~0.5
鹵素燈	~3000	~1
一般熱紅外光源	~1000	~3
一般紅外檢測光源	~500	~6
室溫環境	~300	~10
液態氮	77	~40

由於溫度不同的黑體，其輻射頻譜亦不同，其在色彩表現上自然不同，我們將其頻譜化作色彩座標，變形成一條黑體輻射曲線如圖 9-7 所示。黑體輻射曲線所代表的是自然界中理想熱光源的輻射顏色，由於人類自古習慣以熱光源爲照明光源，又因爲太陽隨著在天空高度的不同也因散射與折射的不同而使其色座標落在黑體輻射線上不同的位置，因此該曲線上的顏色表現便被視爲不同色溫(Color Temperature)白光的代表。在圖 9-7 中，3000K 附近的色溫表現相對於早上或晚上太陽附近天空的色彩表現，由於偏紅，有溫暖的感覺，因此被稱爲暖白色(Warm White)，而在 5500K 至 6500K 的顏色正好對應出正午日光的顏色，由於藍光較多，被稱爲冷白 (Cool White)，而在 4000K 至 5000K 的色溫表現則被稱爲中間白(Neutral White)。

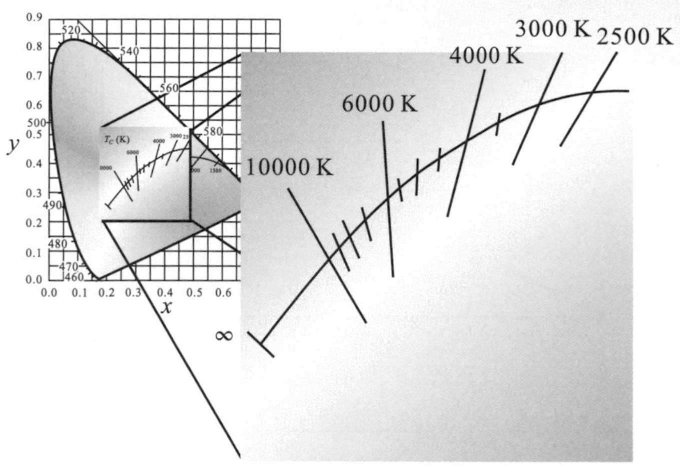

圖 9-7　黑體輻射線在色度座標之位置

9-2.2　輻射光度學

輻射光度學(Radiometry)是用來評估輻射體或被照物體光通量(Optical Flux)分布的度量法則，其光通量的單位爲瓦特(Watt)。對一個被照的物體而言，單位面積(A)所承受的照射光通量(F)稱爲照度(Irradiance)，其定義爲

$$D = \frac{dF}{dA} \tag{9-3}$$

在自然界的光源中，以光學的角度而言，最理想的光源爲點光源。如 1-5.2 節所述，點光源所輻射的光波爲球面波。我們可發現球面波的特性爲其輻射的照度會隨距離(r)平方成反比。此外，如圖 9-8 所示，當被照物體截面具有θ的傾角時，其照度可表示爲

$$D(\theta) = D(0^\circ)\cos\theta \tag{9-4}$$

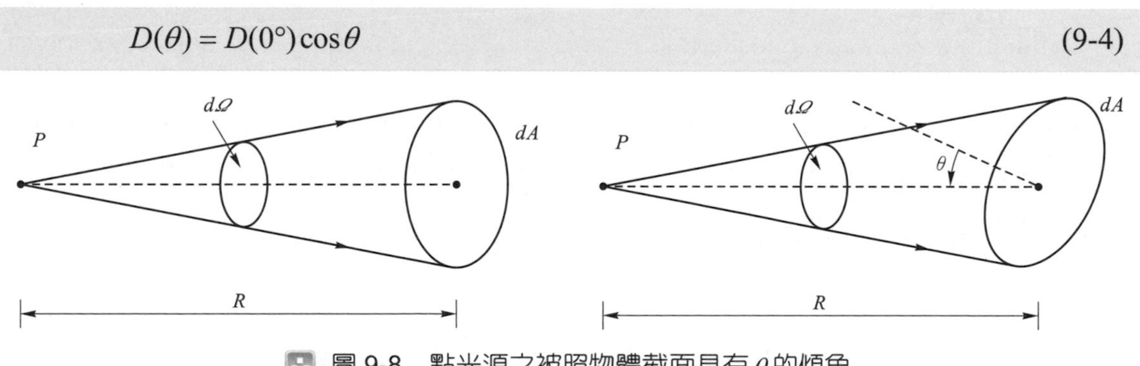

圖 9-8　點光源之被照物體截面具有θ的傾角

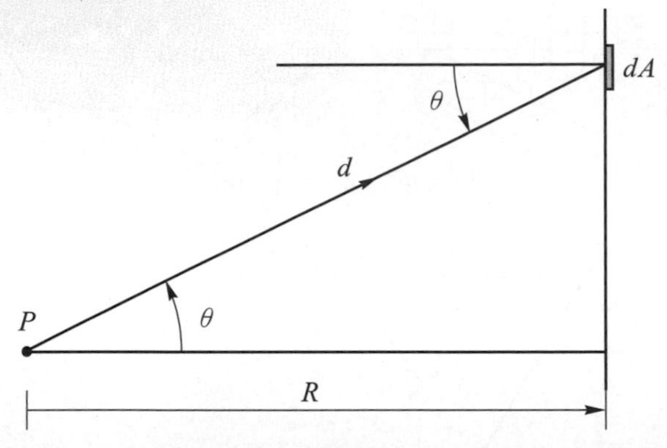

圖 9-9　點光源照射之物體在正射平面上有橫向位移量

(9-4)式被稱爲照度餘弦一次方定律(Cosine First Law)。若被點光源照射之物體因在正射平面上有橫向位移量而造成光線傾角 θ，如圖 9-9 所示，其照度爲

$$D(\theta) = D(0°)\frac{R^2}{\left(R/\cos\theta\right)^2}\cos\theta = D(0°)\cos^3\theta \tag{9-5}$$

(9-5)式被稱爲照度餘弦三次方定律(Cosine Third Law)。對於球面波如此完美的光波，其照度隨距離與方位而變，若是在一立體角(Solid Angle)中，則發現其光通量不變，因此定義光度(Intensity)如下

$$I = \frac{dF}{d\Omega} \tag{9-6}$$

其中 Ω 爲立體角

$$d\Omega = \frac{dA}{R^2} \tag{9-7}$$

(9-4)式顯示對於一個點光源的輻射體，由於立體角涵蓋的角錐中的光通量不隨距離而改變，因此點光源之光度在三度空間中爲不變量。由(9-3)式與(9-6)式，我們可以推得點光源之照度與光度之間的關係

$$D = \frac{I}{R^2} \tag{9-8}$$

自然界絕大多數的光源之發光截面積不是一個點，而是一個具有延展式的光源(Extended Light Source)。對於一個延展式的光源，其發光的特性必然與發光體的截面積有關，因此我們提出一個新的物理量，輝度(Radiance)，其定義如下

$$B = \frac{dF}{\Omega dA_s \cos\theta_s} = \frac{dI}{dA_s \cos\theta_s} \tag{9-9}$$

其中 θ_s 爲發光截面(A_s)法線與偵測器的夾角，如圖 9-10 所示。(9-10)式已將發光的等效截面的影響考慮進去，若一個延展式光源上的每一個點皆有點光源的特性，此光源則稱爲朗伯信光源(Lambertian Light Source)，其光度爲

$$I(\theta_s) = I(0°)\cos\theta_s \tag{9-10}$$

我們會發現以光度而言，其半高全寬(Full Width Half Maximum)角爲 120°(如圖 9-10)，此爲朗伯信光源的第一個特徵；其第二個特徵爲其輝度具有空間不變量，即無論觀察之遠近與角度皆不影響其輝度值。上述的朗伯信光源即可視爲一個理想的延展式光源，在考慮人眼的視覺後，可進一步發現對一個朗伯信光源而言，觀察者無論是在遠近或不同的觀測角度，所看到的亮度皆不變，這是用自己眼睛判斷一個發光體或光線的反射體是否爲朗伯信光源最簡單的方法。在日常生活中，依循此依法則，可以發現許多具有朗伯信光源特色的發光體或反射體。若被朗伯信光源照射之物體因在正射平面上有位移量而造成傾角 θ 如圖 9-11 所示，其照度爲

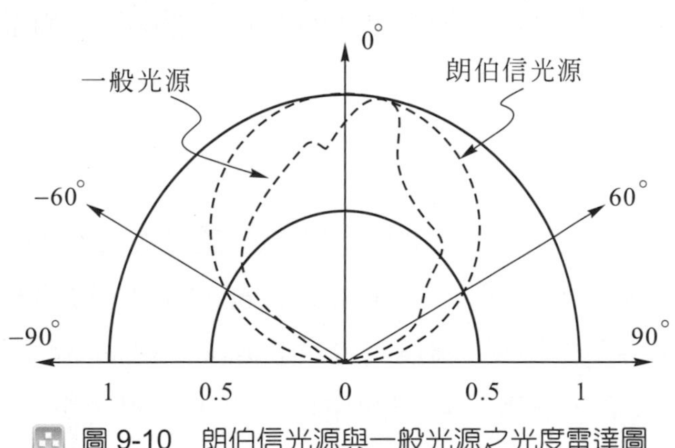

圖 9-10　朗伯信光源與一般光源之光度雷達圖

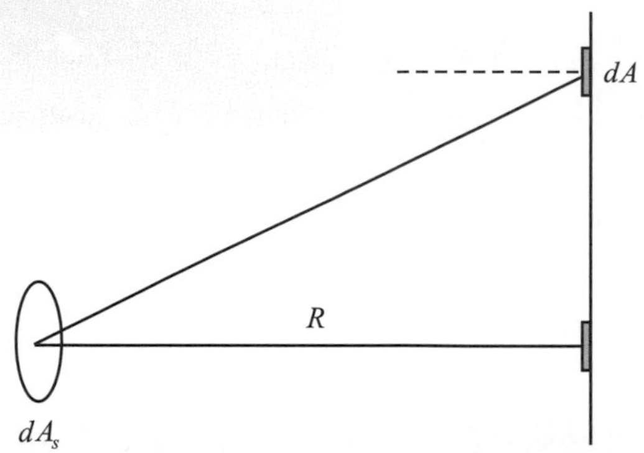

圖 9-11　朗伯信光源照射之物體在正射平面上有位移量

$$D(\theta)=\frac{BdA_s\cos^2\theta}{\left(\dfrac{R}{\cos\theta}\right)^2}=\frac{BdA_s}{R^2}\cos^4\theta=D(0°)\cos^4\theta \tag{9-11}$$

(9-11)式被稱爲照度餘弦四次方定律(Cosine Forth Law)。

由(9-10)式可以推得光通量與輝度之關係爲

$$dF=BdA_s\cos\theta d\Omega \tag{9-12}$$

對一個朗伯信光源而言，其輻射於半球面的總光通量，如圖 9-11 所示，可以計算如下：

$$F=\int dF=2\pi BdA_s\int_{0°}^{90°}\sin\theta\cos\theta d\theta=\pi BdA_s \tag{9-13}$$

若我們定義發光體單位面積輻射出的總光通量爲出光密度(Radiant Extiance)，由(9-14)式，我們可以得到朗伯信光源之輝度與輻射於半球空間之總光通量關係

$$M=\frac{F}{dA_s}=\pi B \tag{9-14}$$

在照明或顯示的用途上，光通量的分布的感受體是人眼，此時人眼的視覺響應必須被考慮。人眼的視神經有二種，一爲爲錐狀(Cone)細胞，雖然響應度較低，但主要於明亮的環境中提供視覺的響應，稱爲明視覺(Photopic Vision)；另一由桿狀(Rod)細胞所組成，其響應度較高，負責於較暗的環境中提供視覺響應，即爲所謂的暗視覺(Scotopic Vision)；另外常見夜間戶外的環境輝度在 0.001 至 3 尼特(Nit，見表 9-4)，會以介於兩者之間的中介視覺(Mesopic Vision)來主導。明視覺與暗視覺的響應如圖 9-12

所示，可以發現明視覺的最敏感響應的波長爲 555 nm 的綠光，其一瓦特的光通量可以對應到 683 流明(Lumen)的亮度；在暗視覺時，最敏感響應的波長爲 507 nm 的綠光，其一瓦特的光通量可以對應到 1754 流明。此外，可以看出暗視覺對藍光較敏感，對於紅光則相對上不敏感。

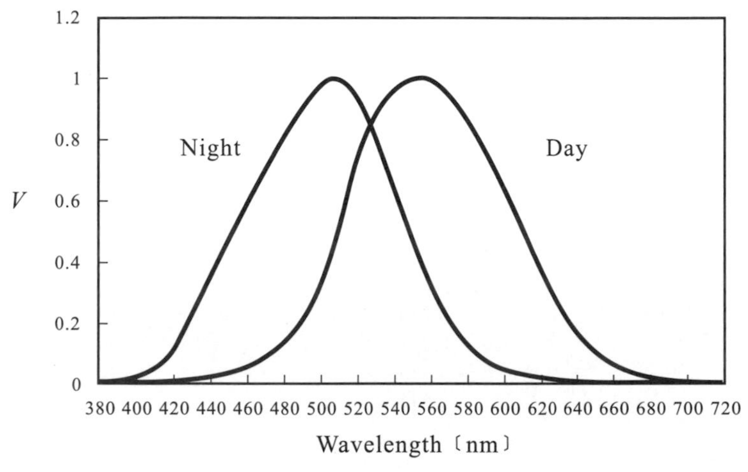

圖 9-12　明視覺與暗視覺的響應曲線

由於流明是人眼感受亮度的評價單位，一般的光源所輻射的光波皆具有廣頻寬的特性，其總亮度須由視效函數$V(\lambda)$ (見表 9-3)的轉換計算才能得到，若該光源的頻譜函數爲$\Phi_r(\lambda)$ ，其單位爲瓦特，則其亮度計算如下

$$\Phi_l = \kappa \int \Phi_r(\lambda)V(\lambda)d\lambda \tag{9-15}$$

其中κ在明視覺時爲 683 lm/W，而在暗視覺時爲 1754 lm/W。以流明取代瓦特的光度學稱爲視效輻射光度學(Photometry)。表 9-4 爲輻射光度學與視效輻射光度學的單位比較，不同輻射光度學定義與特性則歸納如圖 9-13。

視效光度學視評估在人眼視覺下的亮度感受，由於人眼是在地球上經過演化而來，其實與太陽與地球間之光照環境有很大的關連，表 9-5 特別列出幾種大自然特別有趣的輻射光度值。

表 9-3 不同波長對於視覺敏感度的比較

Wavelength λ [nm]	Day (Photopic) V	Night (Scotopic) V'
380	0.00004	0.000589
390	0.00012	0.002209
400	0.0004	0.00929
410	0.0012	0.03484
420	0.004	0.0966
430	0.0116	0.1998
440	0.023	0.3281
450	0.038	0.455
460	0.06	0.567
470	0.091	0.676
480	0.139	0.793
490	0.208	0.904
500	0.323	0.982
507	0.445	**1**
510	0.503	0.997
520	0.71	0.935
530	0.862	0.811
540	0.954	0.65
550	0.995	0.481
555	**1**	0.402
560	0.995	0.3288
570	0.952	0.2076
580	0.87	0.1212
590	0.757	0.0655
600	0.631	0.03315
610	0.503	0.01593
620	0.381	0.00737
630	0.265	0.003335
640	0.175	0.001497
650	0.107	0.000677
660	0.061	0.0003129
670	0.032	0.000148
680	0.017	0.0000715
690	0.0082	0.00003533
700	0.0041	0.0000178
710	0.0021	0.00000914
720	0.00105	0.00000478
730	0.00052	0.000002546
740	0.00025	0.000001379
750	0.00012	0.00000076
760	0.00006	0.000000425
770	0.00003	0.0000002413
780	0.000015	0.000000139

表 9-4　為輻射光度學與視效輻射光度學的單位比較

符號	輻射光度學 Radiometry	單位	視效輻射光度學 Photometry	單位
F	光通量 Flux	瓦特 Watt (W)	視效光通量 Luminous Flux	流明 Lumen (Lm)
I	強度 Intensity	W/sr	視效光強度 Luminous Intensity	燭光 Lm/sr (Candela，cd)
B	輝度 Radiance	W/m^2sr	視效光輝度 Luminance	尼特 Lm/m^2sr (cd/m^2=nit)
D	照度 Irradiance	W/m^2	視效光照度 Illuminance	雷克斯 Lm/m^2 (lx)
M	出光密度 Radiant Exitance	W/m2	出光密度 Luminous Exitance	Lm/m^2

光度 (W/sr)
視效光度 (lm/sr=cd)

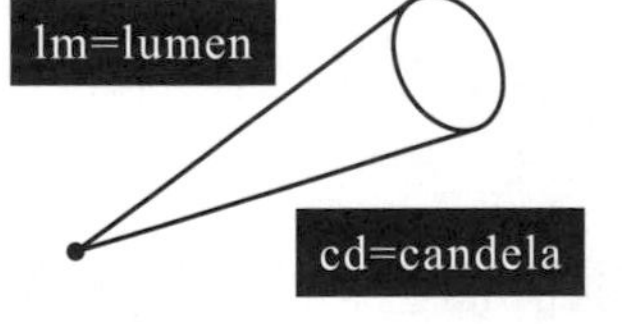

輝度 (W/m^2 sr)
視效輝度 (lm/m^2 sr=nit)

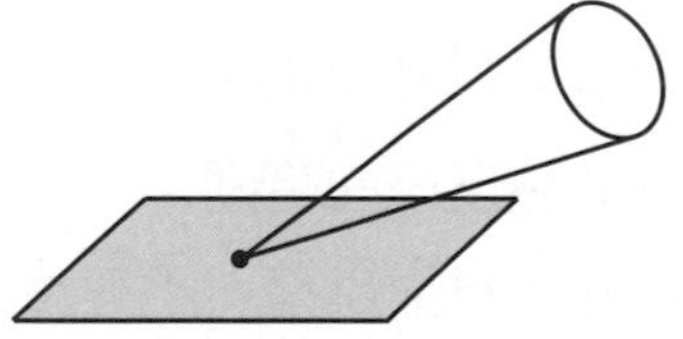

出光密度 (W/m^2)
出光密度 (lm/m^2)

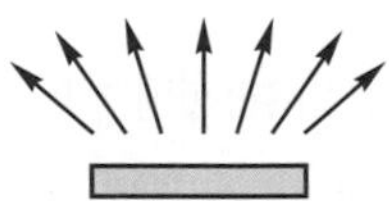

照度 (W/m^2)
視效照度 (lm/m^2=lux)

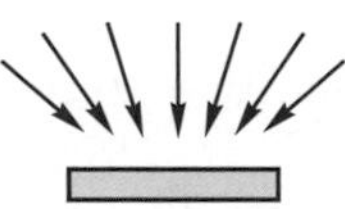

圖 9-13　不同輻射光度學之定義與特性的歸納

表 9-5 幾種大自然或人造光源之輻射光度值

自然照明情形	輝度 (cd/m^2)	照明情形	輝度 (cd/m^2)
無月晴朗深夜天空	10^{-4}	人眼可視最低輝度	3×10^{-6}
滿月深夜天空	10^{-2}	暗視覺條件	<0.003
日落半小時後晴空	0.1	明視覺條件	>3
日落 25 分鐘後晴空	1	液晶電視白畫面	500
午時灰色天空	10^{2}	冷白 T8 螢光燈	1.2×10^{5}
午時多雲天空	10^{3}	60W 毛玻璃鎢絲燈	6×10^{5}
月亮	2.5×10^{3}	鈉燈	7×10^{5}
午時晴空	10^{4}	高壓汞燈	1.5×10^{6}
太陽	1.6×10^{9}	鹵素燈燈蕊	8×10^{6}
閃電	8×10^{10}	氫彈爆炸	10^{12}

9-3 色彩評價

色彩學是研究色彩產生、接受及其應用規律的科學，視覺與人類其他感官不同的地方在於光與色彩是可以被量化的，在上一節我們所述的輻射光度學即是光之量化，而色彩的量化則屬於色度學的範圍。

在下面我們會介紹目前科學上主要度量與評價色彩的方法，以及如何使用定量精準的科學來表示人眼的感受到的顏色，另一方面將介紹如何利用黑體輻射的觀念來表達光源顏色，以減少需用三個維度去描述色彩的複雜性，接著介紹光源的演色能力，此爲光源好壞的重要指標。

9-3.1 色度學

爲了將人眼對顏色感知的能力做一個符合科學並且精準的表示，國際照明委員會(CIE)使用配色函數(Color Matching Function)並以色度圖(Chromaticity Diagram)將色彩感知標準化。

匹配函數的建立是 CIE 在 1931 年採用了萊特 (W. D. Wright)與吉樂德 (J. Guild, 1931)兩人利用 RGB 三原色進行的配色研究，如圖 9-14 所示，此實驗確定了一組匹配等色光譜所需的三原色數據，它反應了人眼對顏色的感知與波長變化的規律性，這是顏色定量評估的基礎。其原理爲調整三原色的強度來達成目標色，當視場中的兩部分色光相同時，即達到色匹配。CIE 因而進一步改成假想三原色的方式如圖 9-15，避開了配色函數出現負值的情形，確定了新的刺激值 XYZ 之色度系統，其中 CIE-XYZ 表色系統也稱爲 CIE 1931 表色系統。

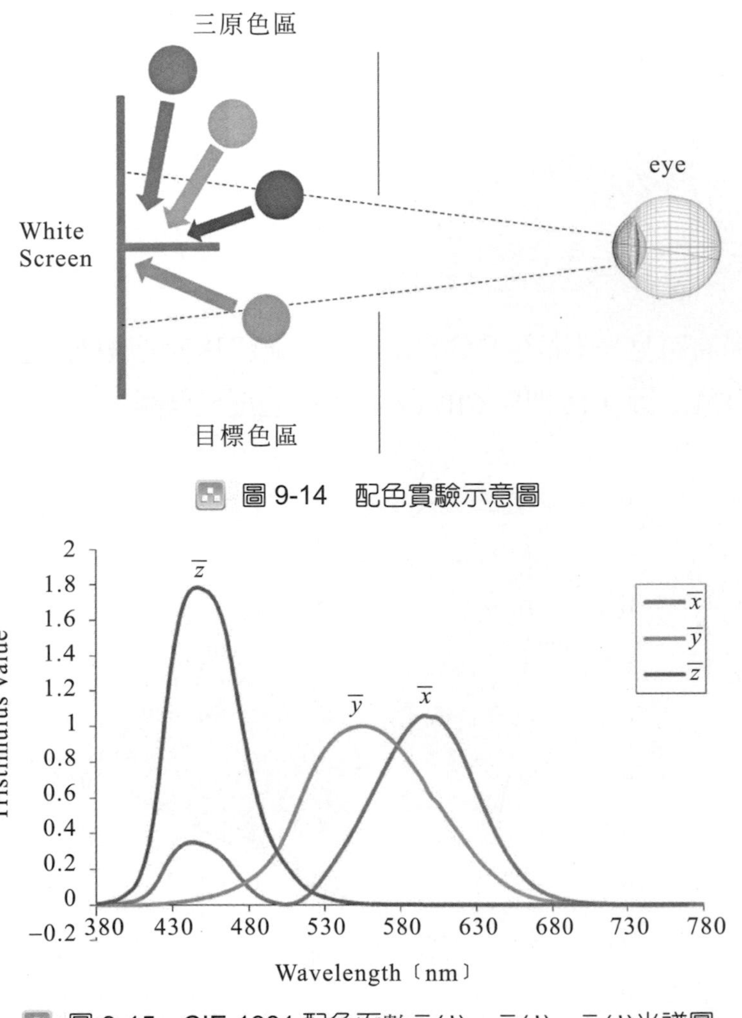

圖 9-14　配色實驗示意圖

圖 9-15　CIE-1931 配色函數 $\bar{x}(\lambda)$、$\bar{y}(\lambda)$、$\bar{z}(\lambda)$光譜圖

至此有了光波頻譜即可進行色度座標(Chromaticity Coordinate)的計算，我們先定義頻譜對人眼產生的刺激值，將 X 與 Y 稱爲三色刺激值，其定義如下

$$X = \int_{\lambda} \bar{x}(\lambda)P(\lambda)d\lambda \tag{9-16}$$

$$Y = \int_{\lambda} \bar{y}(\lambda)P(\lambda)d\lambda \tag{9-17}$$

$$Z = \int_{\lambda} \bar{z}(\lambda)P(\lambda)d\lambda \tag{9-18}$$

其中 $P(\lambda)$爲頻譜功率分布，$\bar{x}(\lambda)$、$\bar{y}(\lambda)$、$\bar{z}(\lambda)$爲配色函數，k 爲歸一化常數。由三色刺激值，CIE 定義出色度座標，

$$x = \frac{X}{X+Y+Z} \tag{9-19}$$

$$y = \frac{Y}{X+Y+Z} \tag{9-20}$$

如果我們計算所有可見光中單色光的色度座標，並將其色度座標點連線，我們即可得到一色度圖的外緣，圖 9-16 即爲 CIE 1931 之 *xy* 色度座標圖。

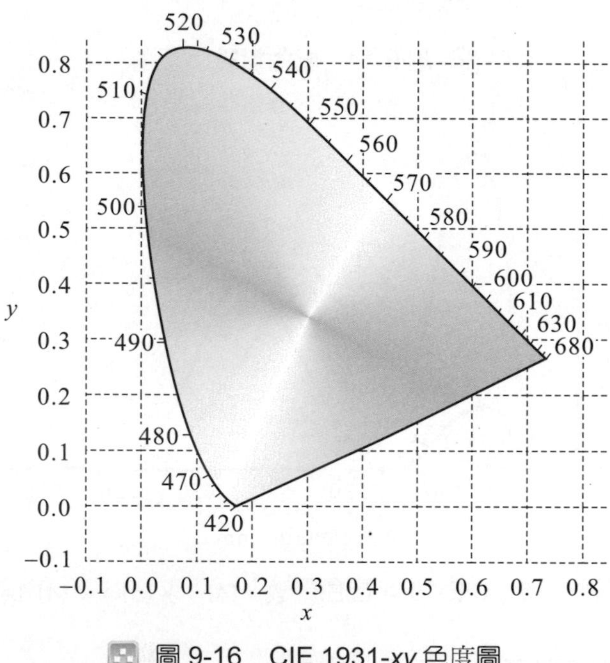

圖 9-16　CIE 1931-*xy* 色度圖

在色度座標圖上，色彩之差別因定量的分析而容易區別，但是對於人眼卻不是這麼容易，如果可以將人眼視爲等效的顏色給予區域上的定義，對於色彩的評價可以更爲貼近實際的應用。1942 年馬克亞當(D. L. Macadam)針對色度座標上人眼對色彩分辨

上做了一些研究，他以 25 個色度點當作基準，分析後發現在 CIE 1931-xy 色度座標圖上人眼對不同顏色的容忍度皆近似橢圓的圖形，如圖 9-17 所示，我們稱這樣的圖形爲馬克亞當橢圓(Macadam Ellipse)。問題是對於不同的顏色，其在色度座標圖上的橢圓大小相差甚多，這代表此座標系統在顏色的區分上與人眼的響應有些落差。爲了解決這個問題，CIE 在 1960 年與 1976 年提出了均等色度圖(Uniform Chromaticity Scale Diagram, 簡稱 UCS Diagram)。1976 年的色度座標定義如下

$$u' = \frac{4X}{X+15Y+3Z} \tag{9-21}$$

$$v' = \frac{9Y}{X+15Y+3Z} \tag{9-22}$$

其中新的座標是以 u' 與 v' 表示，此爲 CIE 1976 均等色座標圖，如圖 9-18。由於新的色度座標已可將眼人色彩容忍度在色度座標上差距做合理的縮小，因此，此色度座標更適合用來作定量的色彩評價。

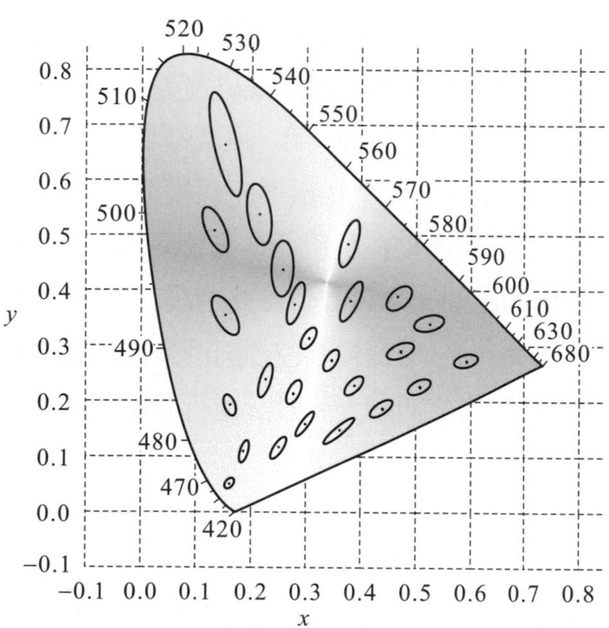

圖 9-17　CIE *xy* 色度圖上的 MacAdam 橢圓，注意其長短軸已較原尺寸放大 10 倍

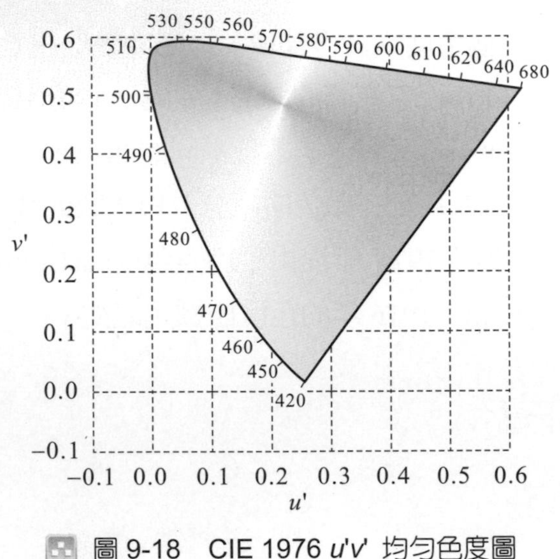

圖 9-18　CIE 1976 *u'v'* 均勻色度圖

9-4　四階光學設計

在 LED 的光學設計上，從晶片發光至最後進入眼睛，共可分爲四個階段，因此將之稱爲四階光學設計。第零階光學設計是指在晶片階段的光學設計，主要是利用光學微結構將 LED 發光界面的光引出至外面。第一階光學設計是指在封裝上的光學設計，涵蓋的是封裝結構的設計、螢光粉光學模擬與光源模型。第二階光學設計則是指在光源模組階段之光學設計，此時的重點在利用各種光學元件將 LED 發出的光導引至照明所需之處，絕大多數所謂的照明光學設計皆在此階段。第三階光學設計旨在建構一個良好的照明視覺環境，因此其光學設計主要在防止眩光(Glare)與光污染。

以下將就 LED 固態照明的這四階光學設計進行詳細的介紹。

9-4.1　零階光學設計

LED 的發光任務多半是由多重量子井(Quantum Well)擔任，其發射光子的量子效率與 LED 材料製作及機構的設計有相當大的關係。但是所發射出來的光子要能跑出晶片，仍然是困難重重。其主要的原因是 LED 晶片屬於折射率高之介質，藍光 LED 材料之折射率在 1.7 至 2.5 之間，當其入射平坦的出光面時，通常在 25° 附近時即形成全反射，當光子反彈後，因爲晶片的設計多半爲長方體，因此會不斷地全反射而陷在晶片中，最後被吸收而轉換成熱能。上述的效應使得 LED 在不做任何優化結構前之光萃取效率僅達 20%左右。

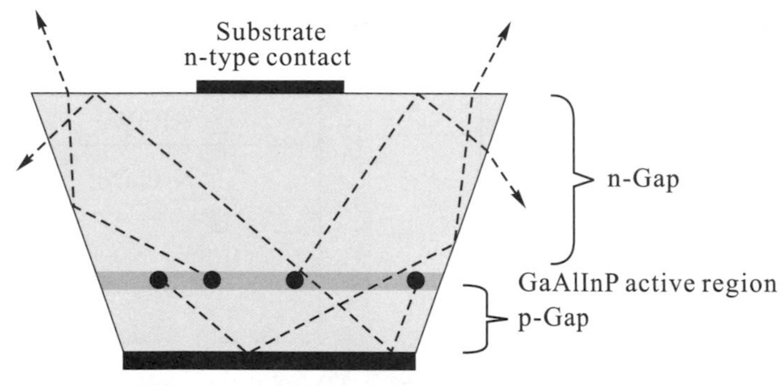

圖 9-19　倒金字塔型晶粒用於提高光萃取效率

要改進其光萃取效率，一般有三個作法。第一是將晶片的外型切割成非長方形，如酒杯型或倒金字塔型(如圖 9-19)，可使光子在多次入射出光面時，入射角有機會小於臨界角，而順利脫離晶片，此種方法可使光萃取效率有一倍以上的提升。第二種是在晶片上蓋上一層透明的光學介質，如矽膠、玻璃或其他光學材料，如此將可使原出光面之臨界角增加，因而提高光萃取效率。然而更重要的是，這層光學介質的外形是可控制的，若將之成形為一個半球形狀，並將晶片置於球心，則當該半球之直徑超過晶片橫向尺寸之三倍大小時，即能有效地將光子自晶片引出而大幅度地提升光萃取效率。此方法的最大好處是加上一個半球透鏡本為 LED 封裝中不可缺少的程序，在設計上難度低，又可與其它提昇光萃取效率的方法合併使用。第三種方法為在晶片的表面或內部界面置入微結構，可使光子在經過微結構時改變方向，使得光子有更多的機率可以落入出光面的臨界角之內。若微結構置於晶片表面，稱之為表面粗化(Surface Texture)，如圖 9-20；若在內部界面，一般是在承載 GaN 磊晶之藍寶石基板(Sapphire Substrate)形成周期結構，如圖 9-21 所示，此稱為圖形基板(Pattern Substrate)。上述的二種方式皆能有效地提升光萃取效率。

欲以光學模擬的方法來進行光萃取效率的分析，當微結構的尺寸大於波長的十倍，其光學行為可以用幾何光學的光追跡方法結合費耐爾界面能量的分布計算即可進行幾簡單而準確的模擬。此外，由於需要大量的光線，一般會使用蒙地卡羅(Monte Carlo)的光追跡方法來做最具有統計意義的演算。圖 9-22 即為以蒙地卡羅的光追跡方法進行的光追跡之光扇圖(Ray Fan)，左圖為一般結構，右圖則具有圖形基板的晶粒，可以發現具有圖形基板的 LED 之光線軌跡較爲凌亂，因此其入射出光面的光子自然會有較大的機會進入臨界角以內而脫離晶片。

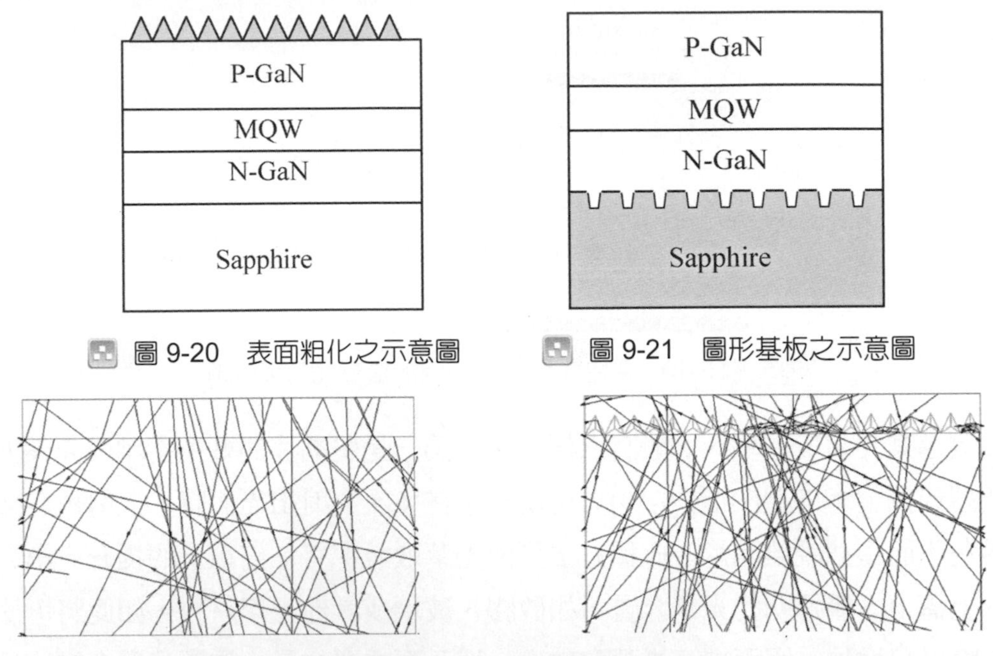

圖 9-20　表面粗化之示意圖

圖 9-21　圖形基板之示意圖

圖 9-22　以蒙地卡羅的光追跡方法進行的光追跡之光扇圖

以蒙地卡羅的光追跡方法可以有效地計算光萃取效率，也可以進行結構的優化。圖 9-23 即爲優化的模擬結果，發現在 LED 晶片的微結構之斜面以 20° 至 70° 的結構皆能有效地提高光萃取效率，其中 Bare-LED 是代表無外加透鏡之封裝，而 EEL-LED 爲外加一個晶片之三倍尺寸的半球透鏡，可同時發現外加透鏡與微結構皆能同時提升光萃取效率。

對於圖 9-2 所述的三種晶片結構，蒙地卡羅的光追跡方法亦可獲得精確的模擬結果。圖 9-24 爲對上述三種晶片與封裝結構，在有無外加半球透鏡下與植入表面微結構或圖形基板的模擬。可以發現當無表面微結構或圖形基板時，外加半球透鏡即可有效地提升光萃取效率；同樣地，單純地植入表面微結構或圖形基板亦可大幅度地提升光萃取效率。當二種方法同時使用時，可將光萃取效率提升至一個高點，然而當所有方法同時應用在同一個 LED 時，其提升能力卻有限，這主要是其中的一或二個方法已經能有效地加大臨界角或是有效地改變光子循環角度，因此其光萃取效率已達一定的水準。研究顯示，當晶片發光層(Active Layer)的吸收降低到 200 cm^{-1} 時，良好的光學設計可使約達 90%的光子被萃取出來。

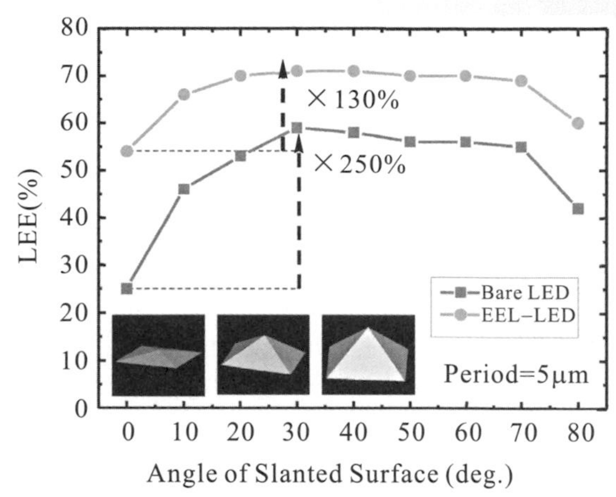

圖 9-23　微結構斜面角度對於光萃取效率的影響

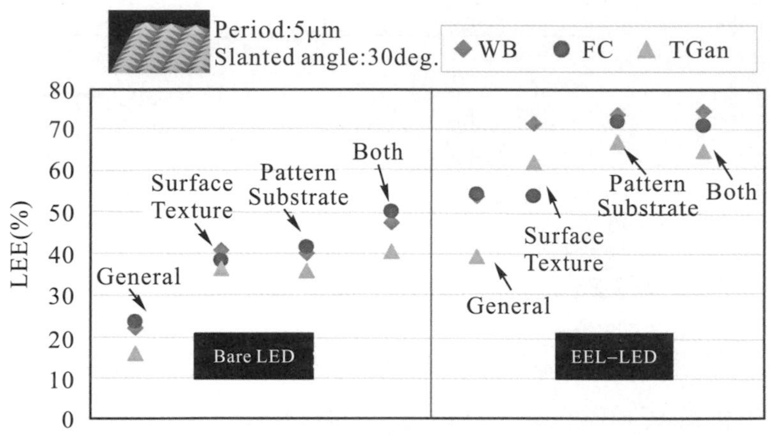

圖 9-24　三種晶片與封裝結構，在有無外加半球透鏡下與植入表面微結構或圖形基板的模擬

在零階的光學設計上有植入更細微的結構陣列，而使結構造成的光程差在光子的同調長度內，使得干涉效應變得明顯而形成強繞射，進而改變光子的分布。上述的方法由於牽涉到電磁波的複雜計算，需要以電磁波理論計算為基礎的軟體進行模擬，不在本書探討之內。未來的研究方向除了改變發光層的量子侷限以提升發光效率外，如何改變提升光子之指向性(Directionality)亦是一大重點。

9-4.2　一階光學設計

第一階光學設計是指在封裝階段的光學設計，涵蓋的是封裝結構的光學設計與螢光粉光學模擬與設計。由於封裝後的 LED 需要展現其光學特性，亦即展現出其產品的屬性—發光體，因此一個良好的發光體除要有良好的光源效率外，其光型(或稱配光曲線)與色彩表現也極爲重要。光型的問題較爲單純，只要有良好的光學設計能力，不難使 LED 的光型在封裝的設計上受到控制。圖 9-25 爲一般所謂的直徑 5 mm 的砲彈形 LED，其設計上有一支架用來支撐 LED 晶粒與正負極導線，但是支架上的碗杯形狀的金屬件同時也扮演下方的反射杯的角色，與晶粒上方的環氧樹脂(Epoxy)所構成的透鏡同樣對光型有很大的影響，如圖 9-20 所示。在實驗與模擬中皆會發現當 LED 晶粒、碗杯與環氧樹脂的相對位置有偏差時，其光型會出現明顯的差異。

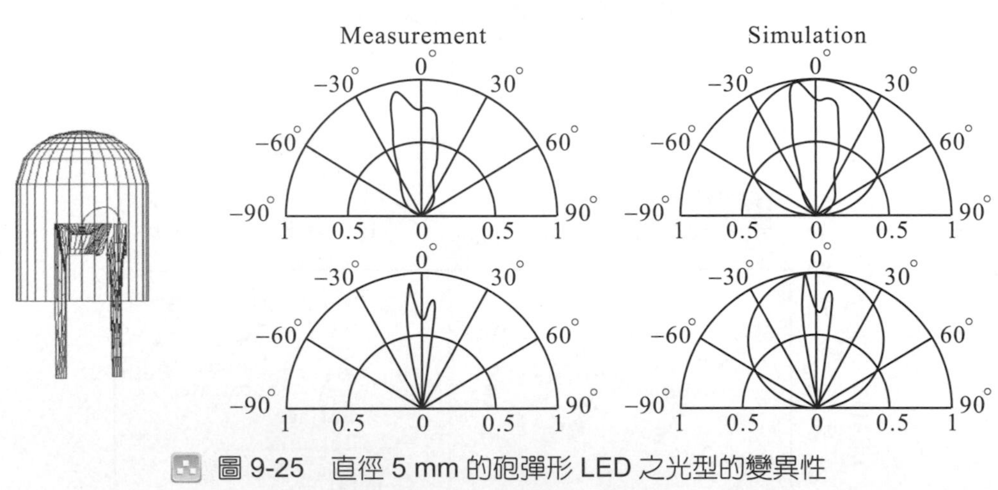

圖 9-25　直徑 5 mm 的砲彈形 LED 之光型的變異性

在此我們將介紹出一套精確的 LED 光源模型架構。在光波的傳遞中，在經過光學介質或元件時，根據其傳播的距離可以分爲近場(Near Field)、中場(Mid Field)與遠場(Far Field)。前者的距離只短至次微米等級，由於包括有非傳輸場中的消逝波(Evanescent Wave)，因此很難以 CCD 或類似的成像元件觀察其分布，而此處的光場也須以向量電磁理論來計算；遠場則是光波在傳輸一定距離後，造成光場的分布爲一個不隨距離改變的角度光場(Angular Field)，在此距離下，光源被視爲「小光源」，即光源或障礙物的大小無法在空間上解析之，凡符合此條件之傳輸距離即爲遠場範圍。在遠場範圍時光型爲不變的角度場，不同的光源卻可能會有相同的遠場分布，因此，以遠場的光型作爲判斷一個光源模型的精確性便有問題；相對地，中場的光型具有多變的特性，成爲一個檢視光源模型正確性的好場所。中場的定義爲光波傳輸距離介於物理近場與遠場之間，在此處的光波可以以純量的方法精確地計算出來，中場一個重要的特性是其光型隨著傳輸距離的不同而不同，如圖 9-26 所示。基於此特性，若是要檢視一個光源模型的準確性，只需計算數個不同中場距離的光場分布，再與眞實量測之光型比較即可驗證光源模型之準確性。在驗證上，可以利用模擬結果與實際之相對量測之異相關(Cross Correlation)來取得其相似性，若數個中場距離的模擬與量測光型之異相關值皆達一定的水準以上(建議爲 99%以上)，則光源模型的準確度即可接受，反之，則光源模型需要再修改，因此需反覆上述步驟直至符合需求爲止，此種利用中場光型的變異性來提供一個驗證光源模型準確性的方法即爲中場擬合法的模型架構。

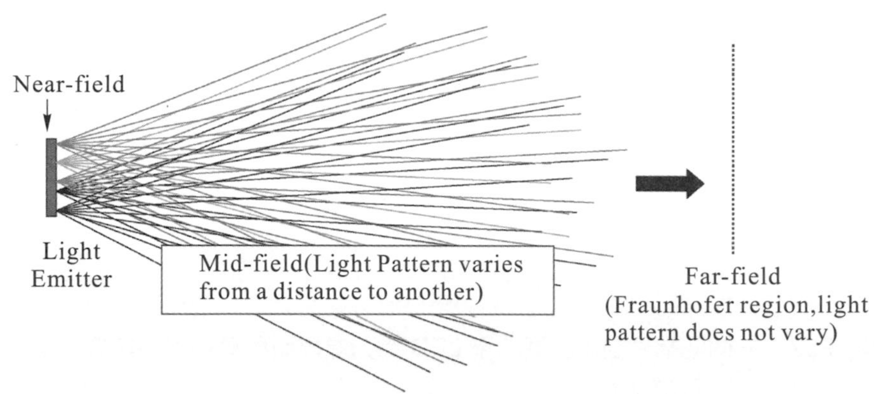

圖 9-26　在中場範圍裡，光源為擴展光源，因此不同角度的光線會在不同距離與不同的光線重疊

以下介紹中場擬合法(Mid Field Modeling) 用於建立 LED 光源模型的架構，第一個步驟是建立 LED 的幾何與光學參數，包括晶片尺寸、幾何形狀、各平面的反射率、吸收係數甚至散射分布，接著便利用具有蒙地卡羅光追跡演算能力的模擬軟體來進行光追跡計算，在經過具有統計意義的大量光線的計算後，可以取得在中場中不同距離的發光強度分布，再將其分布與實驗量測分部進行異相計算即可獲得兩者相似度的定量數據。以一個四晶片封裝的高功率 LED 爲光源模型發展對象，在一公分至十公分的中場範圍裡，模擬光形與量測光形相似度達 99%以上(如圖 9-27)，因此該 LED 可說已被精確地模型化。利用精確的光學模型，將可設計各種 LED 的照明燈具。

在 LED 的應用中，光學設計的角色比在傳統光源中更爲重要，這是因爲 LED 要在光學上規格化的可能性亦不高，不同公司生產的 LED 之幾何結構與光形都可能不同，因此光源的模型的能力相當重要。光學模型不但在 LED 的燈具應用上極爲重要，在 LED 之發光效率的模擬與 LED 的封裝上也都很重要，若無精確的光學模擬能力，LED 在照明上的發展將會受到大幅的影響。

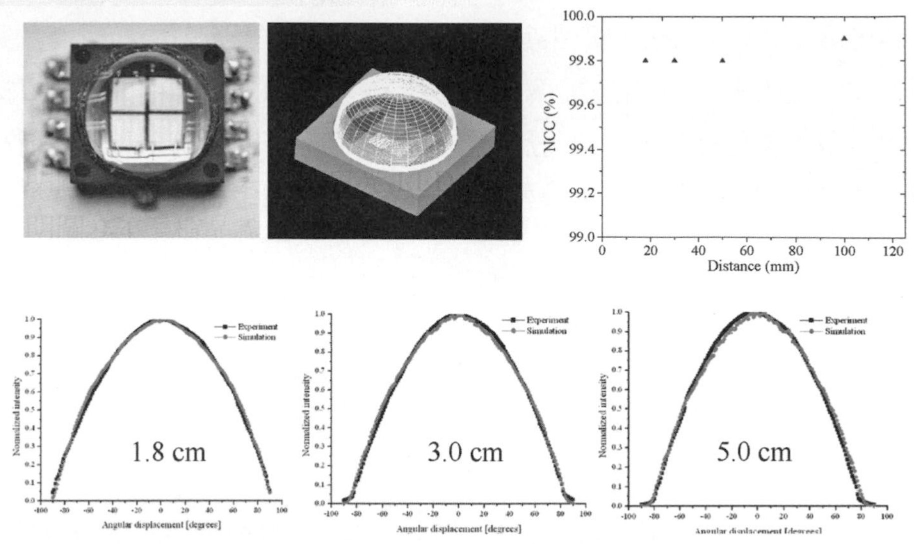

圖 9-27　一個四晶片封裝的高功率 LED 為光源模型與其在不同中場距離的比較

一階光學較複雜的問題是在螢光粉的掌握上。螢光粉除光衰與熱衰外，如何配合螢光粉的粒徑與光學參數來設計最佳的幾何架構，使得封裝後的白光 LED 能夠展現一致性的色溫與較低的空間色偏，這是一階光學設計上一個難度很高的挑戰，必須要能掌握相當精確的螢光粉光學模型並配合專有的製程才有機會駕馭螢光粉的光色表現，並獲得令人滿意的封裝良率。圖 9-28 為一個超精確螢光粉模型架構，根據該模型架構，可以掌握螢光粉之光學參數，並計算出螢光粉的鋪設厚度與濃度對於色彩表現的影響，如圖 9-29 所示，並進而設計良好的螢光粉配方與結構甚至是製程的改善，而使 LED 的色溫表現與空間色偏皆能獲得良好的控制而大幅改善封裝良率。

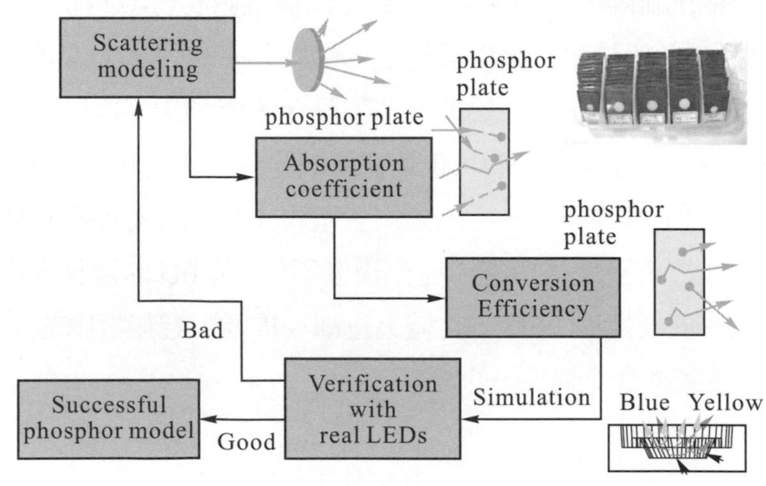

圖 9-28　螢光粉光學模型架構

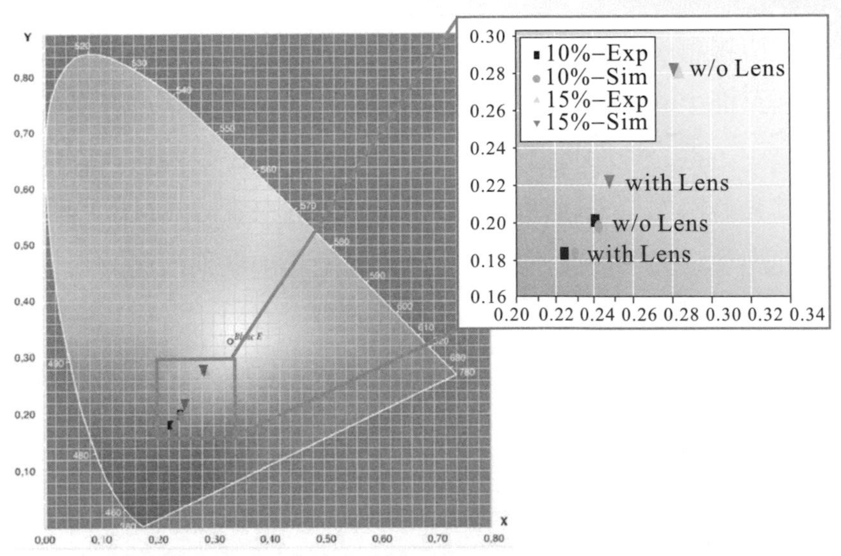

圖 9-29 不同的螢光粉濃度與封裝型式之色度座標模擬與實驗量測比較

9-4.3 二階光學設計

二階光學在 LED 固態照明的角色主要在封裝好的光源在進入模組階段時的光學設計。由上一節的介紹可以知道 LED 的精準光源模型可以藉由中場擬合法獲得，因此二次光學就是以精準的光源模型為出發，利用所有可行的光學元件讓 LED 發出的光分佈在所需的照射面上。由圖 9-30 可以了解，相對於成像光學設計的物點與像點的共軛關係，照明光學設計從光源出發，重點是將光線送至預定的位置，其評價的標準如下：

1. 光學利用因子(Optical Utilization Factor，OUF)：光學利用因子是評估光學設計好壞的重要指標，其定義如下

$$OUF=\frac{F_t}{F} \tag{9-23}$$

其中 F 為 LED 光源所發射出來的光通量，F_t 為在照明目標範圍內的光通量。OUF 代表的是一個照明設計的能量效率指標，其雖然與二階光學設計優劣相關，也同時與 LED 封裝後的光型有關。舉例而言，一個窄角的 LED，應用於泛光型的照明，其光學設計會著力在如何將光型打散，因此需使用更多的技巧與元件，結果必然使光學效率降低，最後也會拉低光學利用因子。

2. 均勻度或對比度(Uniformity or Contrast)：這二個性能指標對照明而言，其重要性有時不下於與能量效率相關的光學利用因子。不管是要求高對比度或是高均勻

度，如果只直接可由人眼看到，其考量大致以人因(Human Factors)爲主。舉例而言，路燈在路面上的照明以高均勻度爲考量；同理，閱讀燈亦是如此。反之，在車輛的前燈中，近光燈與霧燈皆是夜間或濃霧下的主要照明，即使對向有來車亦然，因此其光型需要有一條橫向的截止線使對向來車之駕駛的眼睛不至於因爲強光的照射而產生眩光。因此，該應用上的光型必須展現較高的對比度，以歐規的車燈爲例，無論是在汽車近光燈、機車近光燈、霧燈與自行車頭燈上皆有截止線與對比度的要求。爲達高對比度的光型，照明設計可使用多區段反射片(Multi-segment Reflector)或是以遮板形成截止線後再以成像透鏡進行投射，因此，照明光學設計涵蓋的不只是非成像光學設計，同時也包括成像光學設計。

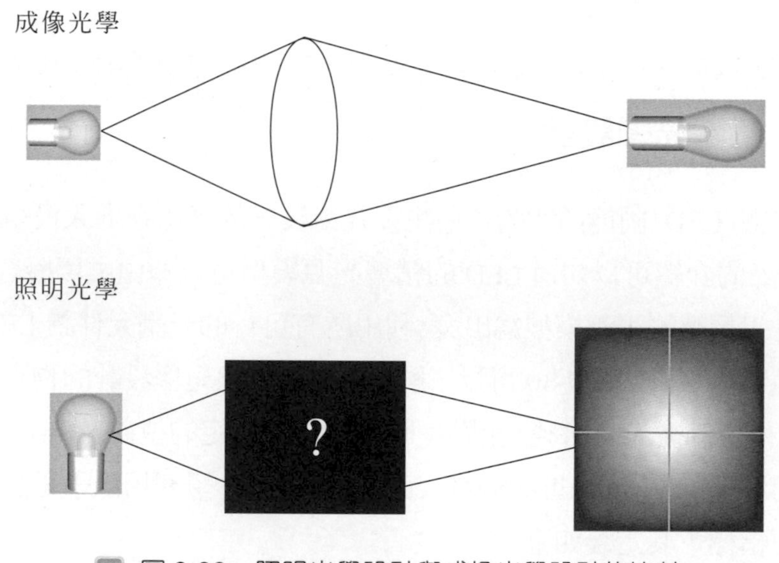

圖 9-30　照明光學設計與成像光學設計的比較

由於二次光學以投射光線至目標區爲其宗旨，其使用的光學元件具有極大的多樣性。在透鏡方面，包括以準直爲目的凸透鏡與以單向光型延展的類柱狀透鏡等，也因爲透鏡主要以 PMMA 或 PC 塑化類的材料爲主，其製程多爲射出成型，因此絕大多數皆可說是非球面透鏡。

在反射鏡方面，最常見的是準直光所需的拋物面鏡。由於 LED 在封裝上的不同，以平滑的面鏡可能會造成照明區的陰影；爲此，一般會在面鏡上製作許多小區段陣列，在每個陣列中另外再設計特殊的曲率，如圖 9-31 所示，使得該區域所反射出的光型會較原來的寬，最後會造成照明光型的平滑化，可使光型更加柔和，此種設計即爲多區段反射片的原理，過去用於傳統鹵素燈的反射片上，在 LED 二階光學上也漸漸普遍。

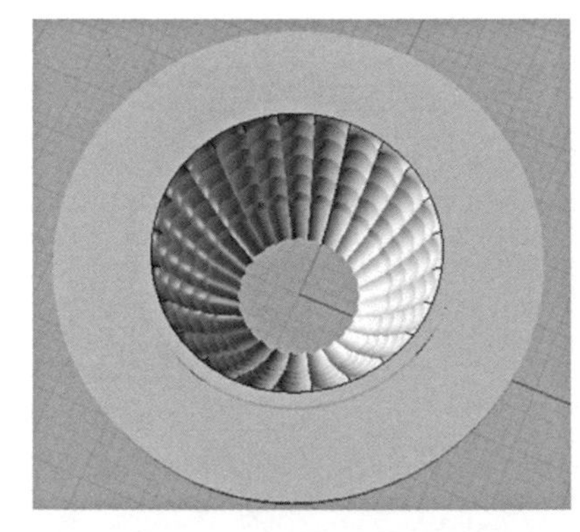

圖 9-31　多區段反射面

LED 的體積小，也因爲節能的需求需要有較高的光學利用率，因此衍生出一種複合透鏡的設計，如圖 9-32 所示，稱爲 TIR(Total Internal Reflective Lens)複合透鏡。TIR 複合透鏡是一個一體成型的光學介質，多半是 PMMA 或 PC 的材料，其在 LED 的出光面法線附近的區域，是以透鏡爲主，用以會聚近軸的光線；而在大角度的光線，其收光是利用外圍界面產生的全反射來作爲高效率的反射鏡。若外圍界面被設計成拋物面，可將大角度的光線準直化。由於 TIR 複合透鏡具有在收光方面不受光線角度的影響，且可以保有較小的體積，因此在 LED 照明上的應用極爲常見。

圖 9-32　TIR 複合透鏡

在二階光學的設計中，有些需求並非是將光投射到照明目標面上，而是進行光通量的傳輸，這種需求通常會在特殊的應用上，如投影機、背光機構或太陽能集光系統中。由於 LED 的光輻射通常侷限在半球面中，其發光角度大以至於要將其光通量作高效率的傳輸並非簡單。爲使大角度的光線也能被收集，從球面、拋物面乃至於橢圓面也經常被使用。圖 9-33 爲一個經典的設計，LED 所發射出的光線經過第一個反射面的收集將之導引至混光管中，經過短距離的傳輸後再從混光管射出而入射一個橢圓體之反光面上。在該橢圓體反光面的第一個焦點即位於混光管的出光面之中心點上，同理，其另一個焦點則位於另一光導導管入光面的正中心。上述巧妙的設計可使光線被高效率地從一個光管導引至其下方的導光板。

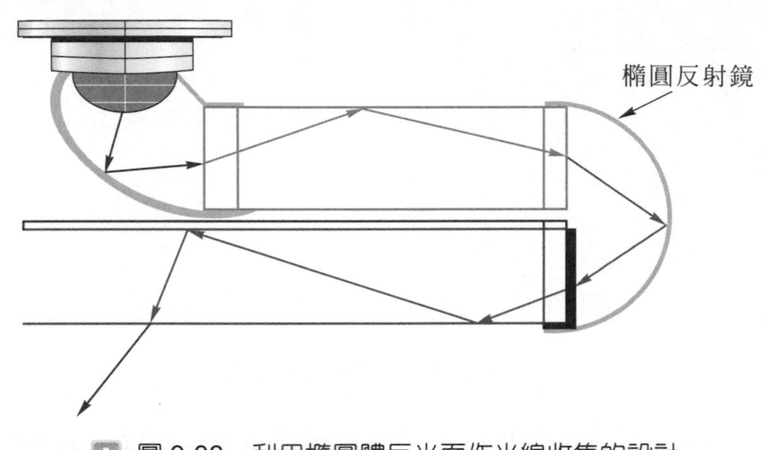

圖 9-33　利用橢圓體反光面作光線收集的設計

9-4.4　三階光學設計與光污染

在照明設計上，如何建構最自然與最舒服而在光學效率上又達到最佳的條件是光學設的一大重點。不良的設計不但使眼睛所見的是一個不良的光環境，覺得亮度不足無法閱讀或是無法辨識物體，或者是過度刺眼，造成眼睛疲勞，更糟糕的是造成光的浪費與光污染。以路燈爲例，圖 9-34 描述一個路燈所造成的不良影響，包括眩光、光入侵與天空光污染。

爲避免上述的情況，提高光學使用率將可使大多數的光線打到設定的目標，此爲一大解決方向。此外，將燈具的光型調制到所需，此爲二階光學之目的，而三階光學即是在利用光學機構將其他的雜散光或不要的光線進行遮擋，即可解決光污染或眩光的產生。

若是以避免眩光爲目標，以 LED 爲例，因爲 LED 的發光面積小，其輝度極高，因此一個有效方法爲擴大 LED 光源的等效發光面，其中最簡單的方法來擴大發光面積爲使用擴散片(Diffuser)。擴散片爲一種因表面不平整或內部具有散射粒子的平板或薄膜，可使光線經過時，會產生不規則的散射或折射而使光線散開。目前使用的擴散片大致上有二種，其一爲體散射擴散片(Volume-Scattering Diffuser)，是在擴散片材質內置入折射率不同的擴散粒子，該粒子會在擴散片中產生光學界面，使光線產生偏折，最後造成光線在通過擴散片後散開在一定的範圍內。第二種爲表面結構型擴散片(Surface Structure Diffuser)，是利用表面的微結構造成光線在入射界面時，入射角呈現亂數分佈，因此光線會散開，日常生活中所見的毛玻璃即爲此類的擴散片。若經由計算，可在表面製作特殊的微結構，如透鏡陣列，就可以在使光線擴散時，控制其擴散的角度，而造成特殊的擴散光型；而且由於此類的擴散片是由表面折射所造成，其穿透與反射率可由費耐爾折射公式得知與界面之折射率差有關，可在某些情形獲得 90% 以上的穿透率，是目前在控制光型與提高穿透率最有效的擴散片。

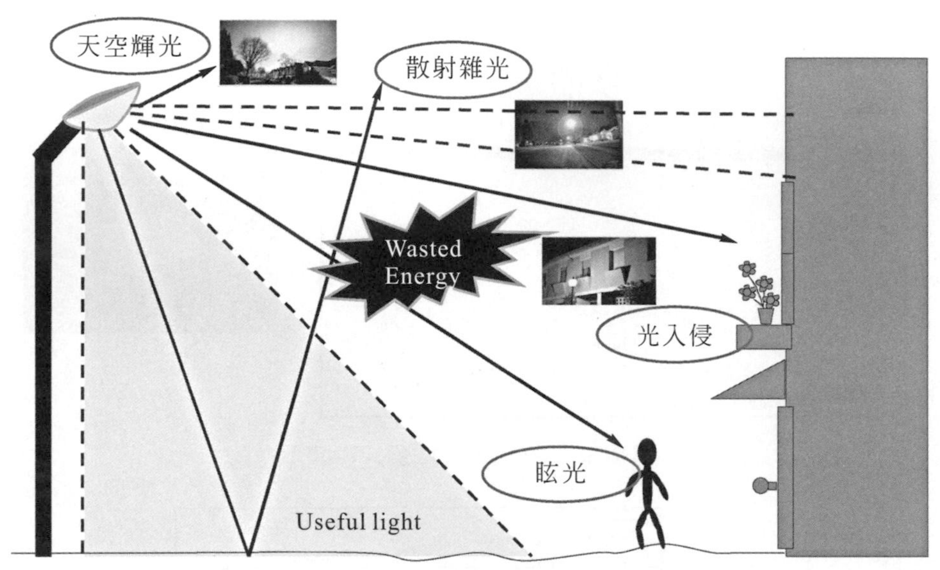

圖 9-34 路燈可能造成的眩光、光入侵與天空光污染

在應用散射片來擴大等效光源上，最簡單的方法即是將 LED 置於散射片之下。以 LED 陣列作爲燈具爲例，若欲使散射片之表面看起來如同一個均勻的面光源，散射片需距離散射片越遠；若欲縮小散射片與 LED 陣列的距離，散射片需要具有更大的散射角。一般的體散射擴散片，若需擴大散射角，通常是加入更多的散射粒子或是加大散射片的厚度，但是如此一來，其背向散射光也會增加，其一次入射之穿透率會降低，因此如何縮小距離並提高穿透率便極爲重要。

上述的光源系統內部可視爲一個混光腔體，這個腔體表面若能具有高度的反射率，便可能將擴散片反彈的光再利用多次反射而由擴散片射出，此種技術稱爲光子循環(Photon Recycling)技術。圖 9-35 爲一個具有光子循環之腔體，若該腔體的表面反射

率爲 R_b，而擴散片的一次入射穿透率爲 T，反射率爲 R，則可計算出其經過光子循環之總穿透率

$$T_{\text{total}} = T + TR_bR + TR_b^2R^2 + \ldots = \frac{T}{1 - R_bR} \tag{9-24}$$

圖 9-36 爲使用的擴散片之一次穿透率分別爲 70%(T70)、60%(T60)與 55%(T55)時之總穿透率與腔體的表面反射率之間的關係，由該圖可以發現，光子循環技術可以大幅地提升腔體的總穿透率。

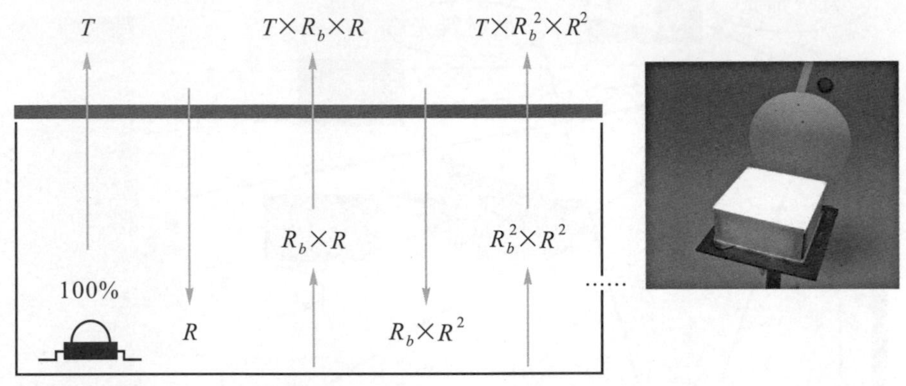

圖 9-35　具有光子循環之腔體示意圖

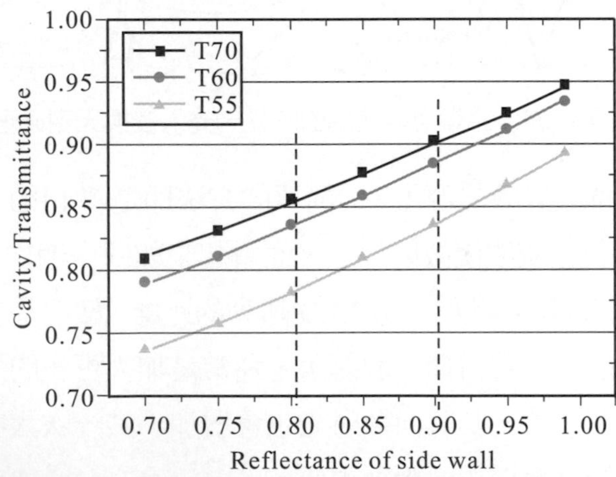

圖 9-36　使用的擴散片之一次穿透率分別為 70%(T70)、60%(T60)與 55%(T55)時之總穿透率與腔體的表面反射率之間的關係

在提高光學效率與降低光源輝度以降低眩光指數之要求下，如能利用光學設計技術提高光學有效利用率來使大多數的光線投射至照射面上，就同時不會造成光污染如圖 9-37 所示。當光線不再無故地往天空入射，天空輝光即會降低而回歸黑暗，就可使

人們有機會看到天空中亮度微弱的星星如圖 9-38，使我們的心靈回歸宇宙的自然，這才是 LED 固態照明光電科技的極致表現。

圖 9-37　不良的照明造成光污染，其光學利用率亦較低，因此浪費能量

圖 9-38　不良的照明除了浪費能源，更遮蔽了天空的星辰(左圖)；優良的照明設計，照亮我們的家園，也能讓我們重歸星空的懷抱

習題

1. 試說明圖 9-2 三種主要形成白光 LED 的特色。
2. 試說明圖 9-4 三種晶粒封裝結構的光電熱之特色。
3. 試推導(9-2)式偉恩位移定律。
4. 試說明照度餘弦三次方與四次方定率在光源的要求不同處與形成的原因。
5. 試舉出三種日常生活間常見的朗伯信光源(反光體)。
6. 有一 LED 是以藍光晶粒加上黃色螢光粉來發出白光，若其藍光晶粒內部量子效率爲 60%，光萃取效率爲 80%，封裝效率(爲輸出藍光光子數與黃光光子數總和與藍光晶粒發射出的光子數之比例)爲 50%。謂簡化計算，假設藍黃光皆爲單一波長，分別是 450 nm 與 570 nm，且其光子數比例有 1：3 與 2：5 二種配方，試求出其白光之視效發光效率。
7. 北美照明學會(IESNA)道路法規定的快速道路的路面之照度爲 10 lx，同時又有規定路面的輝度爲 1 cd/m^2，求出二者之間的推算條件。(提醒：柏油路面)
8. 一路燈要求在 40m×10m 的面積中達到 10 lx 的平均照度，若該路燈的效率爲每瓦 80 流明，若其光學利用因子爲 40%，求該燈具的輸入功率。

附錄 Appendix

· 中英對照表

· 進階研讀書籍

中英對照表

A

Abbe numbers............亞伯數
Aberration............像差
Acceptor............接受者
Acousto-optic crystal............聲光晶體
Acousto-optic effect............聲光效應
Active layer............晶片發光層
Amplitude............振幅
Amplitude division............振幅分光
Angular field............角度光場
Angular magnification............角度放大率
Anisotropic............非均向性
Anti-reflection film............抗反射膜
Astigmatism............像散像差
Auto-correlation............自關聯運算
Avalanche photodiode (APD)............累增受光二極體
Axial chromatic aberration (ACA)............縱向色像差

B

Band gap............能隙
Barrel distortion............桶形畸變
Beam expansion ratio............擴束比
Beat............拍
Bessel function............貝索函數
Biaxial crystal............雙軸晶體
Black body radiation............黑體輻射
Boltzmann distribution............波茲曼分佈
Bragg condition............布拉格條件
Brewster angle............布魯斯特角
Built-in field............內建電場

C

Candela, cd .... 燭光
Cardinal points .... 基本點
Charge-coupled device (CCD) .... 電荷耦合元件
Chromatic aberration .... 色相差
Chromaticity coordinate .... 色度座標
Chromaticity diagram .... 色度圖
Coherent .... 同調性
Coherent interference .... 同調干涉
Coherent length .... 同調長度
Coherent time .... 同調時間
Coherent Transfer Function (CTF) .... 同調穿透函數
Collimating .... 準直
Color matching function .... 配色函數
Color rendering index (CRI) .... 演色性
Color temperature .... 色溫
Coma aberration .... 彗星像差
Common path .... 共光程
Conduction band .... 傳導帶
Cone cell .... 錐狀細胞
Conjugate point .... 共軛點
Conjugate wave .... 共軛波
Constructive interference .... 建設性干涉
Contrast .... 對比度
Convolution .... 摺合運算
Cool white .... 冷白
Correlation .... 關聯運算
Cosine first law .... 餘弦一次方定律
Cosine forth law .... 餘弦四次方定律
Cosine third law .... 餘弦三次方定律
Coupled mode equations .... 耦合模態方程式
Cleaved-coupled-cavity laser .... 分段耦合雷射

Critical angle .... 臨界角
Cross correlation .... 異相關
Curvature of field .... 場曲像差
Cut-off Frequency .... 截止頻率

D

Decomposition .... 分解
Defocus interference .... 離焦干涉
Degree of coherence .... 同調度
Depletion region .... 空乏區
Destructive interference .... 破壞性干涉
Diamond lattice .... 鑽石晶格
Dielectric constant .... 介電常數
Dielectric permittivity .... 介電係數
Dielectric tensor .... 介電張量
Diffraction limited .... 繞射極限
Diffuser .... 擴散片
Direct gap .... 直接能隙
Directionality .... 指向性
Dispersion .... 色散差
Distortion .... 畸變像差
Distributed feedback laser (DFB laser) .... 分佈回饋雷射
Donor .... 供給者
Doped semiconductor .... 摻雜半導體
Doppler effect .... 都卜勒效應
Double-heterstructure (DH) .... 雙異質結構
Double refraction .... 雙折射
Doublet .... 雙鏡
Dove prism .... 達夫稜鏡

E

Effective focal length .... 等效焦距
Electric displacement vector .... 電位移向量

Electric impermeability tensor .... 介電抗滲張量
Electro-magnetic optics .... 電磁光學
Electro-optic crystal .... 電光晶體
Epitaxy .... 磊晶
Epoxy .... 環氧樹脂
Etalon .... 易特龍
Evanescent wave .... 消逝波
Extended light source .... 延展光源
External quantum efficiency (EQE) .... 外部量子效率
External reflection .... 外部反射
Extraordinary wave .... 非尋常光

F

Fabry-Perot .... 費比拍若
Fabry Perot interferometer .... 費比拍若干涉儀
Far field .... 遠場
Far field diffraction .... 遠場繞射
Fermat's principle .... 費馬原理
Fermi-Dirac distribution .... 費米-狄拉克分佈
Fermi energy .... 費米能量
Fizeau interferometer .... 費佐干涉儀
Flip chip .... 覆晶
Focal length .... 焦距
Focus .... 焦點
Fourier transform .... 傅氏轉換
Fraunhofer diffraction .... 弗朗哈佛繞射
Frequency .... 頻率
Fresnel biprism interferometer .... 費耐爾雙稜鏡干涉儀
Fresnel diffraction .... 費耐爾繞射
Fresnel equations .... 費耐爾方程式
Fresnel loss .... 費耐爾損失
Fresnel reflection .... 費耐爾反射
Full width half maximum (FWHM) .... 半高全寬

G

Gallium arsenide (GaAs)..砷化鎵
Gallium nitride (GaN)..氮化鎵
Gaussian optics..高斯光學
Geometry optics..幾何光學
Graded index fiber..漸層式光纖

H

Half-wave plate..二分之一波板
Heterojunction..異質界面
High-pass filter..高通濾波器
Holography..全像光學
Homojunction..同質界面
Human factor..人因
Huygens' principle..海更斯理論

I

Illuminance..視效光照度
Image hologram..影像全像片
Incident plane..入射面
Index ellipsoid..折射率橢球
Indirect gap..非直接能隙
Initial phase..初始相位
Integrating sphere..積分球
Intensity..光度
Interferometer..光學干涉儀
Internal quantum efficiency (IQE)..內部量子效率
Internal reflection..內部反射
Intrinsic semiconductor..純質半導體
Irradiance..照度
Isotropic medium..等向性介質

J

Jones matrix .... 瓊斯偏極矩陣
Jones vector .... 瓊斯偏極向量

L

Lagrange invariant .... 拉格朗吉不變量
Lambertian light source .... 朗伯信光源
Laser diode (LD) .... 雷射二極體
Lateral chromatic aberration (LCA) .... 横向像差
Left circularly polarization .... 左旋圓偏極
Lens aberration .... 透鏡像差
Lens maker formula .... 造鏡者方程式
Light emitting diode (LED) .... 發光二極體
Light extraction efficiency (LEE) .... 光萃取效率
Linear and invariant system (LSI) .... 線性與位移不變系統
Liquid crystal .... 液態晶體
Lloyd's mirror interferometer .... 羅伊德鏡面干涉儀
Longitudinal magnification .... 縱向放大率
Low-pass filter .... 低通濾波器
Lumen .... 流明
Luminance .... 視效光輝度
Luminous exitance .... 出光密度
Luminous flux .... 視效光通量
Luminous intensity .... 視效光強度
Lux, lx .... 雷克斯

M

Macadam ellipse .... 馬克亞當橢圓
Mach Zehnder interferometer .... 麥克曾德干涉儀
Mass action law .... 質量作用定率
Maxwell equations .... 麥斯威爾方程式
Mesopic vision .... 中介視覺

Metal-oxide-semiconductor (MOS) .... 金屬氧化半導體
Michelson interferometer .... 麥克森干涉儀
Micro-meter (μm) .... 微米
Mid field .... 中場
Mid field modeling .... 中場擬合法
Mobility .... 移動率
Modulation depth .... 調制深度
Modulation Transfer Function (MTF) .... 調制穿透函數
Monochromatic aberration .... 單色像差
Monochromatic plane wave .... 單色平面波
Monochromatic wave .... 單色光
Monte Carlo ray tracing .... 蒙地卡羅光追跡
Mutual coherence function .... 互相同調函數

N

Near field .... 近場
Negative uniaxial crystal .... 負單軸晶體
Neutral white .... 中間白
Nit 尼特
Nodal point .... 節點
Normally black .... 常黑型
Normally white .... 常白型
Numerical aperture (NA) .... 數值孔徑

O

Ordinary wave .... 尋常光
Optic axis .... 晶體光軸
Optical axis .... 光軸
Optical fiber .... 光纖
Optical path length .... 光程差
Optical pulse .... 光學脈衝
Optical flux .... 光通量
Optical resonator .... 光學共振腔

Optical Transfer Function (OTF) .... 光學穿透函數
Optical utilization factor (OUF) .... 光學利用因子
Out of phase .... 異相

P

Package .... 封裝
Paraxial condition .... 近軸條件
Paraxial focus .... 近軸焦點
Pattern substrate .... 圖形基板
Penta prism .... 五角稜鏡
Phase mismatch .... 相位失配
Phaser .... 相位指標
Phonon .... 聲子
Phosphor conversion efficiency .... 螢光粉光色轉換效率
Photoconductor .... 光導體
Photodiode .... 受光二極體
Photometry .... 視效輻射光度學
Photon .... 光子
Photon recycling .... 光子循環
Photopic vision .... 明視覺
Pincushion distortion .... 枕形畸變
Planar polarization .... 平面偏極
Plank's constant .... 普朗克常數
Plank's law .... 普朗克定律
Polymethylmethacrylate (PMMA) .... 壓克力
Polarization .... 偏振
Poly carbonate (PC) .... 聚碳酸酯
Population inversion .... 數量反轉
Porro prism .... 普羅稜鏡
Positive uniaxial crystal .... 正單軸晶體
Poynting vector .... 波印廷向量
Principal axis .... 主軸
Principal index of refraction .... 主折射率

Principal point .... 主點
Principle of superposition .... 疊加原理

Q

Quantum efficiency .... 量子效率
Quantum optics .... 量子光學
Quantum well .... 量子井
Quantum-well laser .... 量子井雷射
Quarter-wave plate .... 四分之一波板

R

Radiance .... 輝度
Radiant exitance .... 輻射密度
Radiometry .... 輻射光度學
Rainbow hologram .... 彩虹全像片
Raman-Nath scattering .... 瑞曼-納士散射
Ray fan .... 光扇圖
Rayleigh scattering .... 萊利散射
Rayleigh-Sommerfeld diffraction .... 萊利－梭摩費爾德繞射
Ray optics .... 光束光學
Ray tracing .... 光束追跡法
Rhomboid prism .... 菱形稜鏡
Reflecting matrix .... 反射矩陣
Refracting matrix .... 折射矩陣
Refracting power .... 折射力
Refractive index .... 折射率
Right circularly polarization .... 右旋圓偏極
Right-hand prism .... 直角稜鏡
Rod cell .... 桿狀細胞

S

Sapphire substrate .... 藍寶石基板
Schottky barrier .... 肖基勢壘

Scotopic vision .... 暗視覺
Self coherence function .... 自我同調函數
Shearing interference .... 剪切干涉
Silicon (Si) .... 矽
Silicon carbide (SiC) .... 碳化矽
Single pass .... 單光程
Sinusoidal function .... 弦波函數
Snell's law .... 史耐爾定律
Solid angle .... 立體角
Space Invariance (Shift Invariance) .... 空間不變性
Spatial frequency .... 空間頻率
Spherical aberration .... 球面像差
Spherical lens .... 球面透鏡
Spontaneous emission .... 瞬時輻射
Standing wave .... 駐波
Step index fiber .... 步階式光纖
Stimulated absorption .... 受激吸收
Stimulated emission .... 受激輻射
Substrate .... 基板
Surface structure diffuser .... 表面結構型擴散片
Surface texture .... 表面粗化
Superposition .... 線性疊加

T

Taylor expansion .... 泰勒展開式
Thin GaN .... 薄型氮化鎵
Time averaging .... 時間均分
Transfer Function .... 穿透函數
Transfer matrix .... 傳遞矩陣
Transverse electric (TE) .... 垂直電場偏振
Transverse magnetic (TM) .... 垂直磁場偏振
Transverse magnification .... 橫向放大率
Total internal reflection (TIR) .... 內部全反射

Twyman-Green interferometer..崔門葛林干涉儀

U

Uniaxial crystal..單軸晶體
Uniform chromaticity scale diagram (UCS diagram) ....均等色度圖
Uniformity ....均勻度

V

Valence band ....共價帶
Visibility ....能見度
V-number.. V 值
Volume hologram...體積式全像片
Volume-scattering diffuser ....體散射擴散片

W

Warm white ....暖白
Watt ....瓦特
Wavefront..波前
Wavefront division ....波前分光
Wavefront normal..波前法線
Wavelength..波長
Wave number ....波數
Wave optics ....波動光學
Wave vector..波向量
Wave vector space...波向量空間
Wien's displacement law..偉恩位移定律
Wire bonding ....橫向二極導線式
Work function...功函數

Y

Young's interferometer ....楊氏干涉儀

進階研讀書籍

光學或光電

◎ M. Born and E. Wolf, *Principles of Optics*.

◎ E. Hecht, *Optics*.

◎ B. E. A. Saleh and M. C. Teich, *Fundamentals of Photonics*.

◎ G. R. Fowles, *Introduction to Modern Optics*.

◎ M. V. Klein and T. E. Furtak, *Optics*.

◎ K. K. Sharma, *Optics*.

◎ F. A. Jenkins and H. E. White, *Fundamentals of optics*.

幾何光學與像差光學

◎ V. N. Mahajan, *Optical Imaging and Aberrations: Part I. Ray Geometrical Optics*.

◎ W. J. Smith, *Modern Optical Engineering*.

干涉光學

◎ D. Malacara, *Optical Shop Testing*.

繞射光學

◎ J. Goodman, *Introduction to Fourier Optics*.

◎ J. D. Gaskill, *Linear Systems, Fourier Transform and Optics*.

◎ Virendra N. Mahajan, *Optical Imaging and Aberrations: Part II Diffraction Optics*.

◎ G. O. Reynolds, J. B. Develis, G. B. Parrent, Jr. B. J. Thompson, *Physical Optical Notebook: Tutorials in Fourier Optics*.

晶體光學

◎ A. Yariv and P. Yeh, *Optical Waves in Crystals*.

輻射光度學

◎ J. M. Palmer and B. G. Grant, *The Art of Radiometry*.

全像光學

◎ R. J. Collier, C. B. Burckhardt, and L. H. Lin, *Optical Holography*.

◎ P. Hariharan, *Basics of Holography*.

國家圖書館出版品預行編目資料

光電工程概論 / 孫慶成編著. -- 二版. -- 新北市 : 全華圖書, 2014.05
面 ; 公分
ISBN 978-957-21-9126-2 (精裝)

1.CST: 光電工程

448.68 102015857

光電工程概論

作者 / 孫慶成
執行編輯 / 李孟霞
發行人 / 陳本源
出版者 / 全華圖書股份有限公司
郵政帳號 / 0100836-1 號
印刷者 / 宏懋打字印刷股份有限公司
圖書編號 / 0618371
二版四刷 / 2022 年 05 月
定價 / 新台幣 350 元
ISBN / 978-957-21-9126-2 (精裝)
全華圖書 / www.chwa.com.tw
全華網路書店 Open Tech / www.opentech.com.tw
若您對書籍內容、排版印刷有任何問題，歡迎來信指導 book@chwa.com.tw

臺北總公司(北區營業處)
地址：23671 新北市土城區忠義路 21 號
電話：(02) 2262-5666
傳真：(02) 6637-3695、6637-3696

南區營業處
地址：80769 高雄市三民區應安街 12 號
電話：(07) 381-1377
傳真：(07) 862-5562

中區營業處
地址：40256 臺中市南區樹義一巷 26 號
電話：(04) 2261-8485
傳真：(04) 3600-9806(高中職)
(04) 3601-8600(大專)

（請由此線剪下）

讀者回函卡

填寫日期：　/　/

姓名：＿＿＿＿　生日：西元＿＿年＿＿月＿＿日　性別：□男 □女

電話：（　）＿＿＿＿　傳真：（　）＿＿＿＿　手機：＿＿＿＿

e-mail：（必填）

註：數字零，請用 Φ 表示，數字 1 與英文 L 請另註明並書寫端正，謝謝。

通訊處：□□□□□

學歷：□博士　□碩士　□大學　□專科　□高中・職

職業：□工程師　□教師　□學生　□軍・公　□其他

學校／公司：＿＿＿＿　科系／部門：＿＿＿＿

・需求書類：

□ A. 電子 □ B. 電機 □ C. 計算機工程 □ D. 資訊 □ E. 機械 □ F. 汽車 □ I. 工管 □ J. 土木

□ K. 化工 □ L. 設計 □ M. 商管 □ N. 日文 □ O. 美容 □ P. 休閒 □ Q. 餐飲 □ B. 其他

・本次購買圖書為：＿＿＿＿　書號：＿＿＿＿

・您對本書的評價：

封面設計：□非常滿意　□滿意　□尚可　□需改善，請說明＿＿＿＿

內容表達：□非常滿意　□滿意　□尚可　□需改善，請說明＿＿＿＿

版面編排：□非常滿意　□滿意　□尚可　□需改善，請說明＿＿＿＿

印刷品質：□非常滿意　□滿意　□尚可　□需改善，請說明＿＿＿＿

書籍定價：□非常滿意　□滿意　□尚可　□需改善，請說明＿＿＿＿

整體評價：請說明＿＿＿＿

・您在何處購買本書？

□書局　□網路書店　□書展　□團購　□其他＿＿＿＿

・您購買本書的原因？（可複選）

□個人需要　□幫公司採購　□親友推薦　□老師指定之課本　□其他＿＿＿＿

・您希望全華以何種方式提供出版訊息及特惠活動？

□電子報　□ DM　□廣告（媒體名稱＿＿＿＿）

・您是否上過全華網路書店？（www.opentech.com.tw）

□是　□否　您的建議＿＿＿＿

・您希望全華出版那方面書籍？＿＿＿＿

・您希望全華加強那些服務？＿＿＿＿

～感謝您提供寶貴意見，全華將秉持服務的熱忱，出版更多好書，以饗讀者。

全華網路書店 http://www.opentech.com.tw　　客服信箱 service@chwa.com.tw

2011.03 修訂

親愛的讀者：

感謝您對全華圖書的支持與愛護，雖然我們很慎重的處理每一本書，但恐仍有疏漏之處，若您發現本書有任何錯誤，請填寫於勘誤表內寄回，我們將於再版時修正，您的批評與指教是我們進步的原動力，謝謝！

全華圖書　敬上

勘誤表

書號		書名		作者	
頁數	行數	錯誤或不當之詞句		建議修改之詞句	

我有話要說：（其它之批評與建議，如封面、編排、內容、印刷品質等・・・）